全国机械行业高等职业教育“十二五”规划教材
高等职业教育教学改革精品教材

计算机基础案例教程

主　编　刘庆生　陈位妮
副主编　张　晟　汪丽华
参　编　祝种谷　范唐鹤　陈年华
江昌波　王　莉　汪丽娟
主　审　陈少斌

机 械 工 业 出 版 社

本书作为职业院校非计算机专业学生的大学计算机基础课程的教材，是参照全国计算机等级考试“一级 B 考试大纲”编写的。主要内容包括计算机基础知识、Windows XP 操作系统、Word 2003 的使用、Excel 2003 的使用、PowerPoint 2003 的使用、互联网的初步知识及简单应用。内容涵盖了现代计算机基础应用的主要内容。本书通过案例讲述计算机的基本操作及其在实践中的应用，有利于提高学生的实际操作能力。

本书实用性强、通俗易懂，可作为职业院校的非计算机专业的教学用书，也可以作为全国计算机等级考试一级 B 的参考教材，同时还可作为计算机爱好者的自学参考书。

图书在版编目（CIP）数据

计算机基础案例教程/刘庆生，陈位妮主编. —北京：机械工业出版社，2010.7

全国机械行业高等职业教育“十二五”规划教材. 高等职业教育教学改革精品教材

ISBN 978-7-111-31166-9

I. ①计… II. ①刘… ②陈… III. ①电子计算机—高等学校：技术学校—教材 IV. ①TP3

中国版本图书馆 CIP 数据核字（2010）第 126145 号

机械工业出版社（北京市百万庄大街 22 号 邮政编码 100037）

策划编辑：边 萌　　责任编辑：边 萌

封面设计：鞠 杨　　责任印制：李 妍

北京诚信伟业印刷有限公司印刷

2010 年 7 月第 1 版第 1 次印刷

184mm×260mm · 16.25 印张 · 401 千字

0001—5000 册

标准书号：ISBN 978-7-111-31166-9

ISBN 978-7-89451-596-4（光盘）

定价：33.00 元（含 1CD）

电话服务

社服务中心：（010）88361066

销售一部：（010）68326294

销售二部：（010）88379649

读者服务部：（010）68993821

网络服务

门户网：http://www.cmpbook.com

教材网：http://www.cmpedu.com

前　言

21世纪是计算机技术高速发展并广泛普及的时代，在这个高度信息化的时代，掌握现代计算机技术和信息技术是现代人必须具备的能力，计算机的应用、信息的处理是现代人必须掌握的技能。

职业教育是我国教育体系中非常重要的教育层次，它在很大程度上影响着我国经济发展。因此职业教育必须面向地区经济建设和社会发展，适应就业市场的实际需要，培养生产、管理、服务第一线需要的实用人才，比起其他教育层次，职业教育更强调学生所学知识的针对性和实用性。而计算机应用基础是职业院校各专业的一门必修公共基础课，同时也是一门实用性很强的应用性课程。

本教材体现了职业教育理论够用、实践为重的教学要求，充分考虑了职业教育的培养目标、教学现状和发展方向，以职业院校各专业的学生为对象，主要介绍计算机技术、信息技术的基本概念和基础知识，让学生学会使用计算机等现代办公设备，掌握计算机网络等现代通信手段的应用技术。教材同时兼顾全国计算机等级考试一级B的要求，有针对性地对计算机等级考试的特点进行讲述。

针对职业院校学生的特点，本教材在编写过程中突出了针对性和实用性，注重学生实际操作能力和创新能力的培养，教材结合具体案例介绍了操作方法的详细的操作步骤，其操作过程都配有相应的视频，以利于读者掌握和完成操作。同时每个单元末还配备了大量的习题，题型按照计算机等级考试一级B的要求进行设计，而且还有大量的配合教学需要的习题和实训操作。在教材附录中提供了5套全国计算机等级考试一级B的模拟试题，并附有答案及详细的评析。

全书共分6个单元。第一单元主要讲述了计算机的基础知识、数制及字符编码、计算机系统的组成、计算机病毒基础知识；第二单元主要讲述了计算机基本操作、中文Windows XP操作系统的基本知识和基本操作；第三单元主要介绍了Word文档的基本操作、Word的排版、Word表格制作、图文混排、文档的预览与打印等方面的基本知识和基本操作；第四单元主要介绍了工作表的建立、编辑、格式化、公式与函数的应用、工作表的链接、数据管理与分析以及数据图表化的基本知识和基本操作；第五单元主要介绍了PowerPoint的基本操作、编排演示文稿、动画和超级链接技术及放映和打印演示文稿的基本方法；第六单元主要介绍了计算机网络基本知识及Internet的应用。

由于编者水平有限，加之时间仓促，书中难免存在不妥和错误之处，敬请同行和广大读者批评指正。

编　者

2010年6月

目　录

单元一　计算机基础知识

随着微型计算机的出现及计算机网络的发展，计算机应用已渗透到社会的各个领域，它已成为人们工作、学习和生活中不缺少的好帮手。计算机信息技术正在改变着人们的工作方式、学习方式和生活方式。在 21 世纪的今天，掌握和使用计算机已逐渐成为人们必不可少的技能。本章通过对几个任务的介绍，将使读者了解计算机产生和发展的历程，掌握计算机进制之间的转换和字符编码的相关计算，了解微型计算机系统的基本组成及硬件配置，了解计算机病毒对计算机的危害及预防。

任务一　认识计算机

一、任务与目的

（一）任务

（1）了解计算机的产生和发展历程。
（2）了解计算机的特点、分类、应用及其新技术的运用和发展趋势。

（二）目的

（1）了解计算机的诞生过程。
（2）认识计算机在每一个发展阶段技术的发展特征。
（3）了解计算机的应用对社会生活带来的巨大影响。
（4）了解现代信息技术的特点。

二、知识技能要点

（一）计算机的诞生与发展

1．计算机的诞生

人类对计算工具的研制、开发和使用已有数千年的历史，我国唐代末出现的算盘，是人类制造出来的第一种计算工具。早期的计算机大多是机械式的，随着科学技术的发展，人们迫切需要速度更快、精度更高的新型计算机。

1946 年 2 月 15 日，世界上第一台计算机 ENIAC（Electronic Numerical Integrator And Computer）诞生于美国的宾夕法尼亚大学，其中文名称叫做“电子数字积分计算机”。该机器的主要电子器件是电子管，使用了 18 000 多个电子管，占地 $170m^2$，重达 30t，耗电 150KW，每秒钟可进行约 5 000 次加法运算。如图 1-1 所示。尽管如此，ENIAC 仍是一个跨时代的产物，是计算机发展史上的一个伟大创举，是人类科学技术史上的一座丰碑。

ENIAC 是世界上第一台开始设计并投入运行的电子计算机，但它还不具备现代计算机的主要原理特征——存储程序和程序控制。

世界上第一台按存储程序功能设计的计算机叫 EDVAC（Electronic Discrete Variable Automatic Computer，电子离散变量自动计算机），它是由曾担任 ENIAC 小组顾问的著名美籍匈牙利科学家冯·诺依曼博士领导设计的。EDVAC 从 1946 年开始设计，于 1950 年研制成功。但是，世界上第一台投入运行的存储程序式的电子计算机是 EDSAC（the Electronic Delay Storage Automatic Calculator，延迟存储电子自动计算机），它是由英国剑桥大学的维尔克斯（M. V. Wilkes）教授在接受了冯·诺依曼的存储程序思想后于 1947 年开始领导设计的，该机于 1949 年 5 月制成并投入运行，比 EDVAC 早一年多。

图 1-1　ENIAC 计算机

2. 计算机的发展

ENIAC 研制成功后，在技术上尽管有些不尽如人意，比如它对各种不同的计算问题都需要工程技术人员重新连接外部线路，所以其移植性差、可靠性差、功耗大。不过，它的设计思想具有划时代的意义，其基本原则一直沿用至今，它的诞生标志着电子计算机时代的到来。计算机从诞生到现在，经历了 60 多年的发展。至今已发展到一个很高的水平。通过对计算机所采用的电子器件的划分，可将计算机的发展可分为 4 个阶段，见表 1-1。

表 1-1　计算机的发展阶段

发展阶段	起止年份	电子器件	主要软件	特　点	应用领域
第一代	1946～1958	电子管	机器语言、汇编语言	内存为磁心，外存为磁带；速度每秒数千至数万次	军事与科研
第二代	1959～1964	晶体管	高级语言、操作系统	内存为磁心，外存为磁盘；速度为每秒几十万至几百万次	数据处理与事务处理

（续）

发展阶段	起止年份	电子器件	主要软件	特点	应用领域
第三代	1965～1970	中小规模集成电路	多种高级语言、完善的操作系统	内存为半导体存储器，外存为大容量的磁盘；速度为每秒几百万到上千万次	科学计算、数据处理及过程控制
第四代	1971至今	大规模、超大规模集成电路	数据库管理系统、网络操作系统等	内存为高集成度的半导体存储器，外存为磁盘、光盘等；运算速度每秒达几亿至几百亿次	人工智能、数据通信及社会的各个领域

3. 我国计算机的发展

我国从1956年开始研制第1代计算机。1958年，我国第一台小型通用数字电子计算机103机研制成功。1959年研制成功运行速度为每秒1万次的104机，这是我国研制的第1台大型通用电子数字计算机，其主要技术指标均超过了当时日本的计算机，与英国同期开发的运算速度最快的计算机相比，也毫不逊色。

20世纪60年代初，我国开始研制和生产第2代计算机。1965年研制成功第1台晶体管计算机DJS—5小型机，随后又研制成功并小批量生产121、108等5种晶体管计算机。

我国于1965年开始研究第3代计算机，并于1973年研制成功了采用集成电路的大型计算机150计算机。150计算机字长48位，运算速度达到每秒100万次，主要用于石油、地质、气象和军事部门。1974年又研制成功了以集成电路为主要器件的DJS系列计算机。1977年4月我国研制成功第一台微型计算机DJS—050，从此揭开了中国微型计算机的发展历史，我国的计算机发展开始进入第4代计算机时期。如今在微型计算机方面，我国已研制开发了长城系列、紫金系列、联想等系列的微机并取得了迅速发展。

计算机技术是世界上发展最快的科学技术之一，产品不断升级换代。当前计算机正朝着巨型化、微型化、智能化、网络化等方向发展，计算机本身的性能越来越优越，应用范围也越来越广泛，从而使计算机成为工作、学习和生活中必不可少的工具。

（二）计算机的特点与性能指标

1. 计算机的特点

计算机是一种可以进行自动控制、具有记忆功能的现代化计算工具和信息处理工具。它有以下5个方面的特点。

（1）运算速度快计算机的运算速度（也称处理速度）用MIPS（Million Instructions Per Second，每秒百万次指令）来衡量。现代的计算机运算速度在几十MIPS以上，巨型计算机的速度可达到千万MIPS。计算机如此高的运算速度是其他任何计算工具无法比拟的，它使得过去需要几年甚至几十年才能完成的复杂运算任务，现在只需几天、几小时，甚至更短的时间就可完成。这正是计算机被广泛使用的主要原因之一。

（2）计算精度高一般来说，现在的计算机有几十位有效数字，而且理论上还可更高。因为数字在计算机内部是用二进制数编码的，数的精度主要由这个数的二进制码的位数决定，可以通过增加数的二进制位数来提高精度，位数越多精度就越高。

（3）记忆力强计算机的存储器类似于人的大脑，可以“记忆”（存储）大量的数据和计算机程序而不丢失，在计算的同时，还可把中间结果存储起来，供以后使用。

（4）具有逻辑判断能力计算机在程序的执行过程中，会根据上一步的运行结果，运用逻辑判断方法自动确定下一步的运行命令。正是因为计算机具有这种逻辑判断能力，使得计算机不仅能解决数值计算问题，而且能解决非数值计算问题，比如信息检索、图像识别等。

（5）可靠性高、通用性强由于采用了大规模和超大规模集成电路，现在的计算机具有非常高的可靠性。现代计算机不仅可以用于数值计算，还可以用于数据处理、工业控制、辅助设计、辅助制造和办公自动化等，具有很强的通用性。

（6）网络与通信功能在今天网络已成为一切信息系统的基础，是人们日常工作、学习和生活的重要组成部分。计算机网络与通信改变了人类的交流方式和信息的获取途径。

2．性能指标

一台计算机的性能是由多方面的指标决定的，不同的计算机其侧重面有所不同。计算机的主要技术性能指标如下。

（1）字长字长是指计算机的运算部件一次能直接处理的二进制数据的位数，它直接涉及计算机的功能、用途和应用领域，是计算机的一个重要技术性能指标。一般计算机的字长都是字节的 1、2、4、8 倍，微型计算机的字长为 8 位、16 位、32 位和 64 位。如一台计算机的 CPU 字长为 32 位，表示能处理的最大二进制数为 2^{32}。首先，字长决定了计算机的运算精度，字长越长，运算精度就越高，因此高性能计算机字长较长，而性能较差的计算机字长相对短些；其次，字长决定了指令直接寻址的能力；最后，字长还影响计算机的运算速度，字长越长，其运算速度就快。

（2）内存容量内存储器中能存储信息的总字节数称为内存容量。字节（Byte）是指作为一个单位来处理的一串二进制数位，通常以 8 个二进制位（bit）为一个字节（B）。1KB=1 024B，1MB=1 024KB，1GB=1 024MB，1TB=1 024GB。目前一般微机内存容量在 2GB 左右。内存的容量越大，存储的数据和程序量就越多，能运行的软件功能越丰富，处理能力就越强，同时也会加快运算或处理信息的速度。

（3）主频主频就是 CPU 的时钟频率（Clock Speed），是指 CPU 在单位时间内发出的脉冲数，也就是 CPU 运算时的工作频率。主频的单位是赫兹（Hz）。目前微机的主频都在 800 兆赫兹（MHz）以上，Pentium 4 的主频在 1 吉赫兹（1GHz）以上。在很大程度上 CPU 的主频决定着计算机的运算速度，主频越高，一个时钟周期里完成的指令数也越多，当然 CPU 的速度就越快，提高 CPU 的主频也是提高计算机性能的有效手段。

（4）存取周期存储器完成一次读（取）或写（存）信息所需时间称为存储器的存取（访问）时间。连续两次读（或写）所需的最短时间，称为存储器的存取周期。存取周期是反映内存储器性能的一项重要技术指标，直接影响计算机的速度。微机的内存储器目前都由超大规模集成电路技术制成，其存取周期很短，约为几十纳秒（ns）左右。

（5）外部设备 外部设备是指计算机的输入、输出设备及外存储器等。如键盘、鼠标、显示器与显示卡、音箱与声卡、打印机、硬盘和光盘驱动器等。不同用途的计算机要根据其用途进行合理的外部设备配置。例如，联网的多媒体计算机，由于要具有连接互联网的能力与多媒体操作的能力，因此要配置高速率的调制解调器（Modem）和高速的 CD-ROM（Compact

Disc-Read Only Memory）驱动器、一定功率的音箱、一定位数的声卡、显示卡等，以保证计算机的网络通信和图像显示。

除上面列举的 5 项主要指标外，计算机还应考虑兼容性（Compatibility）、可靠性（Reliability）、可维护性（Maintainability）及机器允许配置的外部设备的最大数目等。综合评价计算机性能的指标是性能价格比，其中性能是包括硬件、软件的综合性能，价格是指整个系统的价格。

（三）计算机的分类

计算机发展到今天，其类型繁多，并表现出各自不同的特点。可以从不同的角度对计算机进行分类。

按计算机信息的表示形式和对信息的处理方式不同分为数字计算机（Digital Computer）、模拟计算机（Analogue Computer）和混合计算机（Hybrid Computer）。数字计算机所处理的数据都是以 0 和 1 表示的二进制数字，是不连续的离散数字，具有运算速度快、准确、存储量大等优点，因此适宜科学计算、信息处理、过程控制和人工智能等，具有最广泛的用途。模拟计算机所处理的数据是连续的，称为模拟量。模拟量以电信号的幅值来模拟数值或某物理量的大小，如电压、电流、温度等都是模拟量。模拟计算机解题速度快，适于解高阶微分方程，在模拟计算和控制系统中应用较多。混合计算机则是集数字计算机和模拟计算机的优点于一身。

按计算机的用途不同分为通用计算机（General Purpose Computer）和专用计算机（Special Purpose Computer）。通用计算机广泛适用于一般科学运算、学术研究、工程设计和数据处理等，具有功能多、配置全、用途广、通用性强的特点，市场上销售的计算机多属于通用计算机。专用计算机是为适应某种特殊需要而设计的计算机，通常增强了某些特定功能，忽略一些次要要求，所以专用计算机能高速度、高效率地解决特定问题，具有功能单纯、使用面窄，甚至专机专用的特点。模拟计算机通常都是专用计算机，在军事控制系统中被广泛地使用，如飞机的自动驾驶仪和坦克上的兵器控制计算机。本书主要介绍通用数字计算机，平常所用的绝大多数计算机都是该类计算机。

计算机按其运算速度快慢、存储数据量的大小、功能的强弱及软硬件的配套规模等不同又分为巨型机、大中型机、小型机、微型机、工作站与服务器等。

1. 巨型机

巨型机（Giant Computer）又称超级计算机（Super Computer），是指运算速度超过每秒 1 亿次的高性能计算机，它是目前功能最强、速度最快、软硬件配套齐备、价格最贵的计算机，主要用于解决诸如气象、太空、能源、医药等尖端科学研究和战略武器研制中的复杂计算。它们通常安装在高级科研机关中，可供几百个用户同时使用。

运算速度快是巨型机最突出的特点。如在美国 Cray 公司研制的 Cray 系列机中，Cray-Y-MP 运算速度为每秒 20～40 亿次，我国自主生产研制的银河Ⅲ巨型机为每秒 100 亿次，IBM 公司的 GF-11 可达每秒 115 亿次，日本富士通研制了每秒可进行 3 000 亿次运算的计算机。最近我国研制的曙光 4 000A 运算速度可达每秒 10 万亿次。世界上只有少数几个国家能生产这种计算机，它的研制开发是一个国家综合国力和国防实力的体现。

2. 大中型计算机

大中型计算机（Large-Scale Computer And Medium-Scale Computer）也有很高的运算速度和很大的存储量并允许相当多的用户同时使用。当然在数量级上不及巨型计算机，结构上也较巨型机简单些，其价格也比巨型机便宜，因此使用的范围较巨型机普遍，在事务处理、商业处理、信息管理、大型数据库和数据通信等领域广泛应用。

大中型机通常都像一个家族一样形成系列，如 IBM 公司生产的 IBM370 系列、DEC 公司生产的 VAX8 000 系列、日本富士通公司生产的 M-780 系列。同一系列的不同型号的计算机可以执行同一个软件，称为软件兼容。

3. 小型计算机

小型计算机（Minicomputer）的规模和运算速度比大中型机要低，但仍能支持十几个用户同时使用。小型机具有体积小、价格低、性能价格比高等优点，适合中小企业及事业单位用于工业控制、数据采集、分析计算、企业管理及科学计算等，也可做巨型机或大中型机的辅助机。典型的小型机是美国 DEC 公司生产的 PDP 系列计算机、IBM 公司生产的 AS400 系列计算机及我国的 DJS-130 计算机等。

4. 微型计算机

微型计算机（Microcomputer）简称微机，是当今使用最普遍、产量最大的一类计算机，其体积小、功耗低、成本少、灵活性大，性能价格比明显地优于其他类型计算机，因而得到了广泛应用。另外我们常说的工作站（Workstation）是介于 PC 和小型机之间的高档微型计算机，通常配备有大屏幕显示器和大容量存储器，具有较高的运算速度和较强的网络通信能力，具有大型机或小型机的多任务和多用户功能，同时兼有微型计算机操作便利和人机界面友好的特点。工作站的独到之处是具有很强的图形交互能力，因此在工程设计领域得到广泛使用。SUN、HP、SGI 等公司都是著名的工作站生产厂家。

5. 服务器

随着计算机网络的普及和发展，一种可供网络用户共享的高性能计算机应运而生，这就是服务器。服务器一般具有大容量的存储设备和丰富的外部接口，运行网络操作系统，要求较高的运行速度，为此很多服务器都配置双 CPU。服务器常用于存放各类资源，为网络用户提供丰富的资源共享服务。常见的资源服务器有 DNS（Domain Name System，域名解析）服务器、E-mail（电子邮件）服务器、Web（网页）服务器、BBS（Bulletin Board System，电子公告板）服务器等。

（四）计算机的应用

随着计算机的飞速发展，信息社会对计算机的需求迅速增长，使得计算机的应用范围越来越广，主要包括科学计算、信息处理、自动控制、辅助功能、网络通信和人工智能等方面。

1. 科学计算

数值计算和工程计算不仅计算量大而且一般均要求有较高的精度和较快的速度。这正好是计算机所具有的特点。所以像军事、航天、气象等领域中的现代科学计算都离不开计算机。

2. 数据处理

数据处理包括信息管理和事务处理，常常指利用计算机强大的数据存储、运算功能对大量数据进行分类、排序、合并、统计等加工处理，如地质勘探的数据处理、卫星图片资料处理、人口普查资料处理、企业经营、金融及财务管理、图书资料及情报检索等。随着计算机的网络化和信息高速公路的发展，计算机在信息处理这一领域的应用将进入一个新的发展阶段。

3. 实时控制

由于计算机具有高速度和善判断的特点，人们把它用于实时控制。所谓的实时控制就是让计算机直接参与生产过程的各个环节，并且根据规定的控制模型进行计算和判断来直接干预生产过程，校正偏差，对所控制的对象进行调整，实现对生产过程的自动控制。其主要应用于工业生产系统、军事领域、航空航天等领域。

4. 辅助功能

计算机的辅助功能就是将计算机工程计算、数据处理、逻辑判断等功能结合起来，形成一个专门帮助人们完成任务的系统，主要包括计算机辅助设计（CAD）、计算机辅助制造（CAM）、计算机辅助教学（CAI）、计算机辅助测试（CAT）、计算机集成制造（CIMS）等系统。

5. 网络应用

网络通信是计算机技术和通信技术相结合的产物。它是指利用计算机网络实现信息的传递、交换和传播。随着计算机网络的快速发展，人们很容易实现地区间、国家间的通信及各种数据的传输与处理，从而改变了人们的时空观念。目前，计算机已广泛应用于国际互联网，使全球信息得到更快的传输和更大的共享。

6. 人工智能

人工智能简称AI，是指利用计算机来模拟人类的某些智能行为，例如，感知、推理、学习、理解、联想、探索、模式识别等。机器人是人工智能应用的重要方面，它能模仿人们的动作，感知周围的环境，能进行规划和推理，执行相应的动作。它可代替人在危险的环境下工作，是一个很有应用前景的领域。

7. 数字娱乐

目前计算机网络上有各种丰富的电影、电视资源，还有很多网络游戏。运用计算机网络进行娱乐活动，对很多计算机用户来说是习以为常的事情。

8. 嵌入式系统

嵌入式系统就是将软件和硬件相结合，嵌入到整机里面，使整机实现智能化的一个系统，例如，智能手机、智能家电、GPS等，在工控、航空航天、军工等领域也都用到嵌入式系统。目前人们使用较为广泛的电子产品都有智能化发展的趋势。

任务二　了解计算机的数制与编码

一、任务与目的

（一）任务

（1）将给定的数据按要求转换成其他进制的数据。

（2）根据已知汉字的区位码，计算其国标码的机内码。

（3）根据已知的汉字点阵，按要求求出汉字所需的字节数。

（二）目的

（1）认识计算机中数据的表示方法。

（2）掌握计算机中各进制之间的相互转换。

（3）了解计算机中数据的存储单位。

（4）熟悉 ASCII 码表。

（5）了解汉字的各种编码方式，掌握其转换过程。

二、知识技能要点

（一）计算机中的常用数制

数制是指用一组固定的数字和一套统一的规则来表示数据的方法。编码是采用少量的基本符号，选用一定的组合原则，以表示大量复杂的信息技术。在计算机中任何信息都必须转换成二进制形式才能由计算机进行处理、存储和传输。

在日常生活中人们一般都用十进制来处理数据，有时为了书写方便，用户也可用八进制和十六进制来表示数据。但在计算机内部一律采用二进制来存储和处理数据。这主要是由于二进制数在技术上具有可行性、可靠性、简易性及逻辑性。所以不管采用哪种形式的数据，计算机都要把这些数据转换成二进制进行存储和运算，根据需要将其结果转换为十进制、八进制和十六进制，再通过输出设备输出为人们习惯的进制形式。下面主要介绍与计算机有关的常用的几种进制。

1．十进制

十进制是人们习惯使用的计数制。十进制的特点是逢 10 进 1，具有 10 个不同的数码符号：0，1，2，3，4，5，6，7，8，9，其基数是 10。

2．二进制

二进制数的特点是逢 2 进 1，它只使用 0 和 1 两个数字符号，基数是 2。

3．八进制

与十进制、二进制一样，八进制的特点是逢 8 进 1，具有 8 个不同的数码符号：0，1，2，

3，4，5，6，7，其基数是 8。

4．十六进制

十六进的特点是逢 16 进 1，有 16 个数字符号：0，1，2，3，4，5，6，7，8，9，A，B，C，D，E，F，其基数是 16。

在以上不同的进制中，有数位、基数和位权 3 个要素。数位是指数码在一个数中所处的位置；基数是指在某种进制中，每个数位上所能使用的数码个数。例如，二进制的基数是 2，每个数位上所能使用的只有 0 和 1 两个数码。在数制中有一个规则，如果是 R 进制数，则必须逢 R 进 1；对于多位数，处在某一位上的“1”所表示的数值的大小，称为该位的位权。例如，二进制第 2 位的位权为 2，第三位的位权为 4。一般情况下，对于 R 进制数，整数部分第 i 位的位权为 Ri-1，而小数部分第 j 位的位权为 R-j。表 1-2 列出了 0～15 之间整数的 4 种常用进制表示之间的对应关系。

表 1-2　0～15 之间整数的 4 种常用进制表示

十进制	二进制	八进制	十六进制	十进制	二进制	八进制	十六进制
0	0	0	0	8	1 000	10	8
1	1	1	1	9	1 001	11	9
2	10	2	2	10	1 010	12	A
3	11	3	3	11	1 011	13	B
4	100	4	4	12	1 100	14	C
5	101	5	5	13	1 101	15	D
6	110	6	6	14	1 110	16	E
7	111	7	7	15	1 111	17	F

在计算机中由于有不同进制的数据。所以在表示数据时一般可用以下两种方法来表示：

用特定的字母表示数制：即在数字后加特定的字母。B——二进制，D——十进制（D 可省略），O——八进制，H——十六进制。

用下标表示：即在数字后面加带下标。例如，$(10011)_2$

（二）进制的转换

当要用计算机处理数据时，必须先将其转换为二进制数才能被计算机识别，同理，计算机所计算的结果也应该转达换成人们习惯的进制来表示。这就产生了不同进制之间的转换问题。

1．十进制整数转换成二进制整数

把一个十进制整数转换成二进制数的法则是用“除二取余”的法则，即把被转换的十进制整数反复除以 2，直到商为 0 为止，自下而上所得的余数即是。

例如，将十进制数 $(45)_{10}$ 转换成二进制的方法如下：

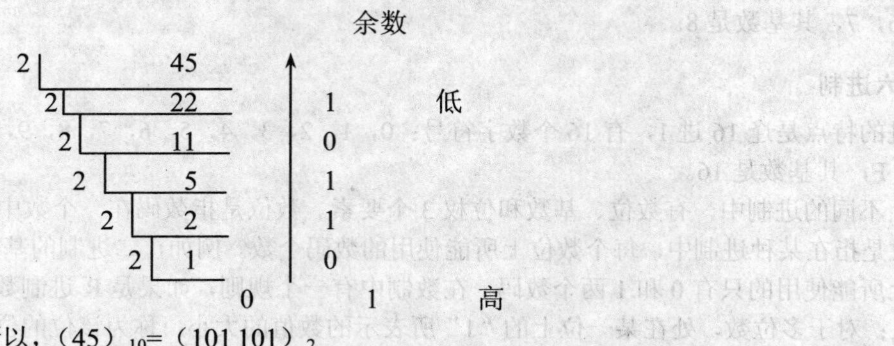

所以，$(45)_{10}=(101\ 101)_2$

这是十进制整数转换成二进制整数的方法，那么十进制整数转换成八进制整数的方法就是："除 8 取余"，转换成十六进制整数的方法是"除 16 取余"。依次类推，十进制整数转换成 R 进制整数的方法就是"除 R 取余"法。

2．十进制小数转换成二进制小数

十进制小数转换成二进制小数的法则是："乘 2 取整"的法则，即是将十进制小数连续乘以 2，选取整数，取整数的方向是从上向下，直到小数为 0 或者满足精度要求为止。

例如，将十进制小数 $(0.625)_{10}$ 转换成二进制小数

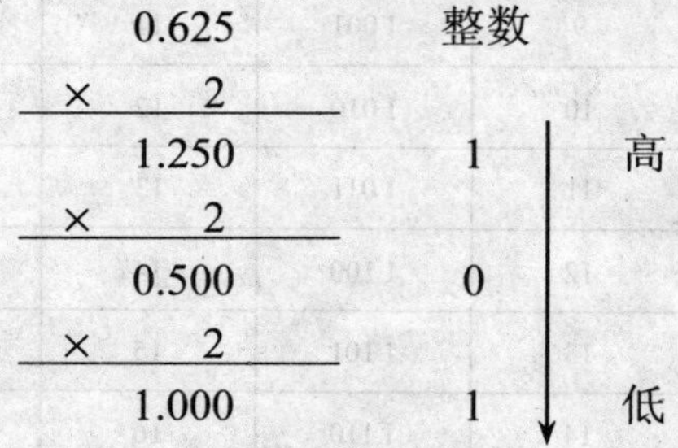

所以 $(0.625)_{10}=(0.101)_2$

同理，十进制小数转换成二进制小数的方法可以引申到其他进制，十进制小数转换成八进制小数的方法是"乘 8 取整"，十进制小数转换成十六进制小数的方法是"乘 16 取整"法。依次类推，十进制小数转换成 R 进制小数的方法就是"乘 R 取整"法。

3．二进制转换成十进制

将二进制转换成十进制的方法是将二进制数按权展开求和即可。

例如，$1\ 101.110\ 1B=1\times2^3+1\times2^2+0\times2^1+1\times2^0+1\times2^{-1}+1\times2^{-2}+0\times2^{-3}+1\times2^{-4}=13.812\ 5D$

依次类推，二进制转换成 R 进制的方法也就是将 R 进制数按权展开求和即可。

4．二进制转换成八进制数、十六进制数

大家知道，$8=2^3$、$16=2^4$，也就是说，一个八进位占 3 位二进制，一个十六进制位占 4 个二进制位，因此可以很容易地实现二进制数与八进制数、二进制数与十六进制数之间的转换。

二进制数转换成八进制数时，从小数点开始，整数部分向左每三位一组进行分组，不足三位的可在前面用 0 补充；小数部分向右每三位一组进行分组，不足三位的在后面用 0 补充，然后把每组转换成一位八进制数字即可。

例如：把二进制数 $(1\ 001\ 110.011\ 1)_2$ 转换成八进制数。

001 001 110.011 100

1　1　6　3　4

所以有：$(1\,001\,110.011\,1)_2=(116.34)_8$

二进制数转换成十六进制时，从小数点开始，整数部分向左每四位一组进行分组，不足四位的可在前面用 0 补充；小数部分向右每四位一组进行分组，不足四位的在后面用 0 补充，然后把每组转换成一位十六进制数字即可。

例如，把二进制数 $(1\,001\,110.011\,1)_2$ 转换成十六进制数。

0 100 1110.011 1

4　E.　7

所以有：$(1\,001\,110.011\,1)_2=(4E.7)_{16}$

对于八进制（十六进制）数转换成二进制数的方法即是上述转换过程的相反过程。

（三）数据的存储单位

计算机中数据的存储单位有位、字节和字。

1. 位

位也称为比特，记为 bit，是最小的信息存储单位，是用“0”或“1”表示的一个二进制数位。

2. 字节

字节记为 Byte 或 B，是数据存储中最常用的基本单位。1B=8bit，1 个字节可以存放 1 个半角英文字符的编码（ASCII 码），2 个或 4 个字节可以存放一个汉字。通常将 2^{10} 即 1 024 个字节称为 1KB，读作千字节。常用的存储单位还有 MB（兆字节）、GB（吉字节）、TB（太字节）和 PB（拍字节），它们之间的换算关系如下：

1MB=1 024KB　　1GB=1 024MB　　1TB=1 024GB　　1PB=1 024TB

3. 字

字记为 word 或 w，是位的组合，是信息交换、加工、存储的基本单元。字又称为“计算机字”，用来表示数据或信息的长度，它的含义取决于机器的类型、字长及使用者的要求。

（四）常见的信息编码

字符编码（Character Code）是以二进制编码来表示字母、数字以及专门符号。字符编码的方法很简单，先确定需要编码的字符总数，然后将每一个字符按顺序确定编号，编号值的大小无意义，仅作为识别和使用这些字符的依据。在计算机系统中，有两种重要的字符编码方式：ASCII 码和 EBCDIC。EBCDIC 主要用于 IBM 公司的大型主机，ASCII 用于微型机和小型机。

1. ASCII 码

ASCII（American Standard Code for Information Interchange，美国信息交换标准代码）是基于拉丁字母的一套计算机编码系统。它主要用于显示现代英语和其他西欧语言。它是现今最通用的单字节编码系统，ASCII 码已被国际标准化组织（ISC）定为国际标准。

ASCII码有7位版本和8位版本两种，国际上通用的是7位版本，就是用7个二进制位表示，称之为标准的ASCII码。有128（2^7=128）个元素，其中控制字符34个，阿拉伯数字10个，大小写英文字母52个，各种标点符号和运算符号32个，见表1-3。在计算机中，实际用8位二进制表示一个字符，最高位为“0”。

表1-3　标准ASCII码字符集

ASCII值	控制字符	ASCII值	控制字符	ASCII值	控制字符	ASCII值	控制字符
0	NUT	32	（space）	64	@	96	`
1	SOH	33	!	65	A	97	a
2	STX	34	”	66	B	98	b
3	ETX	35	#	67	C	99	c
4	EOT	36	$	68	D	100	d
5	ENQ	37	%	69	E	101	e
6	ACK	38	&	70	F	102	f
7	BEL	39	,	71	G	103	g
8	BS	40	(	72	H	104	h
9	HT	41	)	73	I	105	i
10	LF	42	*	74	J	106	j
11	VT	43	+	75	K	107	k
12	FF	44	,	76	L	108	l
13	CR	45	-	77	M	109	m
14	SO	46	.	78	N	110	n
15	SI	47	/	79	O	111	o
16	DLE	48	0	80	P	112	p
17	DCI	49	1	81	Q	113	q
18	DC2	50	2	82	R	114	r
19	DC3	51	3	83	X	115	s
20	DC4	52	4	84	T	116	t
21	NAK	53	5	85	U	117	u
22	SYN	54	6	86	V	118	v
23	TB	55	7	87	W	119	w
24	CAN	56	8	88	X	120	x
25	EM	57	9	89	Y	121	y
26	SUB	58	:	90	Z	122	z
27	ESC	59	;	91	[	123	{
28	FS	60	<	92	\	124	|
29	GS	61	=	93	]	125	}
30	RS	62	>	94	^	126	～
31	US	63	?	95	—	127	

2．汉字编码

汉字与西文字符相比，其特点是量多而且字形复杂。这两问题的解决也是依靠对汉字的编码来实现的。下面介绍汉字编码的有关内容。

（1）汉字区位码　为了解决汉字的编码问题，我国陆续公布了多个中文编码标准，其中《信息交换用汉字编码字符集基本集》（GB 2312—1980）是目前使用最多的汉字编码标准。该标准是基于区位码设计的，一个汉字的编码由它所在的区号和位号组成，称为区位码。其中共含有 6 763 个简化汉字和 682 个汉字符号。在该标准的汉字编码表中，汉字和符号按区位排列，共分成了 94 个区，每个区 94 个位。其中 01～09 区是符号、数字区，16～87 区是汉字区，10～15 和 88～94 是未定义的空白区。

《信息交换用汉字编码字符集基本集》（GB 2312—1980）标准将收录的汉字分成两级：第一级是常用汉字，共计 3 755 个，放于 16～55 区，按汉语拼音字母、笔形顺序排列；第二级是次常用汉字，共计 3 008 个，置于 56～87 区，按部首、笔画顺序排列。

（2）汉字国标码　区位码不能用于汉字的通信，因为它和国际标准通信码不兼容，根据《信息技术　字符代码结构与扩充技术》（ISO2022—1994）的规定，必须将区位码中的区号和位号分别加上 32。得到的代码称为汉字的“国际交换码”（简称交换码、国标码），国标码用于汉字的传输和交换。国标码是一个 4 位十六进制数，区位码是一个 4 位的十进制数，每个国标码或区位码都对应着一个唯一的汉字或符号，但因为十六进制数人们很少用到，所以大家常用的是区位码。

（3）汉字机内码　保存一个汉字的区位码要占两个字节，区号、位号各占一个字节，区号、位号都不超过 94，所以这两个字节的最高位仍然是“0”。为了避免汉字区位码与 ASCII 码无法区分，汉字在计算机内的保存采用了机内码，也称汉字的内码。目前占主导地位的机内码是将区码和位码分别加上 A0H 作为机内码，也称汉字的内码。

汉字机内码、国标码和区位码三者之间的关系如下所述。

区位码（十进制）的区码和位码分别转换为十六进制后加 20H 得到对应的国标码；机内码是国标码两个字节的最高位分别加 1，即国标码的两个字节分别加 80H 得到对应的机内码；区位码的两个字节分别转换为十六进制后加 A0H 得到对应的机内码。

区位码先转换成十六进制数表示：

国标码＝区位码的十六进制表示+2 020H

机内码＝国标码+8 080H=区位码+A0A0H

举例，以汉字“大”为例，“大”字的区位码为 2 083，区号为 20，位号为 83。

将区号 20 转换为十六进制表示为 14H，位号 83 转换为十六进制表示为 53H。

所以，国标码：1 453H+2 020H＝3 473H，

机内码：3 473H+8 080H＝B4F3H。

（4）汉字输入码　汉字输入码又称外部码，简称外码，指用户从键盘上输入代表汉字的编码。各种输入方案就是以不同的符号系统来代表汉字进行输入，因此汉字的输入码不是统一的，智能 ABC、微软拼音、五笔字型、郑码输入法等都采用不同的输入码。

（5）汉字的字形码　为了将汉字在显示器上显示或通过打印机输出，把汉字按图形符号设计成点阵图，就得到了相应的点阵代码（字形码）。

用于显示的汉字字库称为显示字库。显示一个汉字一般采用 16×16 点阵或 24×24 点阵或

48×48 点阵。已知汉字点阵的大小，可以计算出存储一个汉字所需占用的字节空间。

例如，用 16×16 点阵表示一个汉字，就是将每个汉字用 16 行，每行 16 个点表示，一个点需要 1 位二进制代码，16 个点需用 16 位二进制代码（即 2B），共 16 行，所以需要 16×16/8B=32B，即 16×16 点阵表示一个汉字，字形码需用 32B。

即：字节数=点阵行数×点阵列数/8

用于打印的汉字字库称为打印字库，其中的汉字比显示字库多，而且工作时也不像显示字库需调入内存。

全部汉字字形码的集合称为汉字字库。汉字库可分为软字库和硬字库。软字库以文件的形式存放在硬盘上，现多用这种方式，硬字库则将字库固化在一个单独的存储芯片中，再与其他必要的器件组成接口卡，插接在计算机上，通常称为汉卡。

计算机对汉字信息的处理过程实际上是各种汉字编码间的转换过程。具体转换如图 1-2 所示。

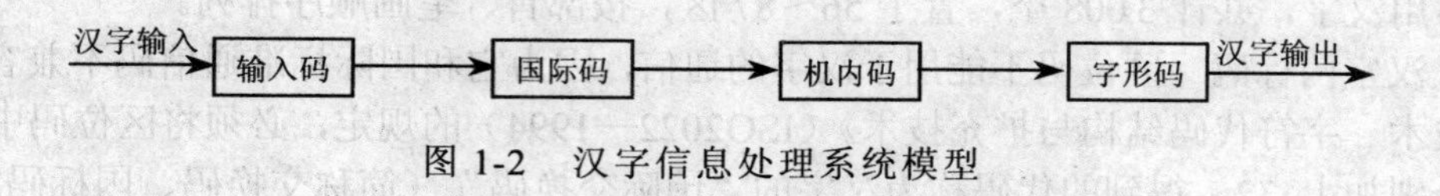

图 1-2　汉字信息处理系统模型

任务三　认识微型计算机系统的基本组成

一、任务与目的

（一）任务

（1）学习计算机硬件系统。
（2）了解计算机的软件系统。

（二）目的

（1）认识计算机硬件系统的组成部件及工作原理。
（2）认识计算机软件系统及其地位和作用。

二、知识技能要点

一个完整的计算机系统是由硬件系统和软件系统两大部分组成的。所谓硬件系统是指构成计算机的物理设备，它是由机械部件、电子元器件构成的具有输入、存储、计算、控制和输出功能的实体部件。它是计算机进行工作的物质基础。软件系统是指系统中的程序以及开发、使用和维护程序所需的所有文档的集合。这两者相辅相成，缺一不可。计算机系统的组成可以用图 1-3 概括。

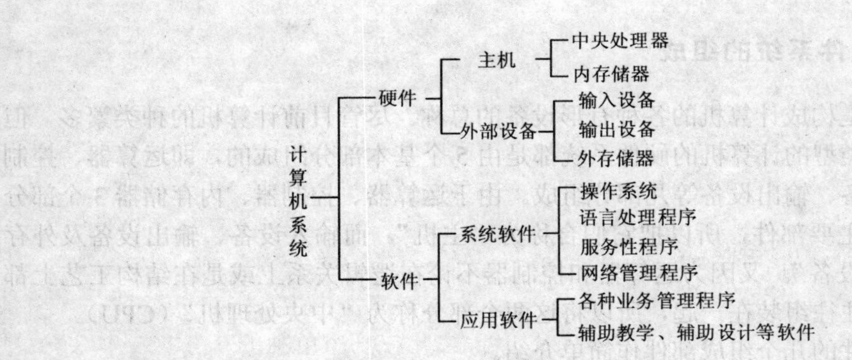

图 1-3 计算机系统的组成

（一）“存储程序控制”计算机的概念

电子计算机采用了“存储程序控制”原理。这一原理是美籍匈牙利数学家冯·诺伊曼于1946年提出的，所以又称为“冯·诺伊曼原理”。这一原理在计算机的发展过程中，始终发挥着重要影响，确立了现代计算机的基本组成和工作方式，直到现在，各类计算机的工作原理还是采用冯·诺伊曼原理思想。冯·诺伊曼原理的核心是“存储程序控制”。

“存储程序控制”原理的基本内容如下所述。

（1）采用二进制形式表示数据和指令。

（2）将程序（数据和指令序列）预先存放在主存储器中，使计算机在工作时能够自动、高速地从存储器中取出指令，并加以执行。

（3）由运算器、存储器、控制器、输入设备、输出设备 5 大基本部件组成计算机系统，并规定了这 5 大部件的基本功能。冯·诺伊曼思想实际上是电子计算机设计的基本思想，奠定了现代电子计算机的基本结构，开创了程序设计的时代。

所谓存储程序的控制就是将程序和数据事先放在存储器中，使计算机在工作时能够自动高速地从存储器中取出指令加以执行。这也是存储程序控制的工作原理。存储程序控制实现了计算机自动工作，同时也确定了冯·诺依曼型计算机的基本结构。

这种存储程序的控制概念奠定了现代计算机的基本结构，并开创了程序设计的时代。半个多世纪以来，虽然计算机结构经历了重大的变化，性能也有了惊人的提高，但就其结构原理来说，至今占有主流地位的仍是以存储程序原理为基础的冯·诺依曼型计算机。其工作原理如图 1-4 所示。

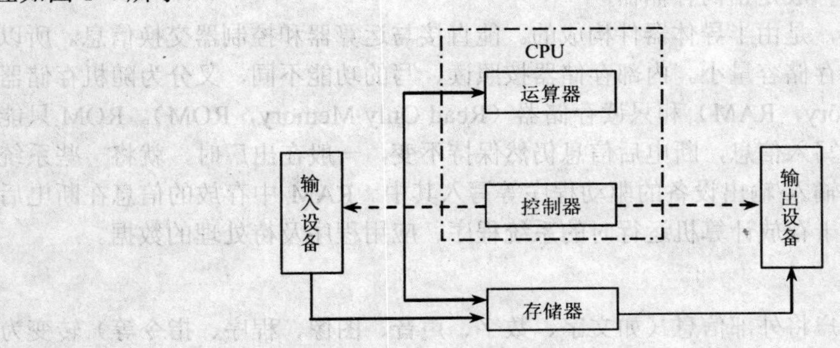

图 1-4 冯·诺伊曼结构计算机的工作原理

（二）计算机硬件系统的组成

所谓计算机硬件是构成计算机的各种有形设备的总称。尽管目前计算机的种类繁多，但是从功能上看，所有类型的计算机的硬件系统都是由5个基本部分组成的，即运算器、控制器、存储器、输入设备、输出设备等几部分组成。由于运算器、控制器、内存储器3个部分是信息加工、处理的主要部件，所以把它们合称为"主机"，而输入设备、输出设备及外存储器则合称为"外部设备"。又因为运算器和控制器不论在逻辑关系上或是在结构工艺上都有十分紧密的联系，往往组装在一起，所以将这两个部分称为"中央处理机"（CPU）。

下面对计算机硬件的几个组成部件作简单介绍。

1. 控制器

控制器是计算机的控制中心，实现处理过程的自动化。计算机的各个部件在控制器的控制下协调进行工作，具体过程如下所述：

（1）控制输入设备将数据和程序输入到内存储器。

（2）在控制器的指挥下，从存储器取出指令送到控制器。

（3）控制器分析指令，指挥运算器和存储器执行指令规定的操作。

（4）运算结果由控制器控制，送入到存储器保存或送入到输出设备进行输出。

2. 运算器

运算器是一个用于信息加工的部件，它用来对二进制的数据进行算术运算和逻辑运算，所以也叫做"算术逻辑运算部件"（ALU）。

它的核心部分是加法器。因为四则运算加、减、乘、除等算法都归结为加法与移位操作，所以加法器的设计是算术逻辑电路设计的关键。

3. 存储器

存储器是用来存放指令和数据的部件。对存储器的要求是不仅能保存大量二进制信息，而且能快速读出信息，或者把信息快速写入存储器。保存信息到存储单元的操作称为"写"操作，从存储单元中获取信息的操作称为"读"操作。"读"、"写"时一般都以字节为单位。"读"操作不会影响到存储单元中的信息，"写"操作就是将新信息取代存储单元中原有的老信息。

一般计算机存储系统分为两部分：内存储器（主存储器）和外存储器（辅助存储器）。但主机所包含的存储器一般是指内存储器。

内存储器简称内存，是由半导体器件构成的。能直接与运算器和控制器交换信息。所以它的存取速度快，但是存储容量小。内部存储器按照读、写的功能不同，又分为随机存储器（Random Access Memory，RAM）和只读存储器（Read Only Memory，ROM）。ROM只能从中读出信息，而不能写入信息，断电后信息仍然保持不变，一般在出厂时，就将一些系统引导程序、自检程序及输入/输出设备的驱动程序等写入其中。RAM中存放的信息在断电后会自动消除，所以常用于存放计算机运行时的系统程序、应用程序及待处理的数据。

4. 输入设备

输入设备就是让用户将外部信息（如文字、数字、声音、图像、程序、指令等）转变为数据输入到计算机中，以便加工处理。输入设备是人们和计算机系统之间进行信息交换的主要装置之一。键盘、鼠标、扫描仪、光笔、压感笔、手写输入板、游戏杆、语音输入装置、数字相机、数字录像机、光电阅读器等都属于输入设备。常用的输入设备是键盘和鼠标。

5．输出设备

输出设备是将计算机中加工处理后的二进制信息转换为用户所需要的数据形式的设备。它将计算机中的信息以十进制、字符、图形或表格等形式显示或打印出来，也可记录在磁盘或光盘上。输出设备可以是打印机、CRT 显示器、绘图仪、磁盘、光盘等。它们的工作原理与输入设备正好相反，它是将计算机中的二进制信息转换为相应的电信号，以十进制或其他形式记录在媒介物上。许多设备既可以作为输入设备，又可以作为输出设备。

（三）计算机软件系统

从广义上说，软件是指为运行、维护、管理、应用计算机所编制的所有程序和数据的总和。软件是计算机的重要组成部分。没有配置任何软件的计算机称之为“裸机”，裸机不可能完成有任何实际意义的工作。一台性能优良的计算机能否发挥其应有的功能，取决于为之配备的软件是否完善。因此用户在使用或者开发计算机系统时，必须考虑到软件系统的发展与提高，熟悉与硬件配套的各种软件。

计算机软件系统通常按功能分为系统软件和应用软件。

1．系统软件

所谓系统软件，是指管理、监控和维护计算机资源（包括硬件和软件）的软件。主要包括操作系统、各种程序设计语言及其解释和编译系统、数据库管理系统等。

（1）操作系统　操作系统（Operating System，OS）是一管理计算机硬件与软件资源的程序，同时也是计算机系统的内核与基石。操作系统身负诸如管理与配置内存、决定系统资源供需的优先次序、控制输入与输出设备、操作网络与管理文件系统等基本事务。操作系统是管理计算机系统的全部硬件资源、软件资源及数据资源，控制程序运行，改善人机界面，为其他应用软件提供支持等，使计算机系统所有资源最大限度地发挥作用，为用户提供方便、有效、友善的服务界面。

操作系统的目的有两个：首先，是方便用户使用计算机，用户通过操作系统提供的命令和服务去操作计算机，而不必直接去操作计算机的硬件；其次，操作系统尽可能使计算机系统中的各种资源得到充分合理的利用。

操作系统是一个庞大的管理控制程序，大致包括 5 个方面的管理功能：进程与处理机管理、作业管理、存储管理、设备管理、文件管理。

目前微机上常见的操作系统有 DOS、OS/2、UNIX、XENIX、Linux、Windows、Netware 等。所有的操作系统具有并发性、共享性、虚拟性和不确定性 4 个基本特征。

（2）语言处理程序　人与人交流思想可以通过语言，人与计算机交流通常使用程序设计语言。人们可以把自己的意图用某种程序设计语言编写成程序，输入到计算机，告诉它需要做什么及怎样做。达到人对计算机进行控制的目的。所以程序设计语言是软件系统重要的组成部分，它经历了 3 个发展阶段。

1）机器语言。机器语言是一种用二进制形式表示的程序语言，或称为二进制代码语言，计算机可以直接识别，不需要进行任何翻译。每台机器的指令，其格式和代码所代表的含义都是硬性规定的，故称之为面向机器的语言。它是第一代的计算机语言。它是一种能够直接被计算机硬件识别和执行的语言。用机器语言编写的程序执行速度快，占用的内存空间少。机器语言的缺点是编写程序困难，且程序难读、难改。

2）汇编语言。汇编语言是一种将机器语言符号化的语言，它用便于记忆的字母、符号来代替数字编码的机器指令。汇编语言也是利用计算机所有硬件特性并能直接控制硬件的语言。其语句与机器指令一一对应，不同的机器有不同的汇编语言。用汇编语言编写的汇编语言源程序，机器不能直接识别，要由一种程序将汇编语言翻译成机器语言，才能够被机器执行。这种起翻译作用的程序叫汇编程序，汇编程序是系统软件中语言处理系统软件。汇编语言编译器把汇编程序翻译成机器语言的过程称为汇编。

汇编语言比机器语言易于读写、调试和修改，同时具有机器语言的全部优点。但在编写复杂程序时，相对高级语言代码量较大，而且汇编语言依赖于具体的处理器体系结构，不能通用，因此不能直接在不同处理器体系结构之间进行移植。

计算机进行基本操作的命令称为指令。一条指令包括操作码和地址码两部分，其中操作码部分表示该指令要完成的操作是什么。地址码部分通常用来指明参与操作的操作数所存放的内存地址或寄存器地址。

3）高级程序设计语言。由于汇编语言依赖于硬件体系，且助记符量大难记，于是人们又发明了更加易用的所谓高级语言。在这种语言下，其语法和结构更类似普通英文，且由于远离对硬件的直接操作，使得一般人经过学习之后都可以编程。高级程序设计语言是一类面向用户，与特定机器属性相分离的程序设计语言。它与机器指令之间没有直接的对应关系，它不依赖于具体的计算机，具有较好的可移植性，所以可以在各种机型中通用。另外其可读性好，易于维护，提高了程序的设计效率。但高级语言必须配置了相应的编译程序后才能在计算机上使用，例如，BASIC、C 语言等。

高级语言同汇编语言一样也要翻译成机器语言才能被计算机接受。高级语言的翻译方式有两种：编译和解释。编译是指在编写完源程序之后，将整个源程序翻译成目标程序，目标程序代码经连接后形成可执行程序。这个过程由编译程序完成。解释则是对高级语言逐句翻译，边解释边运行，解释完成后出现运行结果而不产生目标程序。这个过程由解释程序完成。

（3）数据库管理系统数据库管理系统（DataBase Management System，DBMS）是一种操纵和管理数据库的大型软件，是用于建立、使用和维护数据库的。它对数据库进行统一的管理和控制，以保证数据库的安全性和完整性。用户通过 DBMS 访问数据库中的数据，数据库管理员也通过 DBMS 进行数据库的维护工作。它提供多种功能，可使多个应用程序和用户用不同的方法同时或不同时地去建立、修改和询问数据库。它使用户能方便地定义和操纵数据，维护数据的安全性和完整性，以及进行多用户下的并发控制和恢复数据库。

目前有许多数据库产品，如 Oracle、Sybase、Informix、Microsoft SQL Server、Microsoft Access、Visual FoxPro 等，这些产品以自己特有的功能，在数据库市场上占有一席之地。

2．应用软件

应用软件是为解决某个应用领域中的具体任务而编制的程序，如各种科学计算程序、数据统计与处理程序、情报检索程序、企业管理程序、生产过程自动控制程序等。由于计算机已应用到几乎所有的领域，因而应用程序是多种多样的。目前应用软件正向标准化、模块化方向发展，许多通用的应用程序可以根据其功能组成不同的程序包供用户选择。应用软件是在系统软件的支持下工作的，应用软件分为以下两种。

用户程序：用户为了解决自己特定的具体问题而开发的软件，在系统软件和应用软件包的支持下开发。

应用软件包：为实现某种特殊功能或特殊计算，经过精心设计的独立软件系统，是一套满足同类应用的很多用户需要的软件。

任务四 了解微型计算机硬件系统的配置

一、任务与目的

（一）任务

拆分一台微型计算机，仔细观察各个组成部件。

（二）目的

认识微型计算机硬件系统的基本组成部件，了解各部件的功能和作用。

二、操作步骤

1. 准备实验的设备和工具

（1）准备一台需要拆分的计算机。

（2）准备操作实验所需的工具。

2. 拆分计算机

用事先准备的设备和工具将计算机机箱拆开。逐一将内部的各部件取下并仔细观察。

三、知识技能要点

在微型计算机中，硬件系统由CPU（中央处理单元）、存储器和输入输出设备组成。其中核心部件是CPU。CPU通过总线连接内存储器构成微型计算机的主机。主机通过接口电路配上输入、输出设备就构成了微机系统的基本硬件结构。微型计算机的基本硬件组成如图1-5所示。

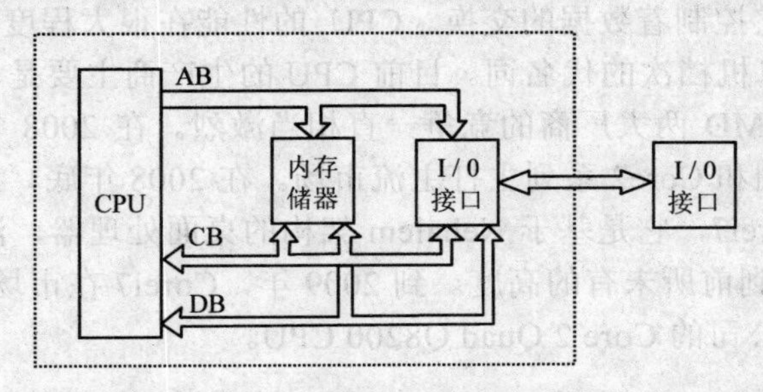

图1-5 微型计算机系统的基本硬件组成

微型计算机的硬件及其功能

微型计算机的硬件系统由主机和外部设备两大部分组成。主机由主板、CPU 和内存储器构成。外部设备由外存储器和输入、输出设备组成。

1. 主板

主板也叫系统板、母板或底板。它是位于主机箱底部的一块多层印制电路板，是计算机中最重要的部件之一。主要用于微型计算机中安装各种插件。主板上不仅有芯片组、BIOS 芯片、各种跳线、电源插座，还提供以下插槽和接口：CPU 插槽、内存插槽、总线扩展槽、IDE 接口、软盘驱动器接口以及串行口、并行口、PS/2 接口、USB 接口、CPU 风扇电源接口、各类外设接口等，其外观如图 1-6 所示。

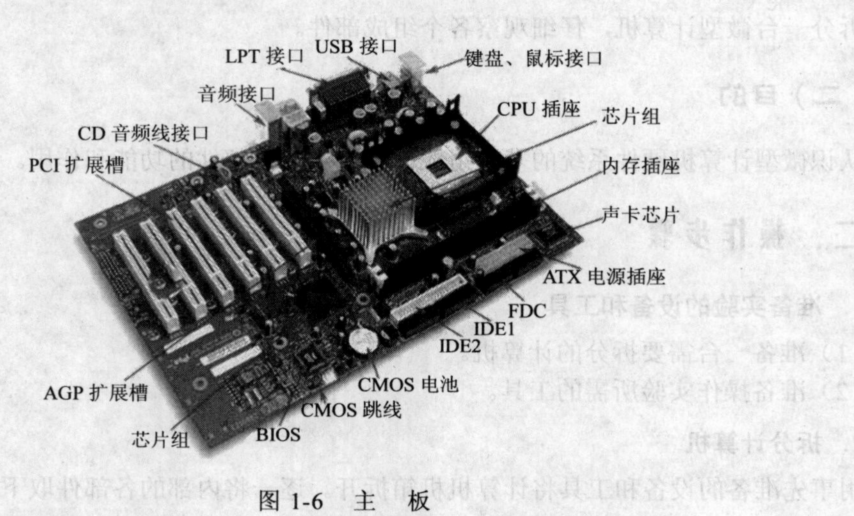

图 1-6　主　板

2. CPU

CPU 是中央处理单元（Central Processing Unit）的缩写，它可以被简称为微处理器（Microprocessor），也经常被人们直接称为处理器（Processor）。它是计算机的核心，其重要性好比人类的大脑一样，因为它负责处理、运算计算机内部的所有数据，而主板芯片组则更像是心脏，它控制着数据的交换。CPU 的性能在很大程度上决定了计算机的性能，往往成为各种计算机档次的代名词。目前 CPU 的生产商主要是 Intel 公司和 AMD 公司。多年来 Intel 与 AMD 两大厂商的竞争一直相当激烈。在 2008 年，Intel 公司全年以 Pentium Dual Core 系列和 Core2 系列主打主流市场。在 2008 年底，Intel 公司更是发布了新一代的 CPU——Corei7，它是基于 Nehalem 架构的桌面处理器，沿用 Core（酷睿）名称。把 CPU 性能提升到前所未有的高度。到 2009 年，Corei7 在市场上仍是顶级的 CPU。如图 1-7 所示是 Intel 公司的 Core 2 Quad Q8200 CPU。

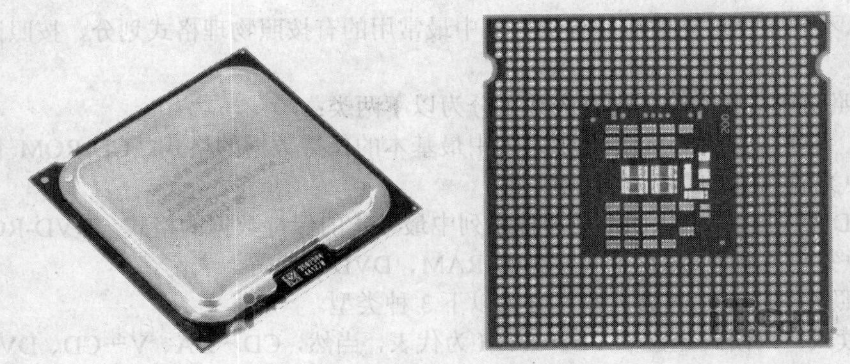

图 1-7　Core 2 Quad Q8200 CPU

3．内存储器

内存储器简称内存，泛指计算机系统中存放数据与指令的半导体存储单元，包括 RAM、ROM、Cache（高速缓冲存储器）等。人们习惯将 RAM 直接称为内存，或称为内存条，如图 1-8 所示。

图 1-8 内存条

4．外存储器

外存储器是外部设备的一部分，用于存放当前不需要立即使用的信息，同时可以用来记录各种信息，存储系统软件、用户的程序及数据。它既是输入设备，也是输出设备，是内存的后备和补充。它只能与内存交换信息，而不能被计算机系统中的其他部件直接访问。它的存储速度较慢，但容量很大。

常见的外存储器有软盘存储器、硬盘存储器、光盘存储器、USB 闪存等。

（1）软盘　软盘存储器由软盘、软盘驱动器和软盘控制适配器（或软盘驱动卡）3 部分组成，软盘只有插入软盘驱动器才能工作。

早期的软盘是 5.25in（1 英寸＝2.540m）的，单面存储容量为 180KB。后来出现双面存储容量为 360KB。再后来出现 3.5in 双面存储容量为 720KB 的。这些都属于低密软盘。再后来出现 5.25in 的双面高密度存储容量为 1.2MB 的和 3in 双面高密度存储容量为 1.44MB 的软盘，直到最后出现过存储容量为 2.88MB 的软盘。这些都属于高密软盘。现今软盘因容量较小且容易损坏，已被 U 盘所取代。

（2）光盘　光盘是 20 世纪 70 年代问世的。它具有存储容量大、可靠性强、读取速度快、价格便宜、携带方便等优点。

可以从不同角度对光盘进行分类，其中最常用的有按照物理格式划分、按照读写限制划分等。

1）按照物理格式划分，光盘大致可分为以下两类：

① CD 系列。CD-ROM 是这种系列中最基本的保持数据的格式。CD-ROM 包括可记录的多种变种类型，如 CD-R、CD-MO 等。

② DVD 系列。DVD-ROM 是这种系列中最基本的保持数据的格式。DVD-ROM 包括可记录的多种变种类型，如 DVD-R、DVD-RAM、DVD-RW 等。

2）按照读写限制，光盘大致可分为以下 3 种类型。

① 只读式。只读式光盘以 CD－ROM 为代表，当然，CD－DA、V－CD、DVD-ROM 等也都是只读式光盘。

② 一次性写入，多次读出式。目前这种光盘以 CD－R（Recordable）为主。

③ 可读写式。目前市场上出现的可读写光盘主要有磁光盘（Magneto-Optical Disk，MOD）和相变光盘（Phase Change Disc，PCD）两种。

（3）硬盘　硬盘存储器简称硬盘（Hard Disk），是微机的主要外部存储设备，是内存的主要后备存储器。硬盘的存储容量大，可靠性高。硬盘的发展趋势是容量越来越大，但体积是越来越小。目前硬盘的存储容量已达千吉字节。

（4）闪存　USB 闪存简称为 U 盘，其称呼最早来源于朗科公司生产的一种新型存储设备，名曰“优盘”，使用 USB 接口进行连接。而之后生产的类似技术的设备由于朗科已进行专利注册（实质是一种垄断）而不能再称之为“优盘”，而以其谐音改称为“U 盘”或称之为“闪存”“闪盘”等。后来 U 盘这个称呼因其简单易记而广为人知，而直到现在这两者也已经通用，并对它们不再作区分。U 盘最大的特点就是：小巧便于携带、存储容量大、价格便宜，是移动存储设备之一。一般的 U 盘容量为 128MB、256MB、512MB、1GB、2GB、4GB、8GB 等。

5. 显示器和显卡

显示器是通过显卡连接到系统总线上，两者共同构成了计算机的显示系统。显示器又叫监视器（Monitor）。显示器是计算机最主要的输出设备之一，也是人与计算机交流的主要渠道。衡量显示器好坏的主要参数有显示器屏幕的尺寸、点距、像素、分辨率等。目前显示器主要有 CRT（Cathade Ray Tube）显示器和 LCD 显示器两种类型。

显卡又称显示器适配卡，现在的显卡都是 3D 图形加速卡。它是连接主机与显示器的接口卡。如图 1-9 所示。其作用是将主机的输出信息转换成字符、图形和颜色等信息，传送到显示器上显示。显卡插在主板的 ISA、PCI、AGP 扩展插槽中。

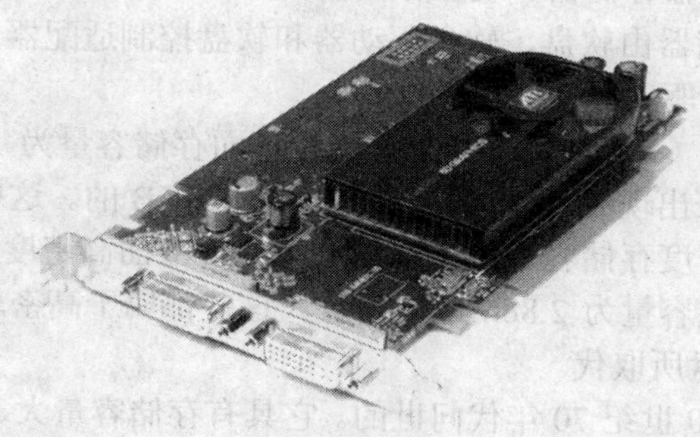

图 1-9　显　卡

6．键盘和鼠标

键盘和鼠标是计算机中最常用的两种输入设备。它们已成为计算机的标准配置。

（1）键盘　键盘是用户和计算机进行交流的工具，人们的文字信息和控制信息一般都是通过键盘输入到计算机中。目前最常见的键盘是104键盘。

（2）鼠标　鼠标的使用是为了使计算机的操作更加简便，来代替键盘输入烦琐的指令。它也成为计算机不可缺少的输入设备。

鼠标按接口类型可分为串行鼠标、PS/2鼠标、总线鼠标、USB鼠标（多为光电鼠标）四种。

鼠标按其工作原理的不同可以分为机械鼠标和光电鼠标。

任务五　了解计算机病毒及其防治

一、任务和目的

（一）任务

（1）了解计算机病毒的概念及特征。

（2）了解计算机的病毒症状。

（二）目的

（1）掌握计算机病毒的概念及特征。

（2）认识计算机病毒的症状。

（3）掌握常用的预防计算机病毒的方法。

在目前网络十分普及的情况下，几乎所有的计算机用户都遇到过病毒的侵袭，以致影响了学习、工作和生活。所以，即使是一个普通的用户，学会病毒的防治，也具有很重要的意义。

二、知识技能要点

（一）计算机病毒的实质及症状

计算机病毒是一种人为制造的计算机程序，它可以通过媒体传播。计算机病毒被明确定义为：编制或者在计算机程序中插入的破坏计算机功能或者破坏数据，影响计算机使用并且能够自我复制的一组计算机指令或者程序代码。它通常隐蔽在其他可执行程序中，通过网络、光盘、软盘等介质传播给其他计算机，从而使其他计算机也感染病毒。

1．计算机病毒的特征

计算机病毒具有以下特征：

（1）破坏性　所有的计算机病毒都存在一个共同的危害，即占用系统资源，降低计算机系统的工作效率，它可以毁掉所有的数据，这对于计算机使用者来说可谓是灾难性的。

（2）传染性　传染性是病毒的基本特征，计算机病毒代码一旦进入计算机并得以执行，就会搜寻其他符合其传染条件的程序或存储介质，确定目标后再将自身代码插入其中，达到自我繁殖的目的。

（3）潜伏性　一个计算机病毒进入系统之后一般不会马上发作，可以在几周或者几个月内，甚至几年内隐藏在合法文件中，对其他系统进行传染。

（4）隐蔽性　计算机病毒依附在程序或数据中，在发作前不易被发现，一旦被发现，病毒可能已传染了计算机系统的各个部分。

（5）激发性　计算机病毒会在特定的条件下被激活起来，去攻击计算机系统。激发计算机的条件可以是某个特定的日期、时间、特定的字符或是特定的文件等。

2．计算机感染病毒的症状

不同病毒感染所再现的症状也不完全一样。一般可以从以下几个方面来判别计算机是否染上病毒。

（1）屏幕上突然出现特定画面或一些莫名其妙的信息。如“YourPCisnowstoned”、“I want a cookie”或屏幕下雨、出现骷髅或出现黑屏等。

（2）原来运行良好的程序，突然出现了异常现象或荒谬的结果；一些可执行文件无法运行或突然丢失。

（3）计算机运行速度明显降低。

（4）计算机经常莫名其妙地死机，突然不能正常启动。

（5）系统无故进行磁盘读写或格式化操作。

（6）文件长度奇怪地增加、减少或产生特殊文件。

（7）磁盘上突然出现坏的扇区或磁盘信息严重丢失。

（8）磁盘空间仍有空闲，但不能存储文件或提示内存不够。

（9）打印机、扫描仪等外部设备突然出现异常现象。

（10）计算机运行时突然有蜂鸣声、尖叫声、报警声或重复演奏某种音乐等。

如出现以上问题，用户就应该考虑到可能是感染了病毒，应该及时对系统进行检查。

（二）计算机病毒的预防

计算机病毒尽管相当厉害，但也并不是不可预防的，“毒从磁盘入”，因此平时使用时要严格把好这一关，再加上其他一些措施是能避免病毒感染的。预防病毒要注意做好以下几点。

（1）用户应备份一套不带病毒的系统软件，包括中西文稿操作系统、程序语言以及会计核算软件等。

（2）在安装系统之前，必须检查并消除硬盘和有关软盘上病毒，并要对它们重新格式化，并做上标志。

（3）对于情况不明的软盘，或格式化后使用或禁止使用。

（4）严禁在财会用计算机上玩游戏。

（5）系统和数据备份要制度化。

（6）定期对计算机进行病毒检查。

计算机病毒的种类很多，专门的消毒软件也很多。我国公安部发行的 SCAN 和 KILL 软件能检测 1 000 多种病毒，消除至少几十种病毒。但是反毒软件不能包治百病，例如，对一些新的病毒，有些消毒软件就无能为力。

除了使用消毒软件消除病毒外，还可以通过格式化或复制无病毒的备份盘覆盖磁盘上相应文件，达到消毒目的。

习 题 一

一、选择题（从下列各题四个选项中选出一个正确答案）

1．第一台计算机是 1946 年在美国研制的，该机的英文缩写是（　　）。

A．EDVAC　　B．ENIAC　　C．EDAVC　　D．EDICA

2．目前，制造计算机所用的电子器件是（　　）。

A．电子管　　B．晶体管　　C．集成电路　　D. 超大规模集成电路

3．“计算机辅助制造”的英文缩写是（　　）。

A．CAD　　B．CAI　　C．CAM　　D．CAT

4．办公自动化是计算机的一种应用，按照计算机应用的分类，它属于（　　）。

A．科学计算　　B．信息处理

C．过程控制　　D．计算机辅助设计

5．通常家用计算机属于（　　）。

A．微型机　　B．小型机　　C．中型机　　D．大型机

6．计算机病毒是指（　　）。

A．带细菌的磁盘　　B．已损坏的磁盘

C．具有破坏性的程序　　D．被破坏的程序

7．标准的 ASCII 码的长度是（　　）位二进制。

A．7　　B．8　　C．16　　D．4

8．下列软件属于应用软件的是（　　）。

A．操作系统　　B．服务程序

C．数据库管理系统　　D．字处理软件

9．计算机中所有信息的存储都是采用（　　）。

A．十进制　　B．八进制　　C．二进制　　D．十六进制

10．计算机系统由（　　）组成。

A．主机显示器　　B．微处理器和软件

C．硬件系统和软件系统　　D．操作系统的应用软件

11．在存储容量中，1MB 的容量等于（　　）。

A．10KB　　B．1 000KB　　C．103KB　　D．1 024×1 024B

12．在 48×48 字库点阵中，存储 10 个汉字需要的字节数是（　　）。

A．1 024B　　B．1 000B　　C．2 880B　　D．288B

13．微型计算机中的运算器、控制器及内存储器的总称是（　　）。

A．主机　　B．ALU　　C．CPU　　D．MPU

14．对现代电子计算机的设计及其结构起到奠基作用的代表人物是（　　）。

A．图灵　　B．冯·诺依曼　　C．比尔·盖茨　　D．莫克利

15．下面选项中，不属于微型计算机的性能指标的是（　　）。

A．字长　　B．存取周期　　C．主频　　D．硬盘容量

16．计算机能够直接识别的语言是（　　）。

A．汇编语言　　B．C 语言　　C．高级语言　　D．机器语言

17．数字符号 6 的 ASCII 码值的十进制表示为 54，则数字符号 0 的 ASCII 码值的十六进制表示为（　　）。

A．30　　B．31　　C．32　　D．33

18．某汉字的区位码是 2 540，其国标码是（　　）。

A．6 445H　　B．2 540H　　C．4 560H　　D．3 948H

19．十进制数 110 转换成无符号二进制数是（　　）。

A．1 101 110　　B．1 010 101　　C．1 110 001　　D．1 100 110

20．内存中的 ROM 中存储的数据在断电后（　　）。

A．完全丢失　　B．部分丢失　　C．有时会丢失　　D．不会丢失

21．下列有关外存储器的描述不正确的是（　　）。

A．外存储器不能为 CPU 直接访问，必须通过内存才能为 CPU 所使用

B．外存储器既是输入设备，又是输出设备

C．外存储器中所存储的信息，断电后信息也会随之丢失

D．扇区是磁盘存储信息的最小单位

22．在程序设计中可使用各种语言编制源程序，但只有什么在执行转换过程中不产生目标程序？（　　）

A．编译程序　　B．解释程序　　C．汇编程序　　D．数据库管理系统

23．RAM 具有的特点是（　　）。

A．海量存储

B．存储的信息可以永久保存

C．一旦断电，存储在其上的信息将全部消失无法恢复

D．存储在其中的数据不能改写

24．巨型机指的是（　　）。

A．体积大　　B．重量大　　C．功能强　　D．耗电量大

25．“32 位微型计算机”中的 32 指的是（　　）。

A．微型机号　　B．机器字长　　C．内存容量　　D．存储单位

26．某汉字的常用机内码是 B6ABH，则它的国标码第一字节是（　　）。

A．2BH　　B．00H　　C．36H　　D．11H

27．计算机模拟是属于哪一类计算机应用领域？（　　）

A．科学计算　　B．信息处理

C．过程控制　　D．现代教育

28．将微机分为大型机、超级机、小型机、微型机和（　　）。

A．异型机　　B．工作站　　C．特大型机　　D．特殊机

29．十进制数 45 用二进制数表示是（　　）。

A．1 100 001　　B．1 101 001　　C．0 011 001　　D．101 101

30．十六进制数 5BB 对应的十进制数是（　　）。

A．2 345　　B．1 467　　C．5 434　　D．2 345

31．二进制数 0 101 011 转换成十六进制数是（　　）。

A．2B　　B．4D　　C．45F　　D．F6

32．二进制数 111 110 000 111 转换成十六进制数是（　　）。

A．5FB　　B．F87　　C．FC　　D．F45

33．下列字符中，其 ASCII 码值最大的是（　　）。

A．5　　B．b　　C．f　　D．A

34．以下关于计算机中常用编码描述正确的是（　　）。

A．只有 ASCII 码一种　　B．有 EBCDIC 码和 ASCII 码两种

C．大型机多采用 ASCII 码　　D．ASCII 码只有 7 位码

35．存放的汉字是（　　）。

A．汉字的内码　　B．汉字的外码

C．汉字的字形码　　D．汉字的变换码

二、简答题

1．计算机的发展分为 4 代，这 4 代计算机的特点分别是什么？

2．计算机硬件系统中 5 大部件各自的功能是什么？

3．操作系统是如何分类的？

4．简单描述计算机的工作台过程。

5．什么是计算机病毒？它有什么特点？

6．高级语言和低级语言有何不同？

单元二 操作系统 WINDOWS XP 的使用

Windows XP 是一个图形化操作界面的操作系统，应用广泛。Windows XP 操作系统的功能比较强大，可以帮助用户在使用计算机时管理文件和文件夹、管理磁盘、设置各种属性及提供常用附件工具。通过本章的学习，应掌握 Windows XP 操作系统的基本功能与操作方法。

任务一 Windows XP 的基本操作

一、任务与目的

（一）任务

启动 Windows XP，选用相应账户登录，将桌面图标按名称排列，取消任务栏上显示的时钟。打开“我的电脑”窗口，观察任务栏活动任务区的变化，调整“我的电脑”窗口大小，自由移动该窗口。再依次打开几个窗口，观察活动任务区变化后，去掉分组相似任务栏设置。使所有窗口横向平铺。使窗口恢复原状。一一关闭除“我的电脑”之外的窗口，打开“我的电脑”窗口菜单栏中的“工具”菜单，在其下拉菜单中单击的“文件夹选项”，弹出“文件夹选项”对话框。观察该对话框，认识对话框中的组成元素。关闭 Windows XP。

（二）目的

（1）熟练掌握 Windows XP 的启动和退出。
（2）认识 Windows XP 桌面。
（3）熟练掌握任务栏设置。
（4）熟练掌握窗口操作。
（5）认识 Windows XP 对话框。

二、操作步骤

（1）打开计算机电源开关，等待计算机正常启动完毕系统出现登录界面，如图 2-1 所示。对于没有设置密码的用户账户，单击对应用户账户的图标，即可登录。

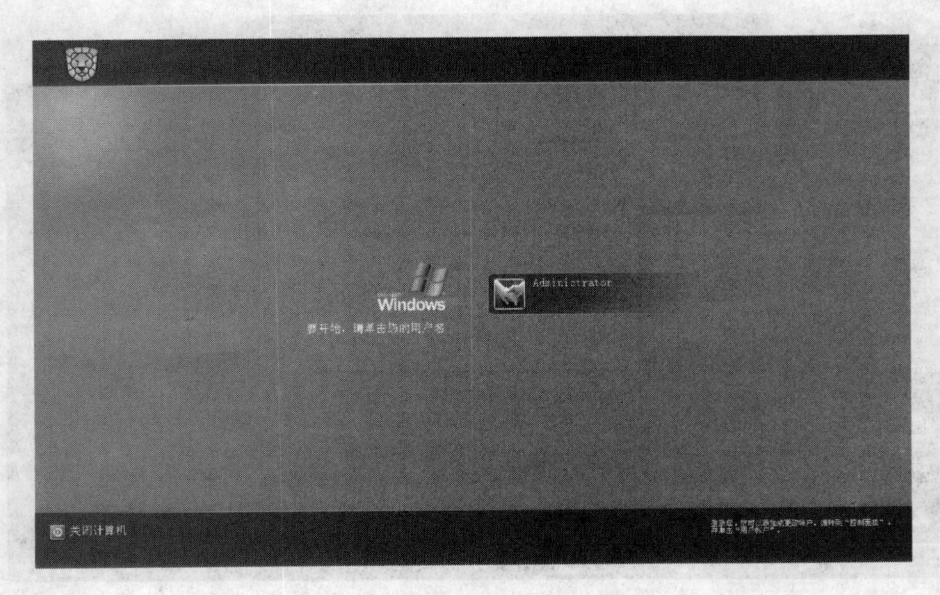

图 2-1　Windows XP 登录界面

（2）在桌面空白处单击鼠标右键，在弹出的快捷菜单中单击“排列图标”→“名称”命令，如图 2-2 所示。

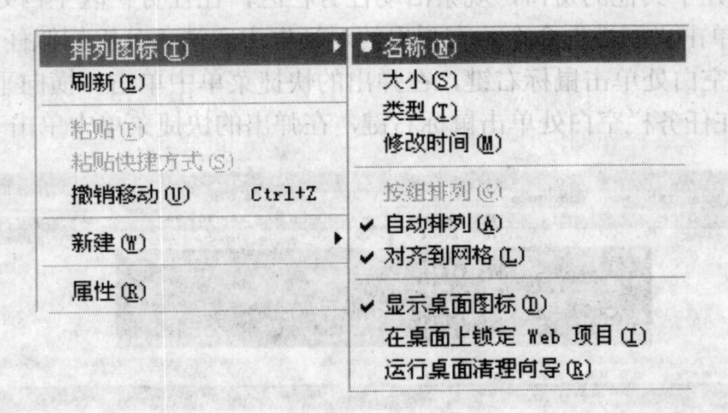

图 2-2　快 捷 菜 单

（3）双击桌面上“我的电脑”图标，任务栏的变化如图 2-3 所示。

图 2-3　打开一个窗口后任务栏的变化

（4）将鼠标移到窗口一角，按住鼠标左键，并拖动鼠标，调整窗口的大小。如图 2-4 所示。

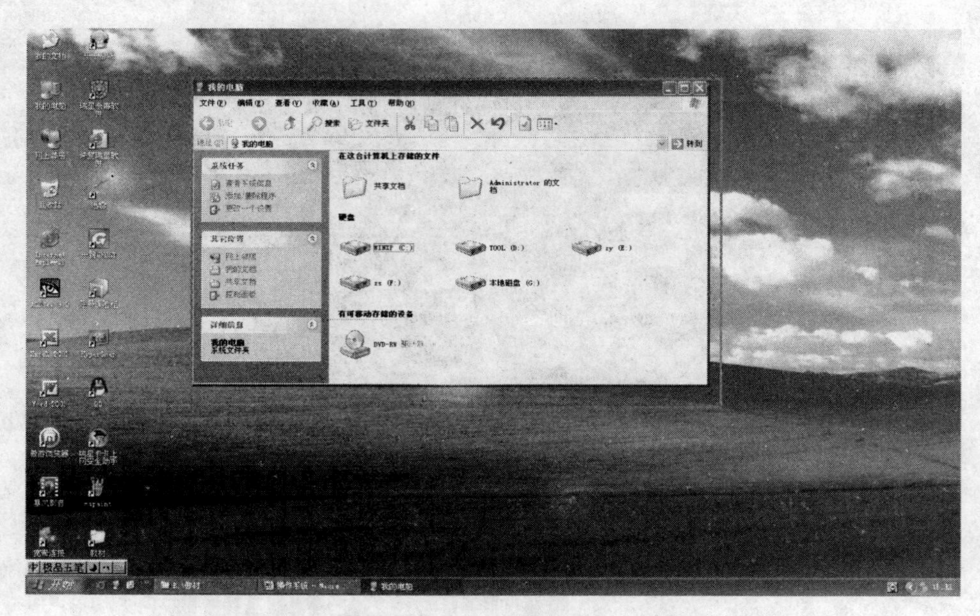

图 2-4　调整窗口大小

（5）将鼠标指针指向标题栏，按住鼠标左键不放，将鼠标拖动到目标位置，然后释放鼠标左键，将窗口移动到新的位置。

（6）另外打开几个其他的窗口，观察活动任务栏区，在任务栏区空白处单击鼠标右键，在弹出的快捷菜单中单击“属性”命令，在弹出的对话框中取消“分组相似任务栏按钮”复选框。

（7）在任务栏空白处单击鼠标右键，在弹出的快捷菜单中单击“横向平铺窗口”命令。效果如图 2-5 所示。在任务栏空白处单击鼠标右键，在弹出的快捷菜单中单击“撤销平铺”命令。

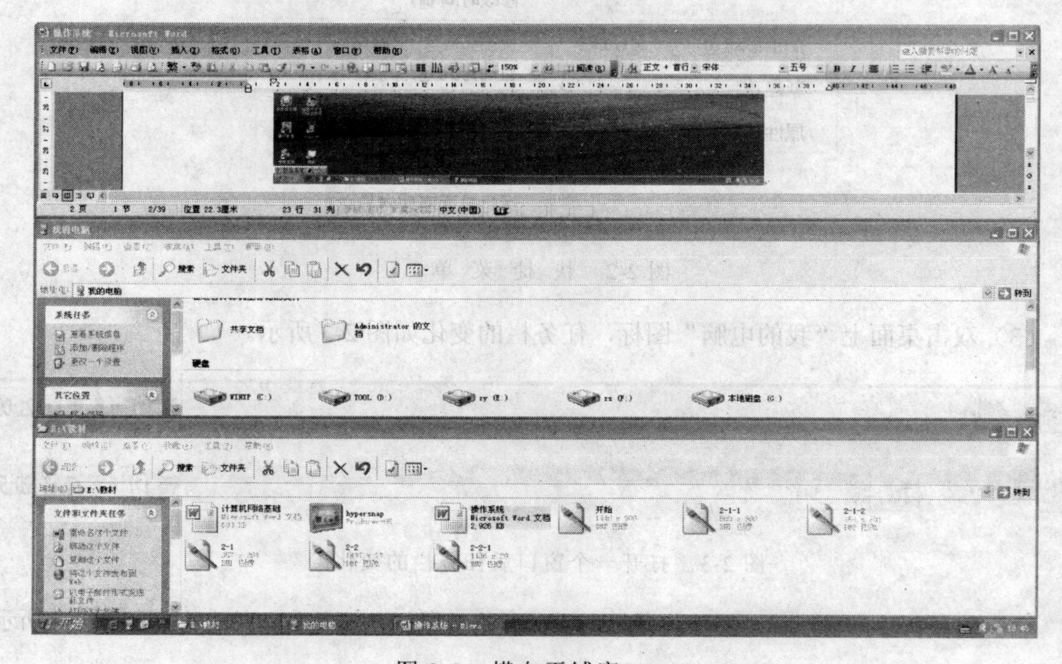

图 2-5　横向平铺窗口

（8）单击除“我的电脑”窗口外，其他窗口右上角的☒图标，关闭这些窗口。

（9）在“我的电脑”窗口菜单栏中单击“工具”→“文件夹选项”命令，弹出“文件夹选项”对话框，如图 2-6 所示。

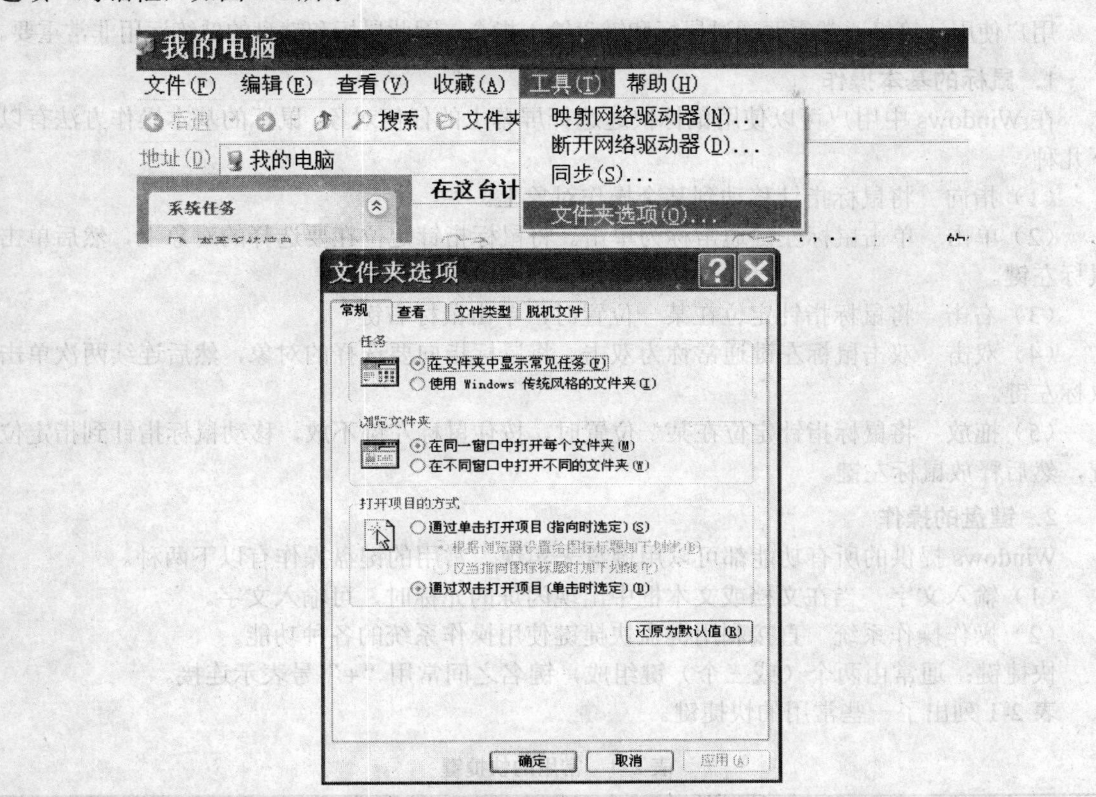

图 2-6　“文件夹选项”对话框

（10）单击“开始”按钮，在弹出的菜单中单击“关闭计算机”选项，出现如图 2-7 所示的对话框，单击“关闭”按钮。

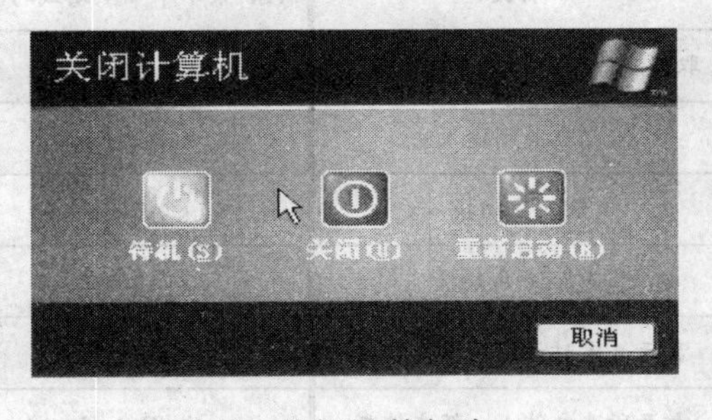

图 2-7　关闭计算机窗口

三、知识技能要点

（一）Windows XP 用户账户

Windows XP 是一个支持多用户的操作系统，不同的用户可以对应不同的用户账户。

Windows XP 支持多用户的特性，使得各个用户可以进行个性化设置而互不影响。

（二）鼠标及键盘的基本操作

用户使用计算机通常需要通过鼠标和键盘输入指令，因此鼠标和键盘的熟练运用非常重要。

1. 鼠标的基本操作

在 Windows 中用户可以使用鼠标快速选择屏幕上的任何对象。鼠标的基本操作方法有以下几种。

（1）指向　将鼠标指针移动到某个操作对象上。

（2）单击　单击鼠标左键通常称为单击。将鼠标指针定位在要选择的对象上，然后单击鼠标左键。

（3）右击　将鼠标指针定位在某一位置时，单击鼠标右键。

（4）双击　双击鼠标左键通常称为双击。将鼠标指向要选择的对象，然后连续两次单击鼠标左键。

（5）拖放　将鼠标指针定位在某一位置时，按住鼠标左键不放，移动鼠标指针到指定位置，然后释放鼠标左键。

2. 键盘的操作

Windows 提供的所有功能都可以用键盘来实现。常用的键盘操作有以下两种。

（1）输入文字　当在文档或文本框中出现闪烁的光标时，可输入文字。

（2）操作操作系统　直接利用键盘快捷键使用操作系统的各种功能。

快捷键：通常由两个（或三个）键组成，键名之间常用“+”号表示连接。

表 2-1 列出了一些常用的快捷键。

表 2-1　常用的快捷键

快　捷　键	功　　能	快　捷　键	功　　能
Ctrl+Esc	打开“开始”菜单	F10 或 Alt	激活程序中的菜单栏
Enter	确认	Alt+菜单中带下划线的字母	执行菜单上相应的命令
Esc	取消当前任务，或者关闭菜单	Alt+F4	关闭当前窗口或退出程序
Ctrl+空格	启动或关闭输入法	Alt+Esc	切换窗口
Ctrl+Shift	输入法切换	Alt+Tab	切换任务
Shift+Space	全角/半角切换	Ctrl+C	复制
F1	显示选定对话框项目的帮助	Ctrl+X	剪切
Back Space	打开所选文件上一级文件夹	Ctrl+V	粘贴
Shift+F10	显示选定项目的快捷方式菜单	Ctrl+Z	撤销
Alt+空格	显示当前窗口系统菜单	Delete	删除
Alt+Enter	打开对象的属性对话框	Alt+减号	显示程序的系统菜单

（三）Windows XP 桌面及其相关概念

1．桌面

桌面是指启动 Windows XP 并根据相应用户名登录系统后，用户在屏幕上看到如图 2-8 所示的界面。

图 2-8　Windows XP 桌面

2．桌面图标

桌面图标是指桌面上排列的小图像，包含图形、说明文字两部分，使用鼠标双击任意一个桌面图标可以打开相应的内容。桌面图标所代表的具体内容将在本章任务二中进行介绍。

用户可根据需要对桌面图标的排列顺序进行调整。桌面图标的几种排列方法解释如下。

（1）名称　按照桌面图标名称开头的字母或拼音顺序排列。

（2）大小　按照桌面图标所代表内容的大小的顺序来排列。

（3）类型　按照桌面图标所代表内容的类型来排列。

（4）修改时间　按照桌面图标所代表内容的最后一次修改时间来排列。

3．任务栏

任务栏位于桌面的最底部，主要由“开始”按钮、快速启动区、活动任务区以及提示区组成，如图 2-9 所示。

图 2-9　任　务　栏

当每次打开一个窗口后，任务栏上就有代表该窗口的一个“任务按钮”，其中处于按下的“任务按钮”表示当前活动的窗口。单击所需的“任务按钮”可以在多个窗口之间切换。

（1）任务栏的操作

1）设置大小。鼠标指针指向任务栏的边框处，当鼠标指针变为双向箭头时，拖动鼠标即可调整其大小。

2）移动位置。系统默认的任务栏位置是桌面底部，也可将任务栏移到桌面的左右两侧或顶端。其方法是将鼠标指针指向任务栏的空白处，单击鼠标左键并拖动到指定位置后，松开鼠标左键即可。

（2）设置任务栏　设置任务栏必须通过“任务栏和开始菜单属性”对话框，打开对话框的方法如下。

方法一：单击“开始”→“设置”→“任务栏和开始菜单”命令，弹出“任务栏和【开始】菜单属性”对话框。

方法二：在无“任务按钮”的活动任务区右键单击鼠标，用左键单击“属性”，弹出“任务栏和【开始】菜单属性”对话框。对话框如图 2-10 所示，在“任务栏外观”区域中，列出了设置任务栏外观效果的复选项。

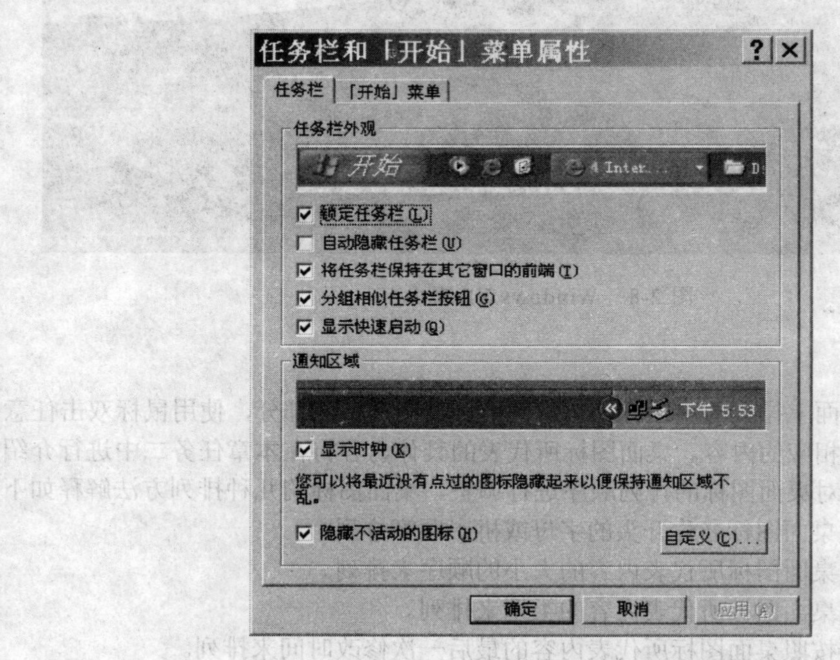

图 2-10 “任务栏和【开始】菜单属性”对话框

1）锁定任务栏：保持现有任务栏的位置和外观，禁止改动。

2）自动隐藏任务栏：使任务栏在不被使用时自动隐藏起来，当鼠标指向屏幕底部时，可重新显示任务栏。

3）将任务栏保持在其他窗口的前端：使任务栏始终处于屏幕最前端，不被其他窗口遮挡。

4）分组相似任务栏按钮：将同一功能的窗口进行组合。

5）显示快速启动：在“显示快速启动”栏中可以方便地打开里面的程序，如 Internet Explorer 等。

4. Windows XP 窗口及其基本操作

在 Windows XP 中，很多操作都是在窗口中完成的，下面介绍窗口的组成及基本操作。

（1）认识窗口的组成　双击“我的电脑”图标，打开如图 2-11 所示的“我的电脑”窗口。该窗口主要由标题栏、菜单栏、工具栏、地址栏、工作区和状态栏组成。下面对窗口组成分别介绍如下。

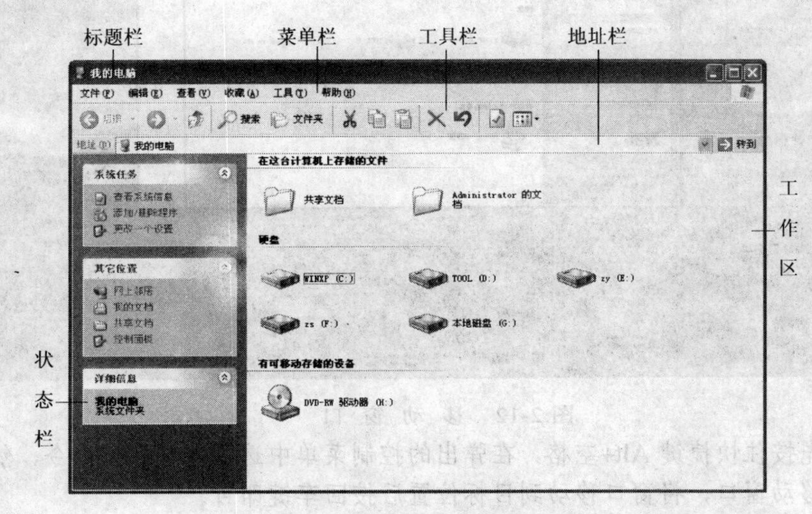

图 2-11 “我的电脑”窗口

1）标题栏。标题栏左边显示的是窗口的控制图标和名称，右边显示的是窗口的控制按钮组。单击“最小化”按钮，窗口将缩小为一个小图标显示在状态栏中。单击“最大化”按钮，窗口将全屏幕显示，且该按钮变为“还原”按钮图片。单击“还原”按钮，窗口将还原到原来大小。

“关闭”按钮：单击该按钮，将关闭窗口。

2）菜单栏。由许多可供使用的命令组成。单击一个命令就执行某一项操作。

3）工具栏。工具栏由许多工具按钮组成，每一个按钮都代表一个常用的命令。如果要执行某一项操作，只要单击代表该操作的按钮即可，而不用到菜单中找寻该项命令，方便了用户的操作。

4）地址栏。显示、输入资源的位置。

5）工作区。工作区显示该窗口中包括的内容。用户可以在工作区内进行字符的编辑、处理等工作。

6）状态栏。状态栏用于显示当前工作的信息及一些重要的状态信息。

（2）掌握窗口的基本操作

1）窗口的最小化、最大化（还原）和关闭操作。用户使用窗口标题栏的控制按钮组对窗口进行最小化、最大化（还原）和关闭操作。

2）移动窗口位置。Windows XP 允许在桌面上打开多个窗口。当某窗口挡住了其他窗口，或挡住了桌面的某个部位时，就有以下两种方法移动窗口的位置。

方法一：将鼠标指针指向标题栏，按住鼠标左键不放，将鼠标拖动到目标位置，然后释放鼠标左键，即可将窗口移动到新的位置，如图 2-12 所示。

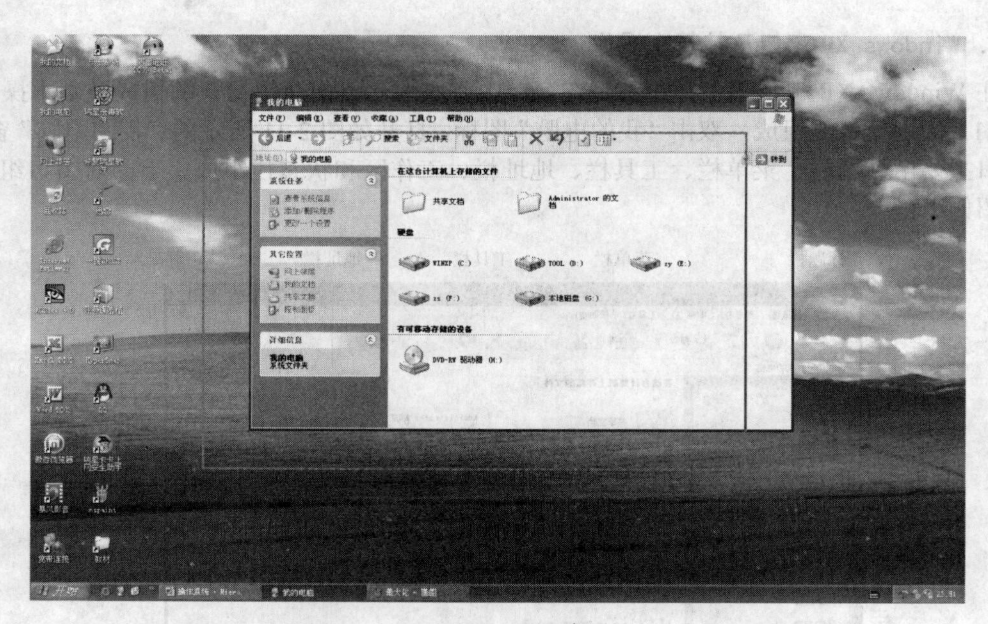

图 2-12　移 动 窗 口

方法二：先按住快捷键 Alt+空格，在弹出的控制菜单中选择“移动”命令，然后使用键盘上的方向键移动窗口，将窗口移动到目标位置后按回车键即可。

3）调整窗口大小。调整窗口大小的方法如下：当窗口处于非最大、最小化状态时，将鼠标指针移到窗口的边框，或四个角上，当指针变为 ⇕ ⇔ ⤡ ⤢ 形状时，就可以按住鼠标左键并拖动鼠标对窗口大小进行调整，如图 2-13 所示。

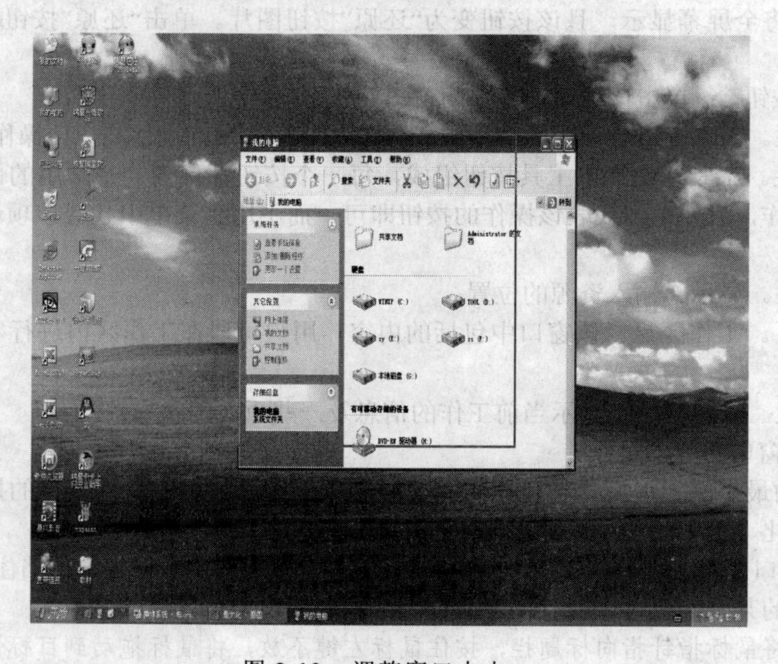

图 2-13　调整窗口大小

4）使用滚动条。如果窗口中的内容太多，不能显示在当前的窗口中，窗口的下边或右边就会出现滚动条。用鼠标拖动滚动条上的滚动块，或者单击滚动箭头，即可滚动窗口的显示内容，以方便用户浏览窗口中未显示完整的内容。

5）关闭窗口。关闭窗口的方法如下。

方法一：单击标题栏中最右端的“关闭”按钮。

方法二：在窗口标题栏控制菜单上双击。

方法三：在窗口标题栏控制菜单上单击，下拉菜单出现后单击“退出”命令。

方法四：按下组合键 Alt+F4

6）排列窗口。可以使用命令来排列窗口，其方法如下：在任务栏的空白处单击鼠标右键，弹出快捷菜单如图 2-14 所示，可按照需要选择其中某一种排列方式。

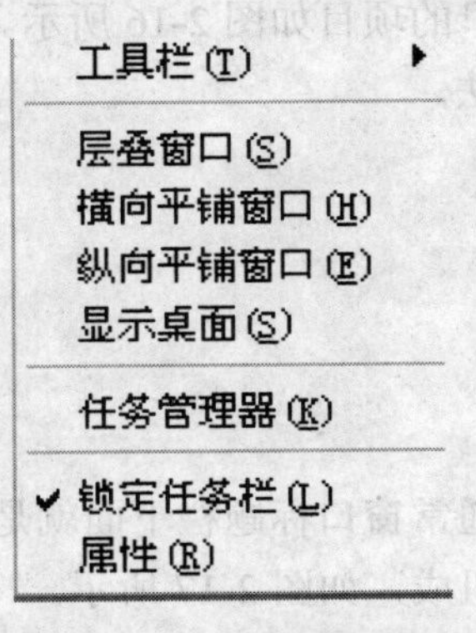

图 2-14 任务栏快捷菜单

7）切换窗口。当打开多个窗口时，屏幕上只有当前使用的一个窗口的标题栏是突出显示的，这个窗口称为活动窗口。切换其他窗口为活动窗口的方法有如下几种。

方法一：用鼠标单击任务栏上所需窗口的图标。

方法二：单击所需窗口没有被其他窗口遮挡的任何部分。

方法三：使用快捷键 Alt+Tab 或 Alt+Esc 进行切换。

5. Window XP 菜单

在介绍菜单之前，首先要了解计算机程序。计算机程序是一组指令（及指令参数）的组合，这组指令依据既定的逻辑控制计算机的运行。用户就是通过运行程序来达到使用计算机的目的。

菜单是 Windows 系统的最重要的组成部分。当要运行程序来执行某项任务时，最常见的方式就是从菜单中选择对应的菜单项。Windows XP 中的菜单可分为以下 4 种：“开始”菜单、控制菜单、菜单栏上的菜单和快捷菜单。

（1）开始菜单　单击桌面左下角的“开始”按钮，即可弹出“开始”菜单。如图 2-15 所示。“开始”菜单主要由 5 个部分组成。

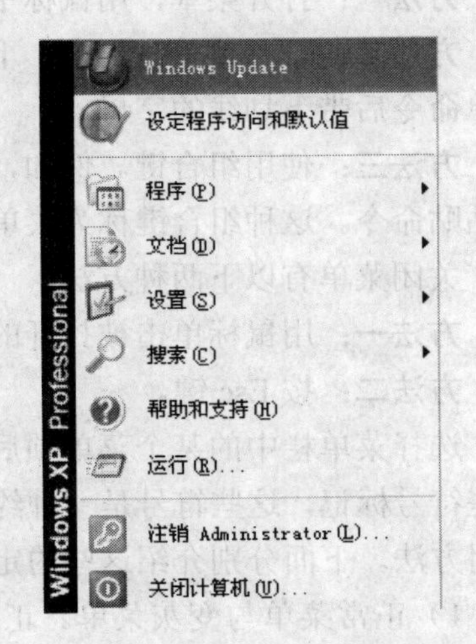

图 2-15 Window XP 的“开始”菜单

1）顶部：显示当前登录的用户名和图标。

2）左侧：列出最常用的程序列表。列表中分隔线上方的内容始终不变，为“固定项目列表”。分隔线下方的程序是用户常用程序列表。该列表中的项目数目在默认情况下是固定的，所以只保留最新使用过的，与项目数目相符的程序。

3）右侧：上面部分列出“我的文档”、“图片收藏”、“我的音乐”、“我的电脑”、“网上邻居”等文件夹，下面部分列出了系统控制工具。

4）左下方：列出“所有程序”选项。

5）右下方：列出“注销”和“关闭计算机”两个选项按钮。

（2）控制菜单　标题栏的左侧有一个图标（一般来说，不同的程序有不同的图标），这个图标就是控制菜单。控制菜单里的项目如图 2-16 所示。

打开控制菜单有以下两种方法。

方法一：鼠标单击控制菜单。

方法二：按 Alt+空格键。

关闭控制菜单的两种方法。

方法一：按 Esc 键。

方法二：单击窗口的任意处。

（3）菜单栏上的下拉菜单　通常窗口标题栏下面就是菜单栏。每个菜单名对应一个下拉菜单，下拉菜单由若干菜单命令组成，如图 2-17 所示。

下面分别介绍如何打开菜单、选择菜单命令和关闭菜单。

打开菜单可以用以下两种方法。

方法一：用鼠标单击菜单栏中的相应菜单名。

方法二：按“Alt+菜单名后带下划线的字母”。如按组合键 Alt+F 即可打开“文件”的下拉菜单。

选择菜单命令有以几种方法。

方法一：打开菜单，用鼠标单击菜单中要选择的菜单命令。

方法二：打开菜单，用上、下箭头移动高亮条到所选菜单命令处，再按 Enter 键或者按菜单命令后带下划线的字母。

方法三：使用组合键。例如，Ctrl+C、Ctrl+V 分别表示“编辑”下拉菜单中的复制命令和粘贴命令。这种组合键称为菜单命令的快捷键，可以在不打开菜单的情况下直接应用。

关闭菜单有以下两种方法。

方法一：用鼠标单击被打开的下拉菜单以外的任何地方。

方法二：按 Esc 键。

选择菜单栏中的某个菜单项后，在弹出的下拉菜单中除可看到菜单命令外，通常会看到一些符号标记，这些符号是一种约定，叫做菜单约定。通过它们可以判断该命令的类别及其使用方法。下面分别介绍这些约定。

1）正常菜单与变灰菜单。正常的菜单选项是用黑色字符显示的，表示该菜单当前的命令可用；用灰色字符显示的菜单表示当前的命令不可用，如图 2-16 所示。

2）菜单后的右箭头标记。将鼠标光标移至有右箭头标记的菜单命令时，弹出相应的子菜单，如图 2-17 所示。

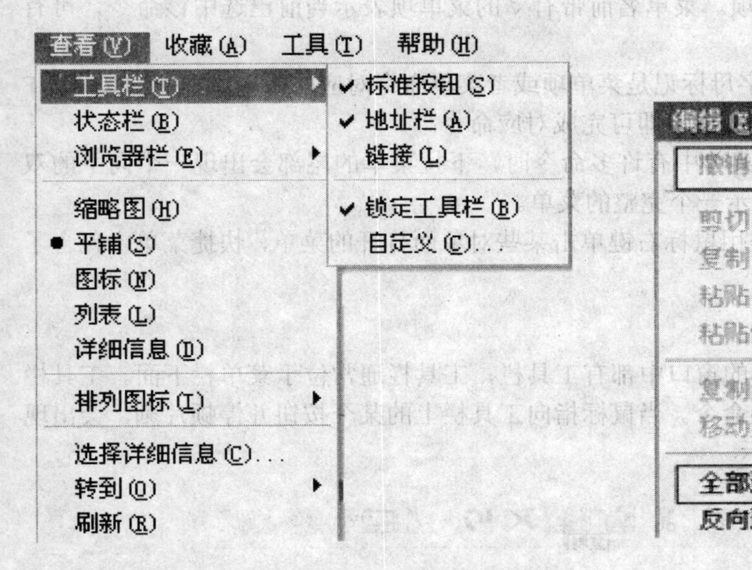

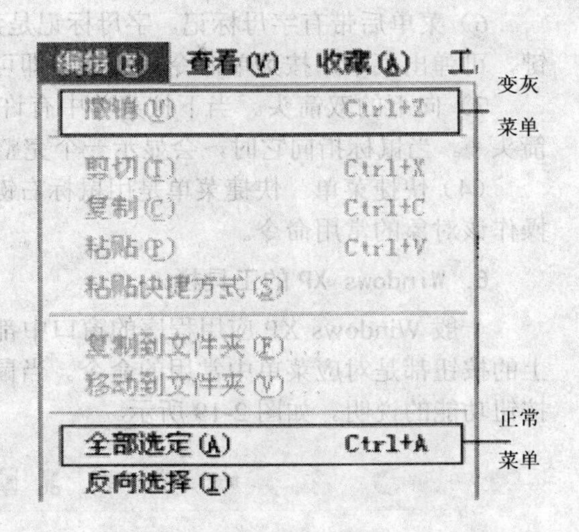

图 2-16　正常菜单与变灰菜单　　　　图 2-17　子　菜　单

3）菜单后有“…”的菜单项。选择这种菜单，将会弹出一个对话框，可在其中执行或改变某项设置。例如，双击“我的电脑”图标，选择“查看”→“选择详细信息”命令，将弹出如图 2-18 所示的“选择详细信息”对话框。

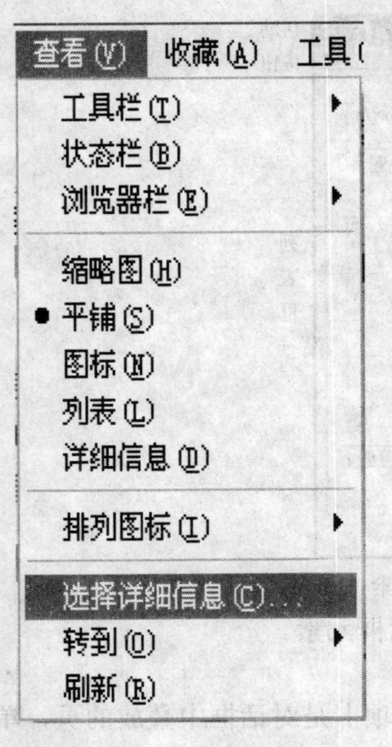

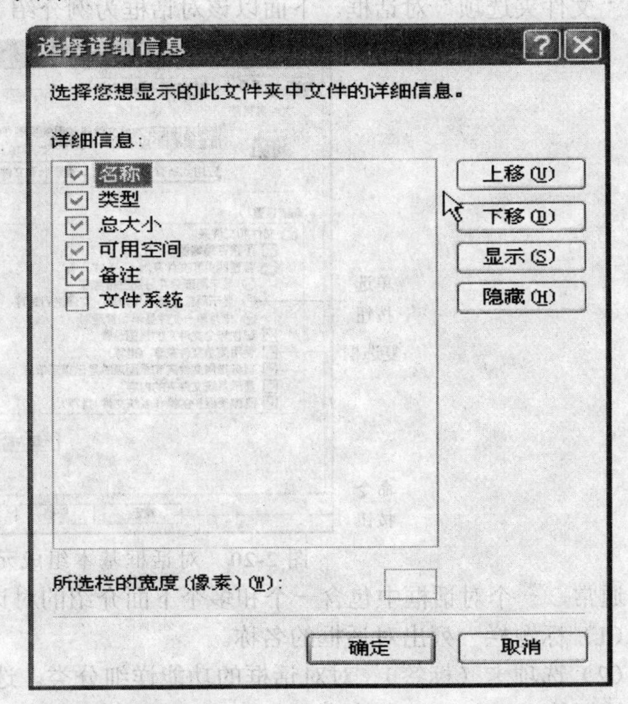

图 2-18　“选择详细信息”对话框

4）菜单名前带有·标记的菜单项。该菜单项表示选中的菜单命令，即在它所在的分组菜单中，有且只有一个能被选中，被选中的选项前带有·标记。

5）菜单名前带有√的菜单项。菜单名前带有√的菜单项表示当前已选中该命令，可有多个命令同时被选中。

6）菜单后带有字母标记。字母标记是菜单项或者菜单命令对应的快捷键，例如按 Alt+F 键，可弹出菜单，按菜单命令后的字母即可完成对应命令。

7）向下的双箭头。当下拉菜单中有许多命令时，下拉菜单的尾部会出现一个向下的双箭头。当鼠标指向它时，会显示一个完整的菜单。

（4）快捷菜单　快捷菜单是用鼠标右键单击某些对象而打开的菜单，快捷菜单中包含了操作该对象的常用命令。

6. Windows XP 的工具栏

一般 Windows XP 应用程序的窗口中都有工具栏，工具栏通常位于菜单栏下面。工具栏上的按钮都是对应菜单中常用的命令。当鼠标指向工具栏上的某个按钮并停顿片刻，会出现按钮功能的说明。如图 2-19 所示。

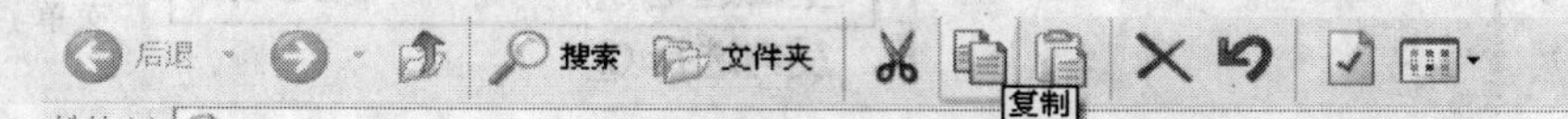

图 2-19　Windows XP 的工具栏

7. 对话框

在 Windows 系统中，对话框广泛用于系统设置、信息获取和交换等操作。如图 2-20 所示为“文件夹选项”对话框。下面以该对话框为例介绍 Windows XP 对话框的基本组成。

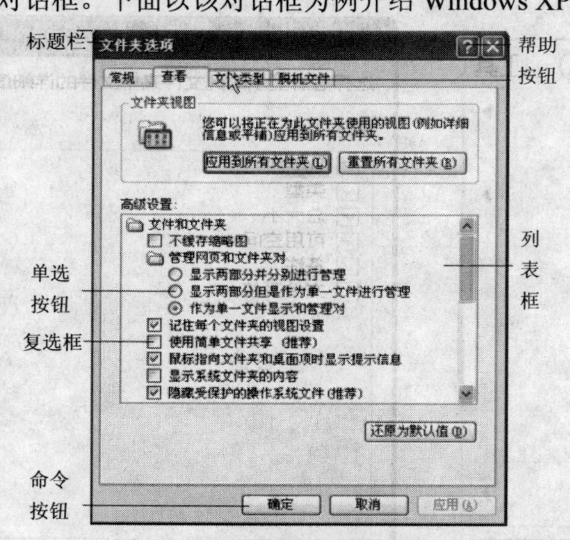

图 2-20　对话框基本组成元素

通常，一个对话框中包含一个和多个下面介绍的对话框元素。

（1）标题栏　列出对话框的名称。

（2）选项卡（标签）　对对话框的功能详细分类。选项卡是对话框中叠放的页，单击不同页的标签可以打开相应的选项卡。

（3）复选框　供用户选择的多个选项。复选框中的每一个选项的左边都有一个小方框，称为选择框。当选择框中显示“√”时，表示该项被选中。

（4）列表框　列出了可供选择的选项，常常带有滚动条，使用它滚动列表。

（5）文本框　可用来输入信息。在文本框中输入信息前，先将光标移到该文本框中，这时鼠标指针变为垂直的插入光标，即可输入信息。

（6）下拉列表　单击下拉列表右边的三角形按钮图，将弹出一个下拉列表，用户可以选择该下拉列表中的某项内容。

（7）单选按钮　列出一组选项，每一个选项的左边都有一个圆圈图，称为选项按钮。必须选择且只能选择其中的某一选项。被选中的选项按钮被涂黑。

（8）命令按钮　通过命令按钮来执行相应的命令。

（9）“确定”、“关闭”按钮　在一般情况下，当对话框中所有的选项都设置好之后，单击“确定”按钮，将保存设置并关闭该对话框。也可直接单击“关闭”按钮来关闭对话框。

任务二　管理计算机中的文件和文件夹

一、任务与目的

（一）任务

在 D 盘根目录下创建文件夹“测试”和文本文件“测试.txt”。将“测试.txt”复制到测试文件夹中。搜索“测试.txt”文件，删除“D:\测试.txt”文件。查看“D:\测试.txt”文件的属性。

（二）目的

（1）理解文件、文件夹的概念。
（2）熟练使用“我的电脑”和“资源管理器”。
（3）熟练掌握对文件及文件夹的操作。
（4）熟练使用和设置“回收站”。
（5）熟练搜索文件或文件夹。

二、操作步骤

（1）在桌面上双击“我的电脑”图标，在“我的电脑”窗口中双击磁盘驱动器 D：的图标。

（2）在 D 盘窗口空白处单击鼠标右键，在弹出的快捷菜单中选择“新建”→“文件夹”命令。选中新建文件夹，单击鼠标右键，在弹出的快捷菜单中选择“重命名”命令，将文件夹改名为“测试”。

（3）在 D 盘窗口空白处单击鼠标右键，在弹出的快捷菜单中选择“新建”→“文本文档”命令。选中新建文本文档，单击鼠标右键，在弹出的快捷菜单中选择“重命名”命令，将文件改名为“测试”。

（4）选中文件“测试”，单击鼠标右键，在弹出快捷菜单中选择“属性”命令。

三、知识技能要点

（一）基本概念

1．文件、文件夹

（1）文件　文件是一组相关信息的集合，任何程序和数据都是以文件的形式保存在计算机的外存储器上。

（2）文件夹　文件夹是在外存储器上组织程序和文档的一种手段，文件夹中既可包含文件，也可包含其他文件夹。

在 Windows XP 中，包括盘符和路径在内，文件和文件夹名的长度最大为 255 个字符，文件名由主文件名和扩展名两部分组成，主文件名与扩展文件名之间用“.”分开。主文件名不允许使用的字符有：尖括号（ <>）、正斜杠（/）、反斜杠（\）、竖杠（|）、冒号（：）、双撇号（"）、星号（*）和问号（？）。Windows XP 的文件名不区分大小写。

一般来说，文件名体现的是文件的内容，扩展名指明文件的性质和类别。不同类型的文件规定了不同的扩展名。例如，可执行文件（.exe、.com、.dll 等）、文本文件（.txt）、声音文件（.wav、.mid）、图形文件（.bmp、.pcx、.tif、.wmf、.jpg、.gif 等）、动画/视频文件（.fic、.fli、.avi、.mpg 等）以及 Web 文件（.html、.htm）等。

用户可以在文件名、扩展名中使用通配符“？”和“*”达到一次指定多个文件的目的。

例如，b?.exe 指明主文件名第一个字符为“b”，主文件名有 2 个字符，扩展名为 exe 的所有文件。例如，bb.exe，bx.exe。

?b*.exe 指明主文件名第二个字符为“b”，扩展名为 exe 的所有文件。例如 ab.exe、ebc.exe、abcdef.exe 等。

2．磁盘驱动器

驱动器是查找、读取磁盘信息的计算机部件。驱动器分为软盘驱动器、硬盘驱动器和光盘驱动器。每个驱动器都用一个字母来标识。通常情况下软盘驱动器用字母 A 或 B 标识；硬盘驱动器用字母 C 标识。如果硬盘被划分为多个分区，则各分区依次用字母 D、E、F 等标识。光盘驱动器标识符总是按硬盘标识符的顺序排在最后，通常用字母 G、H 等标识。

3．路径

（1）根文件夹　也叫根目录，每个磁盘都有自己的根目录，根目录是由系统自动设定的，是目录系统的起点，不能被删除。根目录只能用反斜杠“\”表示。

（2）子文件夹　也叫子目录。根文件夹下的文件夹叫做子文件夹，根文件夹下可以有很多子文件夹，每个子文件夹下又可以有很多子文件夹，子文件夹的个数、层次只受磁盘容量的限制。

（3）树形目录结构　由一个根文件夹和若干层子文件夹组成的目录结构称为树形目录结构，因为它像一棵倒置的树。

（4）当前盘　在计算机的多个磁盘中，用户当前打开的、处于读写数据操作的磁盘称为当前盘。

（5）当前文件夹　在树形目录结构的众多文件夹中，用户通常不能同时查看多个文件夹中的内容，要查看一个文件夹中的内容必须打开该文件夹。处于打开状态的文件夹就称为“当前文件夹”。

（6）目录路径　在树形结构文件系统中，为了确定文件在目录结构中的位置，常常需要在目录结构中按照目录层次顺序沿着一系列的子目录找到指定的文件。这种确定文件在目录结构中位置的一组连续的、由路径分隔符“\”分隔的文件夹名叫路径。通俗地说，就是指引系统找到指定文件所要走的路线。描述文件或文件夹的路径有两种方式。

1）绝对路径。从根目录开始到文件所在文件夹的路径称为“绝对路径”，绝对路径总是以“盘符:\”作为路径的开始符号。一个绝对路径的例子如下：“C:\Windows\system32\winhlp32.exe”。

2)相对路径。从当前文件夹开始到文件所在文件夹的路径称为“相对路径”，一个文件的相对路径会随着当前文件夹位置的不同而不同。

（二）“我的电脑”和“资源管理器”的使用

文件管理是所有操作系统的基本功能之一。文件管理包括查看、新建、查找、重命名、复制、移动、删除、更改属性以及创建快捷方式等操作。Windows XP 主要利用“我的电脑”或“资源管理器”来进行文件管理。

通过“我的电脑”窗口，用户可以管理磁盘、映射网络驱动器、文件夹和文件。双击桌面上“我的电脑”，即可打开“我的电脑”窗口，用户可通过“我的电脑”窗口来查看和管理计算机中的资源。

“资源管理器”是 Windows XP 的一个重要文件管理工具。通过它可以很方便地列出文件夹目录，删除、复制与移动文件，也可以修改文件的名称。

1．启动和退出“资源管理器”

启动“资源管理器”窗口有以下几种方法。

方法一：单击“开始”按钮，单击“程序”→“附件”→“Windows 资源管理器”命令。

方法二：用鼠标右键单击“我的电脑”图标，在弹出的快捷菜单中选择“资源管理器”命令。

方法三：用鼠标右键单击任意一个驱动器图标，在弹出的快捷菜单中选择“资源管理器”命令。

方法四：按下 Shift 键，双击桌面上的“我的电脑”图标。

退出“资源管理器”有以下几种方法。

方法一：单击“资源管理器”窗口右上角的“关闭”按钮。

方法二：用鼠标右键单击“资源管理器”窗口控制菜单，再选择“关闭”命令。

方法三：双击“资源管理器”窗口标题栏上的控制菜单图标。

方法四：选择“文件”→“关闭”命令。

如图 2-21 所示，“资源管理器”窗口中分为左右两个浏览窗口，左边窗口显示的是文件夹树，右边窗口显示当前文件夹中的所有文件或文件夹名。左右两个窗口之间有个分隔条，用鼠标拖动可使左右窗口的大小随之改变。

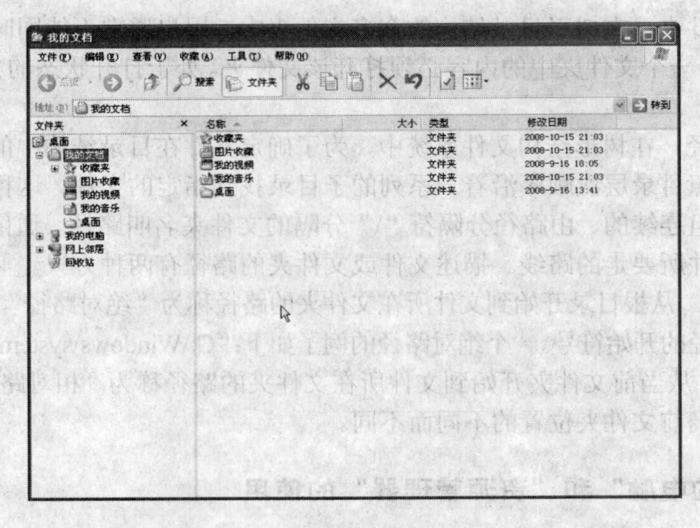

图 2-21 “资源管理器”窗口

左边窗口中文件夹的前面有⊞图标的，表示该文件夹中还有子文件夹或文件，单击图标，将展开该文件夹，同时⊞图标变为⊟图标。单击⊟图标，即可折叠该文件夹。

2．操作文件和文件夹

（1）选择文件和文件夹

1）选择一个对象：直接单击该文件或文件夹即可。

2）选择相邻的多个对象：单击起始对象，按住 Shift 键不放，再单击结束对象即可。

3）选择不相邻的多个对象：按住 Ctrl 键，再分别单击要选择的对象即可。

4）全部选定：在选定对象窗口中，按住 Ctrl+A 组合键即可。

（2）打开文件或文件夹　用户打开文件夹和文件的方式有以下两种。

方法一：在 Windows XP 资源管理器左边窗口中用鼠标左键单击需要选中的文件夹，右边窗口中将会显示出该文件夹中的详细内容。

方法二：在 Windows XP 资源管理器右边窗口中用鼠标左键双击需要选中的文件或者文件夹。

（3）查看文件或文件夹的显示方式　在 Windows XP 的“资源管理器”窗口中，单击菜单栏的“查看”命令，弹出其下拉菜单，如图 2-22 所示，分别有 5 种文件或文件夹的显示方式。下面一一介绍这几种查看方式。

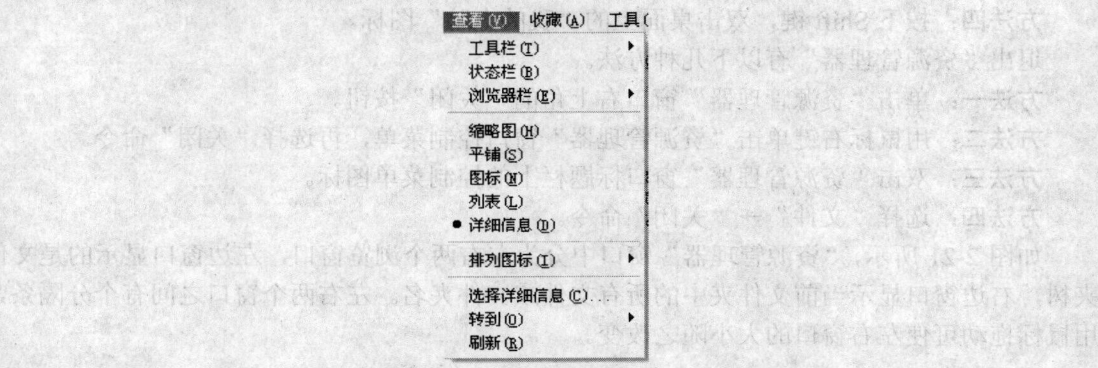

图 2-22 “查看”命令

1）“缩略图”显示方式。在 Windows XP“资源管理器”窗口菜单栏中单击“查看”→“缩略图”命令，右边窗口将用缩略图方式显示左边部分所选择的内容。

2）“平铺”显示方式。在“资源管理器”窗口菜单栏单击“查看”→“平铺”命令，右边窗口将用大图标方式显示左边窗口所选择的内容。在 Windows XP 系统中，平铺显示方式是默认的文件显示方式。

3）“图标”显示方式。在 Windows XP 的“资源管理器”窗口中单击“查看”→“图标”命令。右边窗口将用小图标方式显示左边部分所选择的内容。

4）“列表”显示方式。在 Windows XP 的“资源管理器”窗口中单击“查看”→“列表”命令，右边窗口将用列表方式显示左边部分所选择的内容。

5）“详细资料”显示方式。在 Windows XP 的“资源管理器”窗口中单击“查看”→“详细资料”命令，窗口右边将用详细资料方式显示左边部分所选择的内容，并且显示文件或文件夹的修改时间、大小、类型等。

（4）创建新文件夹　用户在管理文件时，常常需要创建新文件夹来存放文件。创建新文件夹的方法有如下两种。

方法一：在 Windows XP 资源管理器中打开要新建文件夹的文件夹，例如，打开“我的文档”文件夹。单击“文件”→“新建”→“文件夹”命令，在窗口中出现一个名称为“新建文件夹”的新文件夹。

方法二：在要创建新文件夹的文件夹空白处单击鼠标右键，在弹出的快捷菜单中，单击“新建”→“文件夹”命令，即可新建一个文件夹，如图 2-23 所示。

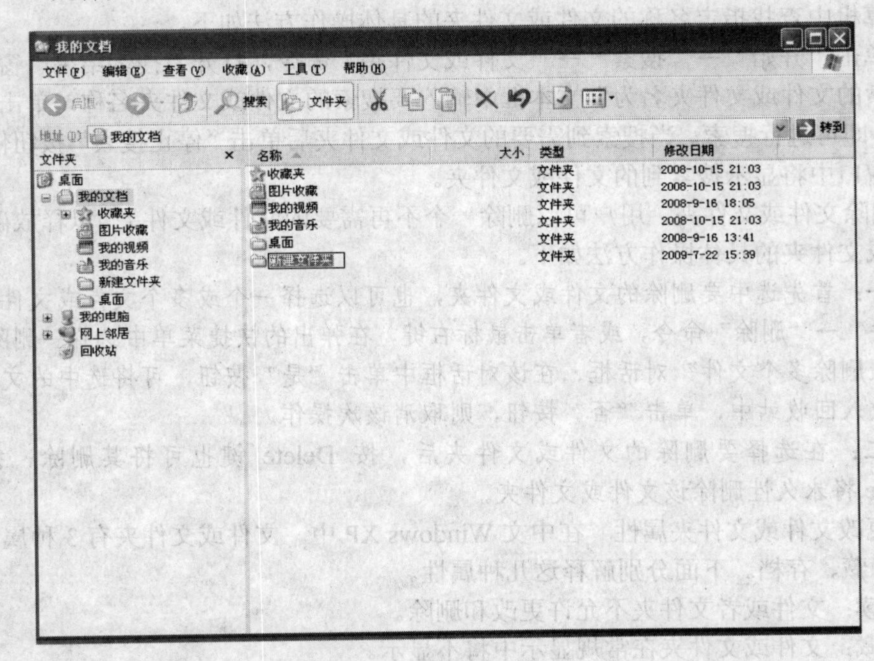

图 2-23　新建文件夹

（5）重命名文件或文件夹

方法一：用鼠标左键单击选中要命名的文件或文件夹，例如，上述创建的“新建文件夹”重命名，则选中“新建文件夹”，单击“文件”→“重命名”命令，可看到文件名称反向显示，插入点在其中闪烁，直接输入新的文件夹名称即可。

方法二：对准要重命名的文件或文件夹图标单击鼠标右键，在弹出的快捷菜单中选择“重命名”命令。

（6）文件和文件夹的复制和剪切　复制操作是指复制后原文件夹中的文件或文件夹仍然存在，而剪切是指剪切后原位置上的文件或文件夹将不再存在，剪切也叫做移动。

方法一：选中要操作的对象，打开“编辑”菜单，根据需要选择“复制”或者“剪切”命令，打开目的文件夹，再在“编辑”菜单中选中“粘贴”命令，则可完成复制或剪切。另外，“复制”、“剪切”、“粘贴”命令也可在选中文件后，单击鼠标右键打开。

方法二：选定要复制的文件或文件夹，按 Ctrl+C 组合键；打开目的文件夹，按 Ctrl+C 组合键即可。

方法三：选定要操作的文件或文件夹，按住鼠标左键不放，用鼠标将它们拖动到目的文件夹图标上，当目的文件夹高亮后松开鼠标左键。这里需要注意以下几点：

1）同一磁盘的不同文件夹之间按左键拖动是剪切，在按左键拖动的同时按住 Ctrl 键为复制。

2）不同盘之间按左键拖动为复制，在按左键拖动的同时按住 Shift 键是剪切。

3）直接按住右键不放，拖动到目的地后松开，弹出快捷菜单，可在菜单中选择是复制还是移动。

（7）搜索文件或文件夹　当用户需要在计算机中查找一些文件，但是只知道文件的名称，而不知道文件所在的确切位置时，就需要用 Windows XP 提供的搜索功能进行查找。

在计算机中查找指定名称的文件或文件夹的具体操作方法如下。

首先单击“开始”→“搜索”→“文件或文件夹”命令，打开“搜索结果”窗口，然后在“要搜索的文件或文件夹名为”文本框中输入要搜索的文件或文件夹名称，单击“立即搜索”按钮，即可进行搜索。当搜索到需要的文件或文件夹后单击“停止搜索”按钮停止搜索，在右边的窗口中将显示搜索到的文件或文件夹。

（8）删除文件或文件夹　用户可以删除一个不再需要的文件或文件夹，以释放磁盘空间。删除文件或文件夹的具体操作方法如下。

方法一：首先选中要删除的文件或文件夹，也可以选择一个或多个文件或文件夹，然后单击“文件”→“删除”命令，或者单击鼠标右键，在弹出的快捷菜单中选择“删除”命令，弹出“确认删除多个文件”对话框。在该对话框中单击“是”按钮，可将选中的文件或文件夹删除并放入回收站中，单击“否”按钮，则取消该次操作。

方法二：在选择要删除的文件或文件夹后，按 Delete 键也可将其删除，按快捷键 Shift+Delete 将永久性删除该文件或文件夹。

（9）更改文件或文件夹属性　在中文 Windows XP 中，文件或文件夹有 3 种属性，分别为只读、隐藏、存档。下面分别解释这几种属性。

1）只读：文件或者文件夹不允许更改和删除。

2）隐藏：文件或文件夹在常规显示中将不显示。

3）存档：文件或文件夹已经被存档，在关闭此文件或文件夹时将提示用户是否保存修改结果。

设置文件或文件夹属性可以按照以下步骤操作。

步骤一：选择要设置属性的文件或文件夹。

步骤二：单击“文件”→“属性”命令；或者单击鼠标右键，在弹出的快捷菜单中选择“属性”命令，弹出“属性”对话框，在该对话框中，用户可以进行相应的设置。在该对话框中选中相应的单选按钮，单击“确定”按钮即可。如图 2-24 所示。

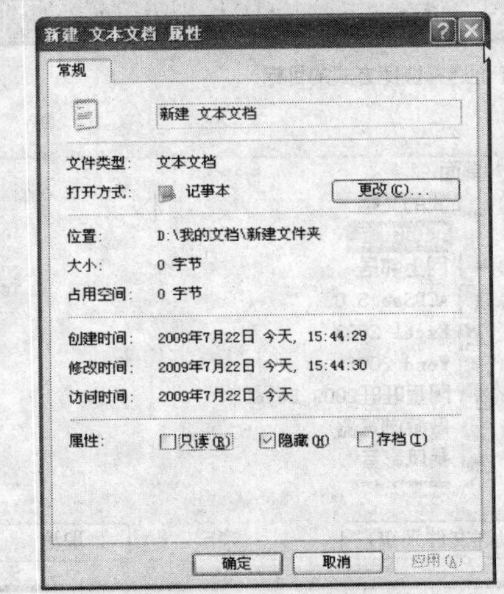

图 2-24　文档属性对话框

（三）创建快捷方式

用户可以为经常使用的文件或文件夹创建快捷方式。还可以将快捷方式放在桌面上。下面介绍两种在“我的电脑”或“资源管理器”窗口中创建快捷方式的方法。

方法一的操作步骤如下。

（1）选定需要创建快捷方式的文件或文件夹。

（2）单击“文件”→“创建快捷方式”命令，或者单击鼠标右键，在弹出的快捷菜单中选择“创建快捷方式”命令，即可为当前文件夹创建快捷方式。

方法二的操作步骤如下：

（1）单击“文件”→“新建”→“快捷方式”命令，弹出“创建快捷方式”对话框，如图 2-25 所示。

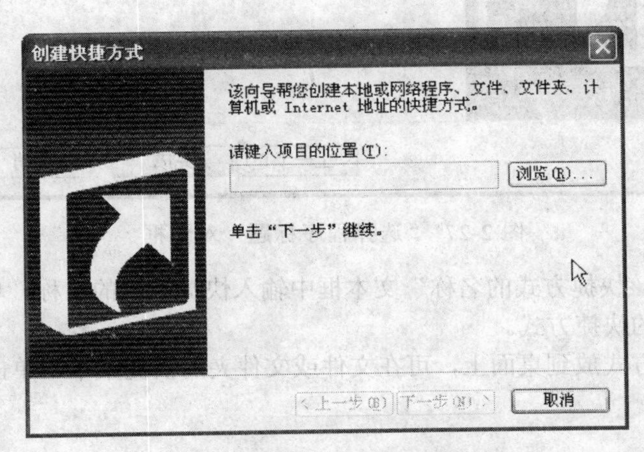

图 2-25　“创建快捷方式”对话框

（2）在“请键入项目的位置”文本框中输入要创建快捷方式的文件夹的路径，或者单击“浏览”按钮，弹出“浏览文件夹”对话框，如图 2-26 所示。

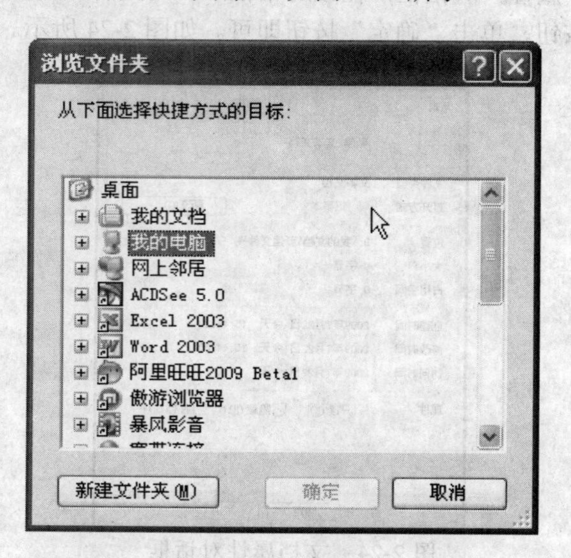

图 2-26 “浏览文件夹”对话框

（3）在该对话框中选择文件夹的路径，单击“确定”按钮，返回到“创建快捷方式”对话框中，单击“下一步”按钮，弹出“选择程序标题”对话框，如图 2-27 所示。

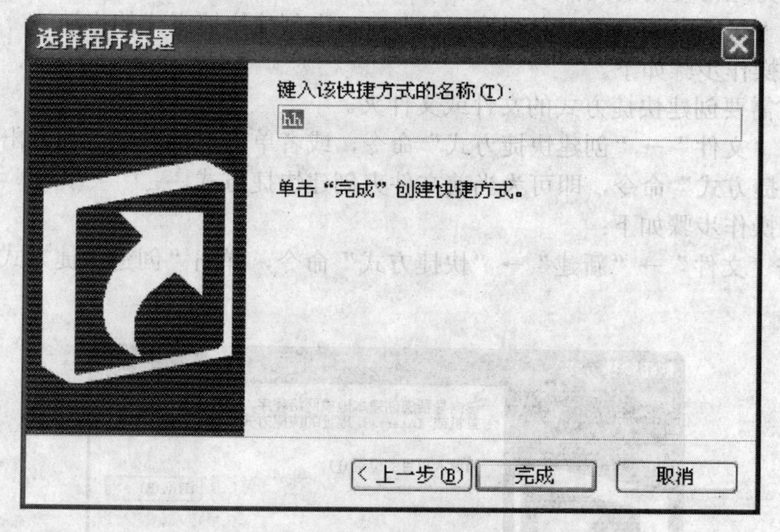

图 2-27 “选择程序标题”对话框

（4）在“键入该快捷方式的名称”文本框中输入快捷方式的名称，单击“完成”按钮，可创建相应文件夹的快捷方式。

如果要将快捷方式放到桌面上，可在文件或文件夹的快捷菜单中单击“发送”→“桌面快捷方式”命令。

任务三 Windows XP 的磁盘管理

一、任务与目的

（一）任务

查看系统盘（通常为 C：盘）的磁盘空间并检查该磁盘、格式化 U 盘、对系统盘进行碎片整理、清理磁盘操作。

（二）目的

熟练掌握 Windows XP 磁盘管理的基本操作，包括查看磁盘属性、磁盘格式化、磁盘碎片整理、磁盘检查和磁盘清理。

二、操作步骤

查看磁盘空间操作步骤及知识技能要点如下所述。

（1）打开“我的电脑”窗口，选中“WINXP（C：）”图标（每台机器磁盘卷标不一定相同）。

（2）在选中的图标上单击鼠标右键，在弹出的快捷菜单中选择“属性”命令，弹出对话框，如图 2-28 所示。

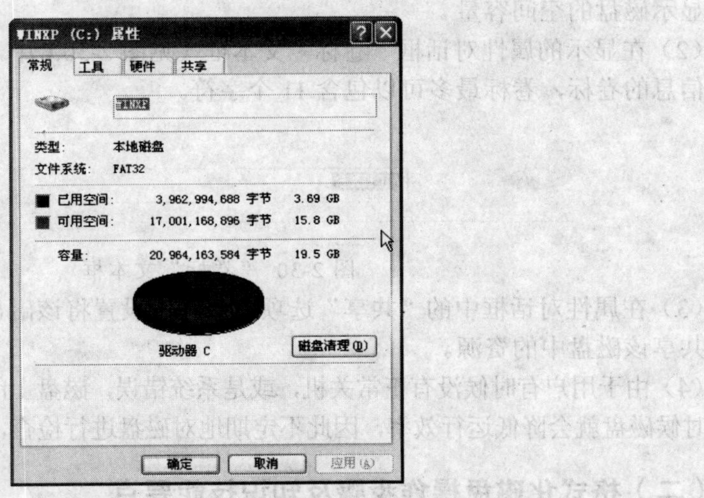

图 2-28 “WINXP （C：）属性”对话框

（3）在该对话框中可以查看磁盘的已用空间和空闲空间，以及该磁盘上可用的总空间容量。

（4）单击“工具”选项卡。

（5）单击“开始检查”按钮，弹出如图 2-29 所示的“磁盘检查”对话框。在该对话框中，如果想自动修复文件系统错误，请选中“自动修复文件系统错误”复选框，如果怀疑磁盘出现了坏扇区，请选中“扫描并试图恢复坏扇区”复选框。然后单击“开始”按钮。

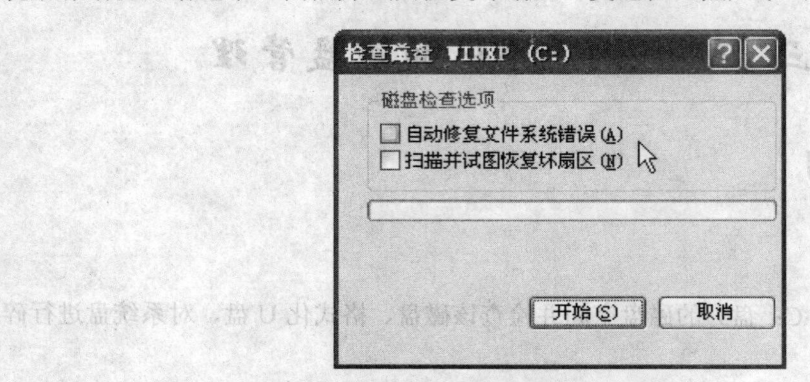

图 2-29 “磁盘检查”对话框

（6）如果在属性对话框中设置了相关内容，在设置完成后，单击“确定”按钮，确认设置并关闭该对话框。

三、知识技能要点

（一）磁盘属性查看

（1）经过一段时间的使用，用户计算机上保存的程序和文件就越来越多，磁盘上的无用数据也会越来越多。所以用户要常常检查磁盘空间，查看磁盘空间的另一种方法是：在“我的电脑”窗口中单击要查看空间的磁盘图标，在窗口左边显示“详细信息”的状态栏中同样可以显示磁盘的空间容量 。

（2）在显示的属性对话框“卷标”文本框（见图 2-30）中，可为磁盘设置一个用来描述磁盘信息的卷标，卷标最多可以包含 11 个字符。

图 2-30 “卷标”文本框

（3）在属性对话框中的“共享”选项卡中可以设置将该磁盘共享，以便与网络中的其他用户共享该磁盘中的资源。

（4）由于用户有时候没有正常关机，或是系统错误，磁盘上的文件可能会出现一定的错误，这个时候磁盘就会降低运行效率，因此不定期地对磁盘进行检查，可以及时地发现和修复错误。

（二）格式化磁盘操作步骤及知识技能要点

（1）打开“我的电脑”或“资源管理器”窗口，在 U 盘对应的盘符上单击鼠标右键，在弹出的快捷菜单中选择“格式化”选项，打开如图 2-31 所示的对话框。

（2）在“卷标”中输入用于识别磁盘内容的文字。在本例中输入“我的 U 盘”，其余项一般选用默认值。

（3）单击“开始”按钮。弹出如图 2-32 所示警告对话框，提示用户格式化操作将删除该磁盘上的所有数据。

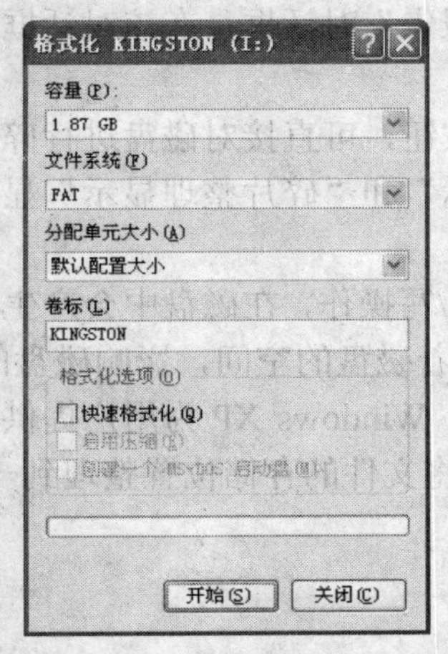

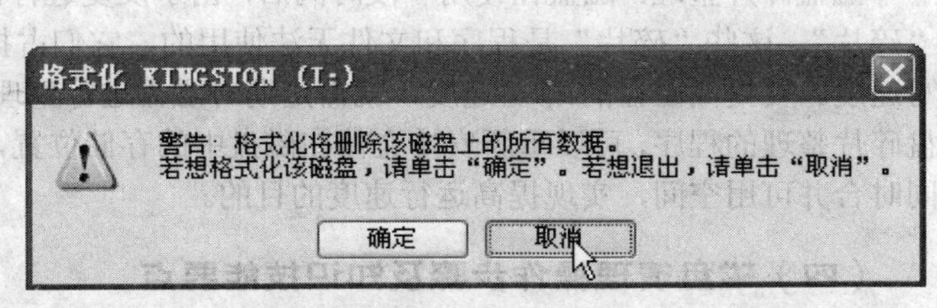

图 2-31　格式化警告对话框　　　　图 2-32　格式化对话框

（4）单击警告对话框中的“确定”按钮，系统即按照用户的设置对磁盘进行格式化。

1）格式化磁盘：给磁盘划分存储区域，以便操作系统把数据信息有序地存放在磁盘中。格式化磁盘将删除磁盘上的所有数据并能检查磁盘上的坏区。新购的磁盘一般在出厂时未格式化，必须先对其进行格式化后才能使用。

2）快速格式化：格式化时不作磁盘错误检查，一般用于已经格式化过的磁盘。

（三）对系统盘进行碎片整理操作步骤及知识技能要点

整理磁盘碎片的具体操作步骤如下。

（1）单击“开始”→“程序”→“附件”→“系统工具”→“磁盘碎片整理程序”命令，将打开“磁盘碎片整理程序”窗口，如图 2-33 所示。

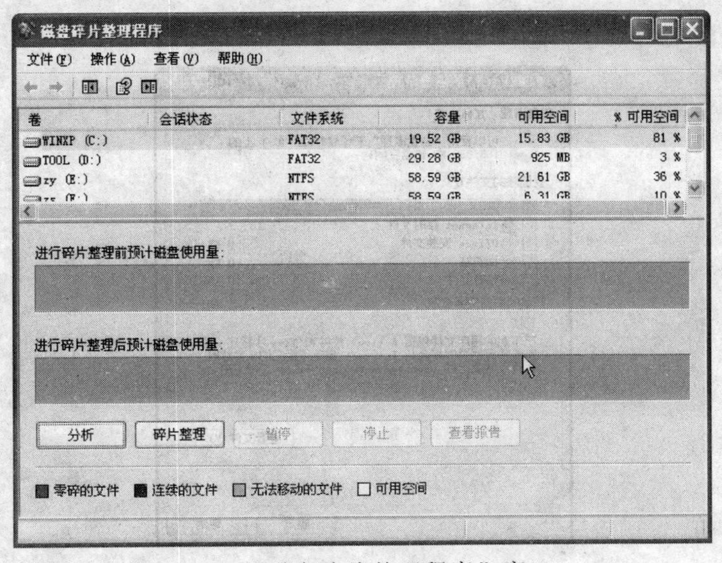

图 2-33　“磁盘碎片整理程序”窗口

（2）在该窗口中显示了磁盘的一些状态和系统信息，选择“C:”盘，单击“分析”按钮，系统将对磁盘中的碎片状况进行分析，分析完毕后，弹出“分析完毕”对话框。

（3）在该对话框中单击“查看报告”按钮，弹出“分析报告”对话框，在该对话框中可以查看磁盘碎片整理信息。

（4）在“磁盘碎片整理程序”窗口中单击“碎片整理”按钮，可直接对磁盘进行碎片整理，此时系统将重新分析磁盘中碎片的状况，并在“分析显示”和“碎片整理显示”显示条中将整理过程显示出来。

磁盘碎片整理：磁盘在使用一段时间后，由于反复进行读/写操作，在磁盘中会产生一些“碎片”，这些“碎片”是程序和文件无法使用的，它们占据着磁盘的空间，影响磁盘的读/写速度。要提高磁盘的读/写速度，就需定期对磁盘进行整理。Windows XP 为用户提供的磁盘碎片整理的程序，可以重新安排文件在磁盘中的存储位置，将文件的存储位置整理到一起，同时合并可用空间，实现提高运行速度的目的。

（四）磁盘清理操作步骤及知识技能要点

磁盘清理具体步骤如下。

（1）单击“开始”→“所有程序”→“附件”→“系统工具”→“磁盘清理”命令，启动磁盘清理程序，将打开如图 2-34 所示的“选择驱动器”对话框。

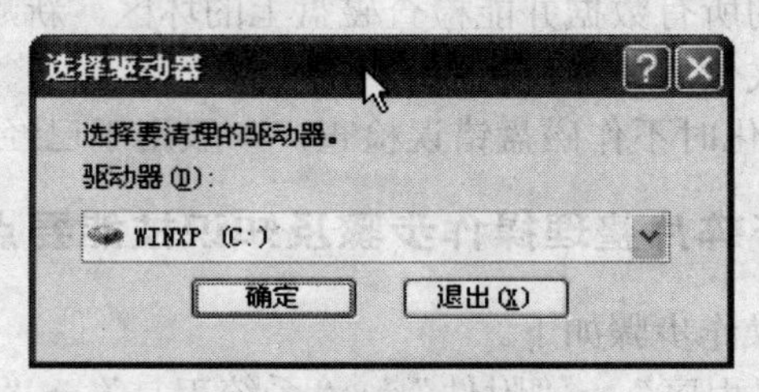

图 2-34 “选择驱动器”对话框

（2）在“驱动器”列表框中选择要清理的驱动器，这里选择 C:盘，单击“确定”按钮。将弹出如图 2-35 所示对话框。

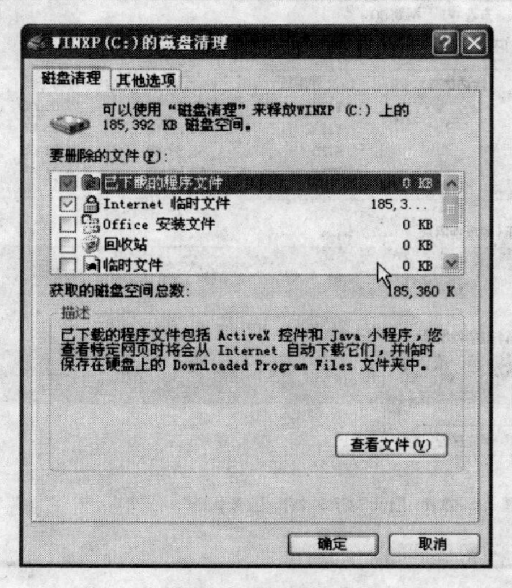

图 2-35 磁盘清理对话框

（3）在“要删除的文件”列表框中选中要清除的项目，一般全选，然后单击“确定”按钮，即可完成垃圾文件的清除。

清理磁盘：系统使用了一段时间之后，会产生大量的垃圾文件，用户可以通过磁盘清理工具来清除垃圾文件，释放垃圾文件所占用的空间。

任务四　Windows XP 的个性化环境设置

一、任务与目的

（一）任务

将图片文件“C:\Windows \ Web \ Wallpaper \ Windows XP.jpg”设置为桌面背景。设置字幕屏幕保护程序，要求如下：字幕内容为“学习计算机基础知识”，速度最慢。等待时间为 15 分钟，恢复工作状态时不需要密码。设置外观，设置分辨率，设置鼠标和键盘。添加一个 Windows 组件：“Internet 信息服务（IIS）”。安装中文输入法。改变日期/时间、区域设置。

（二）目的

（1）熟练掌握设置显示器属性。
（2）熟练掌握设置键盘、鼠标。
（3）熟练掌握输入法的设置。
（4）熟练掌握利用添加/删除应用程序安装和卸载应用软件和 Windows 组件。

二、操作步骤及技能要点

Windows XP 修改计算机和其自身几乎所有部件的外观和行为的工具统一放在一个称为“控制面板”的系统文件夹内。单击“开始”→“设置”→“控制面板”命令，可以打开“控制面板”窗口，如图 2-36 所示。

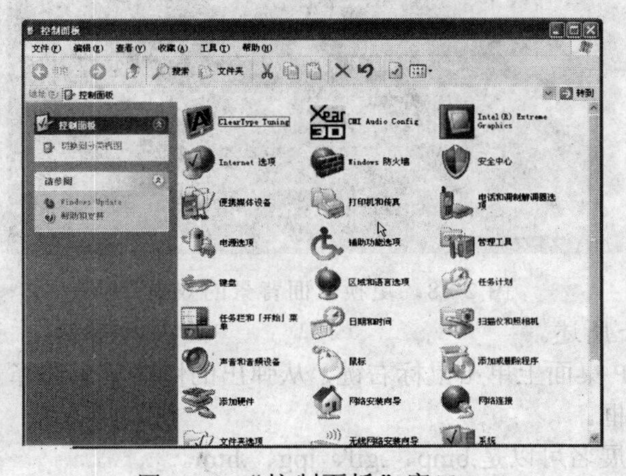

图 2-36　“控制面板”窗口

（一）设置桌面背景操作步骤及知识技能要点

设置桌面背景的具体操作步骤如下。

（1）在“控制面板”窗口中双击“显示”图标，弹出“显示 属性”对话框。

（2）在“显示 属性”对话框中打开“背景”选项卡如图 2-37 所示。

图 2-37 “显示 属性”对话框下的“桌面”选项卡

（3）单击“浏览”按钮，弹出“浏览”对话框。

（4）在该对话框中按照文件路径找到图片文件 Windows XP.jpg，单击“打开”按钮，返回到“显示 属性”对话框中。

（5）设置完成后，单击“确定”按钮，即可将选择的图片设置为桌面背景，效果如图 2-38 所示。

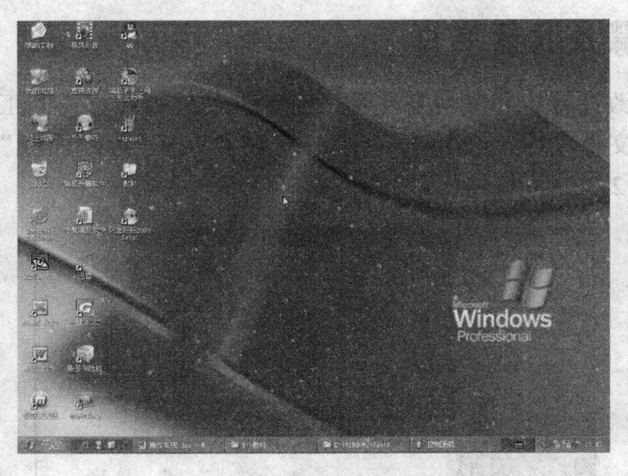

图 2-38 更换桌面背景的效果

知识技能要点如下所述。

1）在 Windows XP 桌面上单击鼠标右键，从弹出的快捷菜单选择“属性”命令，也可弹出“显示 属性”对话框。

2）背景图片的扩展名可以是.bmp、.gif、jpg、.htm。

（二）设置屏幕保护程序的操作步骤及知识技能要点

设置屏幕保护程序的具体操作步骤如下。

（1）在“显示 属性”对话框中打开“屏幕保护程序”选项卡，在“屏幕保护程序”下拉列表选择“字幕”选项。

（2）单击“设置”按钮，出现“字幕设置”对话框，在文字输入框中输入“屏幕保护测试”。将“速度”选区的滑块拖到最左。单击“确定”按钮。

（3）在“等待”微调框中设置等待时间为“15 分钟”；取消“密码保护”复选框的选中状态，去掉密码保护功能。

（4）单击“预览”按钮，即可预览屏幕保护程序的效果，单击“确定”按钮完成设置。

知识技能要点如下所述。

1）屏幕保护功能：由于计算机所用的阴极射线管显示器是通过电子束发射到涂有荧光粉的屏幕表面而形成图形的，因此，如果长时间照射某个固定位置，就可能会损坏此处荧光粉而使显示器受损。如果用户在一段时间内没有使用计算机时，屏幕上出现移动位图或图案，这样可以减少屏幕的损耗。

2）密码保护功能：当用户长时间离开计算机时，可以防止其他人进入系统，使用户的工作得到保护

（三）设置外观

设置外观就是用户根据自己的需要设置桌面、消息框、活动窗口、非活动窗口等的颜色、大小等。默认状态下系统使用的是“Windows 标准”的颜色、大小、字体等。具体操作步骤如下：

（1）在“显示 属性”对话框中打开“外观”选项卡，在“方案”下拉列表中选择相应的选项。

（2）在“项目”和“字体”下拉列表中分别设置具体的项目和字体属性。

（3）设置完成后，单击“确定”按钮即可。

（四）设置分辨率和颜色

设置分辨率和颜色的操作步骤如下。

（1）在“显示 属性”对话框中，打开“设置”选项卡，如图 2-39 所示。

（2）在该选项卡中的“屏幕区域”选区拖动滑块调整显示器的分辨率；在“颜色”下拉列表选择显示器调色板的颜色。

（3）设置完成后，单击“确定”按钮即可。

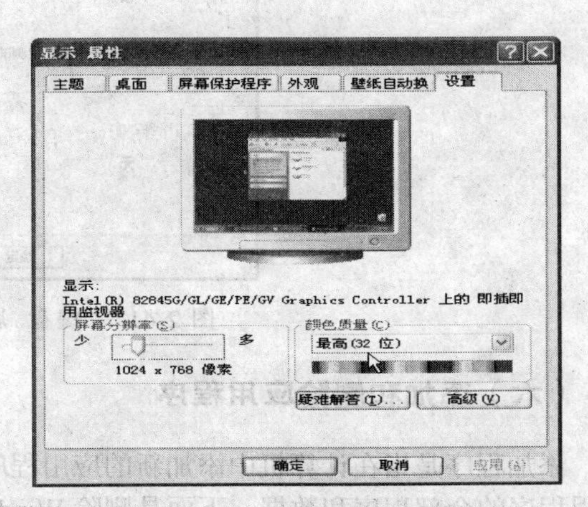

图 2-39 “设置”选项卡

（五）鼠标和键盘

在 Windows XP 操作系统中，用户可以根据需要对鼠标和键盘的参数进行设置，使

其符合自己的习惯。

（1）在“控制面板”窗口中双击“鼠标”图标，弹出“鼠标 属性”对话框，如图 2-40 所示。在该对话框中有鼠标键、指针、移动、轮和硬件 4 个选项卡，在这 4 个选项卡中可对鼠标的属性进行设置，例如，在“鼠标键”选项卡中可设置鼠标键配置和鼠标双击的速度，在“指针”选项卡中可以设置鼠标指针的大小、形状等，设置完成后，单击“确定”按钮即可。

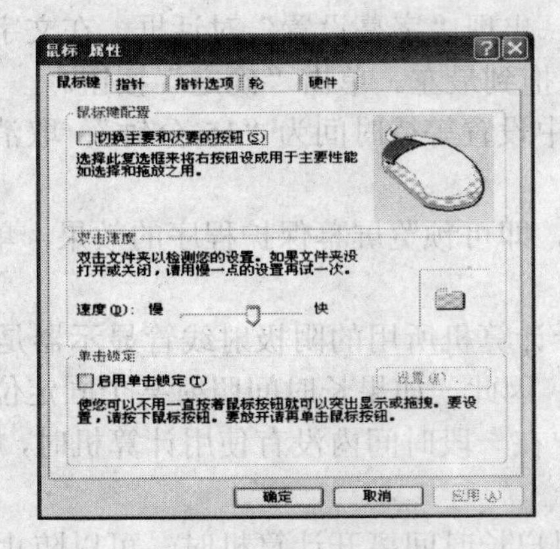

图 2-40 “鼠标 属性”对话框

（2）设置键盘。在“控制面板”窗口中双击“键盘”图标，弹出“键盘 属性”对话框，如图 2-41 所示。在该对话框中的“速度”选项卡中可以设置“字符重复”的“重复延迟”和“重复率”及调整“光标闪烁频率”；在“输入法区域设置”选项卡中可以设置输入法选项；在“硬件”选项卡中可设置键盘名称、类型、制造商、位置及设备状态等硬件信息。设置完成之后，单击“确定”按钮即可。

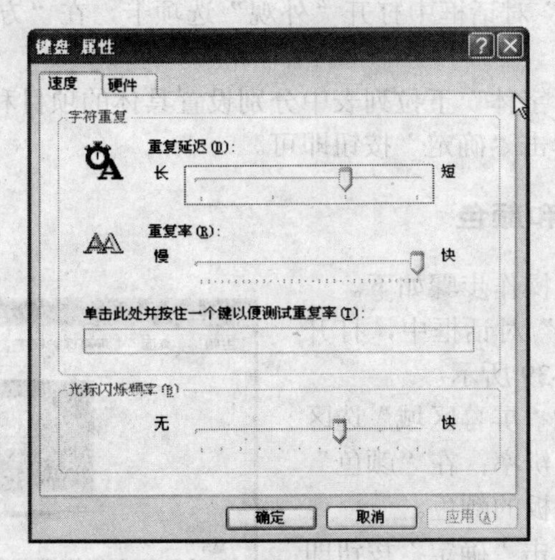

图 2-41 “键盘 属性”对话框

（六）添加和删除应用程序

添加程序是指在计算机中添加新的应用程序，删除程序是指从计算机的硬盘中删除一个应用程序的全部程序和数据。下面是删除 Windows 应用程序的具体步骤。

（1）在“控制面板”窗口中双击“添加/删除程序”图标，打开“添加/删除程序”窗口。如图 2-42 所示。在该窗口中可以为计算机添加或删除程序。

（2）在图 2-42 所示的对话框中选中需要删除的程序，单击“更改/删除”按钮即可。

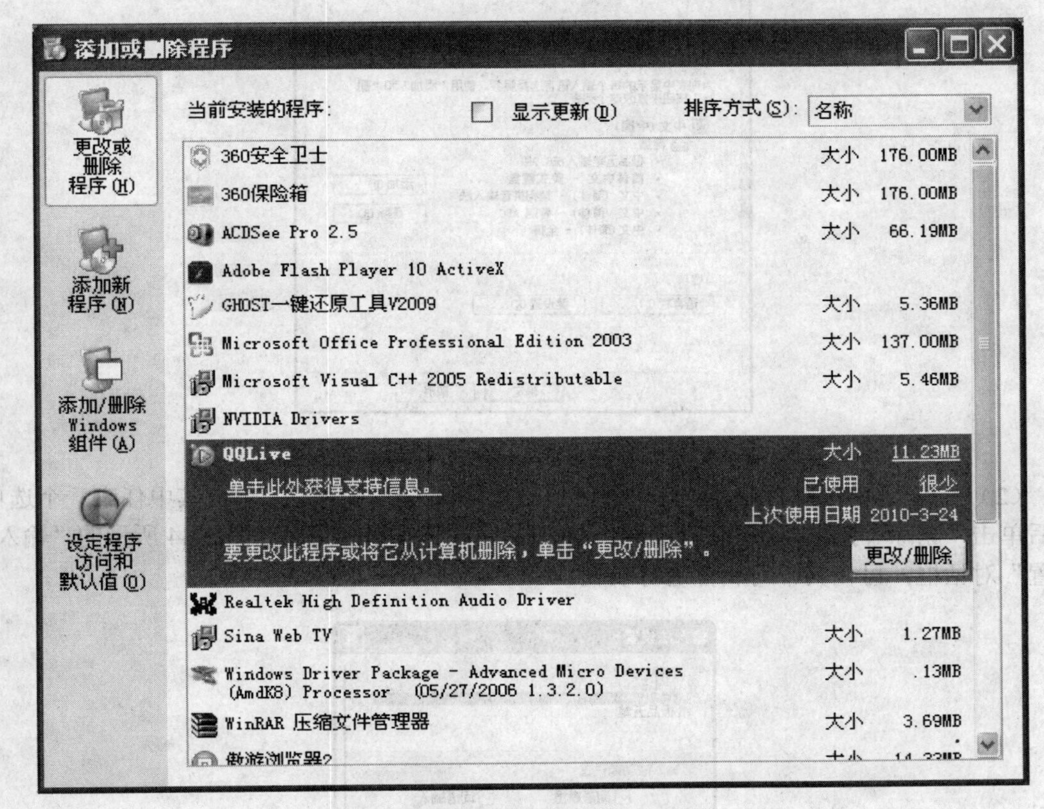

图 2-42　“添加或删除程序”对话框

知识技能要点如下所述。

1）Windows 组件是 Windows XP 的组成部分。Windows XP 提供了丰富并且功能齐全的组件，但在安装 Windows XP 程序时，往往只安装一些最常用的组件，用户还可以根据需要添加或删除某些不常用的组件。

2）计算机上只安装操作系统根本不能满足用户的需求，还需要加上一系列的应用程序。添加程序是指在计算机中添加新的应用程序，删除程序是指从计算机的硬盘中删除一个应用程序的全部程序和数据。通过“添加/删除程序”窗口也可以添加或者删除程序。

（七）安装 Windows XP 自带中文输入法

Windows XP 为用户提供了多种汉字输入法，例如，全拼、双拼、微软、智能 ABC、五笔等，每种输入法都有各自的特点。用户可以根据需要，任意安装或删除某种输入法，具体操作步骤如下。

（1）在任务栏中的输入法选择按钮上单击鼠标右键，从弹出的快捷菜单中选择“设置”命令，弹出“文字服务与输入语言”对话框，如图 2-43 所示。

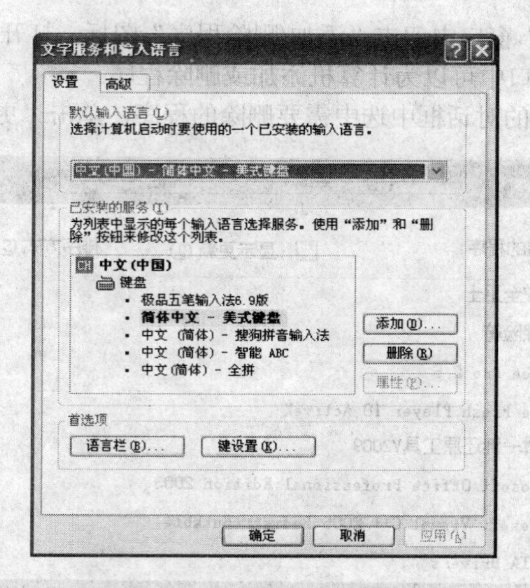

图 2-43 “文字服务与输入语言”对话框

（2）在“已安装的服务”的列表框中列出了已经安装的输入法，单击其中任意一个选项，然后单击“删除”按钮，即可将其删除。单击“属性”按钮，弹出如图 2-44 所示的“输入法设置”对话框，可在其中对属性进行设置。

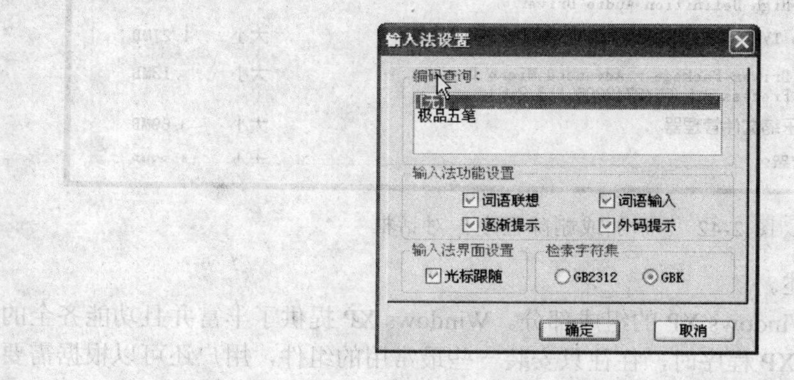

图 2-44 “输入法设置”对话框

（3）单击“添加”按钮，弹出“添加输入语言”对话框，如图 2-45 所示。

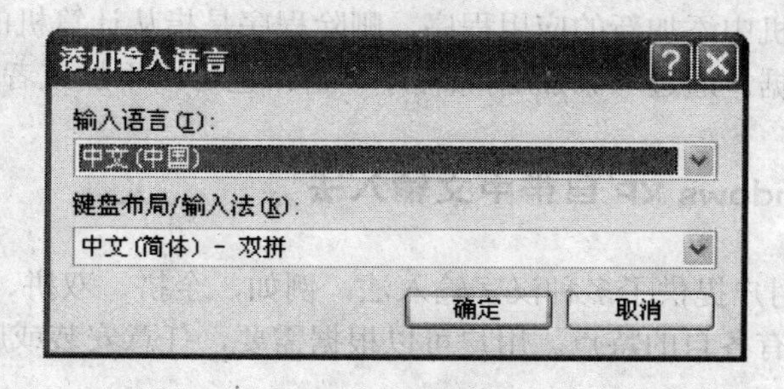

图 2-45 “添加输入语言”对话框

（4）在该对话框中选择需要添加的输入法，然后单击“确定”按钮即可。

（八）改变日期/时间、区域设置

在计算机系统中，日期和时间需要经常调整。调整的具体步骤如下所述。

（1）在“控制面板”窗口中双击“日期/时间”图标，弹出“日期/时间 属性”对话框，如图 2-46 所示。

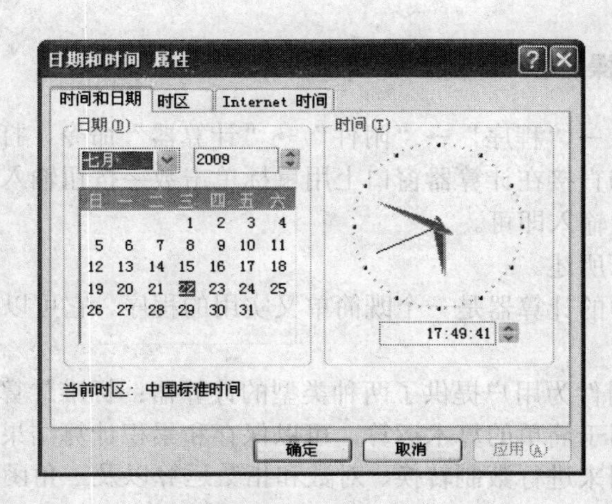

图 2-46 “日期/时间 属性”对话框

（2）在该对话框中的“日期”选区中的月份下拉列表中选择月份，在年份微调框中设置年份，在其下面的列表框中选择日期，该日期值会以蓝色显示。

（3）在该对话框中的“时间”选区中的“时间”微调框中单击要更改的数值，然后重新输入或使用微调框进行相应的调整。

（4）在该对话框中打开“时区”选项卡，在该选项卡中的下拉列表中显示了系统所支持的时区设置，用户可根据需要进行选择。

知识技能要点如下所述。

在“任务栏”的右边双击时间指示器，也可以弹出“日期/时间 属性”对话框。

任务五　Windows XP 常用附件程序的使用

一、任务与目的

（一）任务

使用计算机进行计算，使用记事本和写字板进行简单文字编辑，使用“画图”进行简单的绘图。

（二）目的

（1）熟练掌握计算器的使用。

（2）熟练掌握记事本的使用。

（3）熟练掌握写字板的使用。

（4）熟练掌握画图的使用。

二、操作步骤与技能要点

（一）计算器的操作步骤与技能要点

（1）单击“开始”→“程序”→“附件”→“计算器”命令，打开计算器窗口。

（2）从键盘输入和直接在计算器窗口上用鼠标单击数字按钮输入。其他数学符号或者公式用鼠标单击相应按钮输入即可。

知识技能要点如下所述。

1）Windows XP 中的计算器是一个既简单又实用的程序，它可以完成普通计算器的所有计算功能。

2）Windows XP 附件为用户提供了两种类型的计算器：标准计算器和科学计算器。

标准计算器主要用于简单的算术运算，可以保存和累积计算结果，如图 2-47 所示。

科学计算器可以用来进行数制转换、对数和指数运算以及三角函数的计算等，如图 2-48 所示。

3）计算器可以和其他应用程序之间进行数据复制。

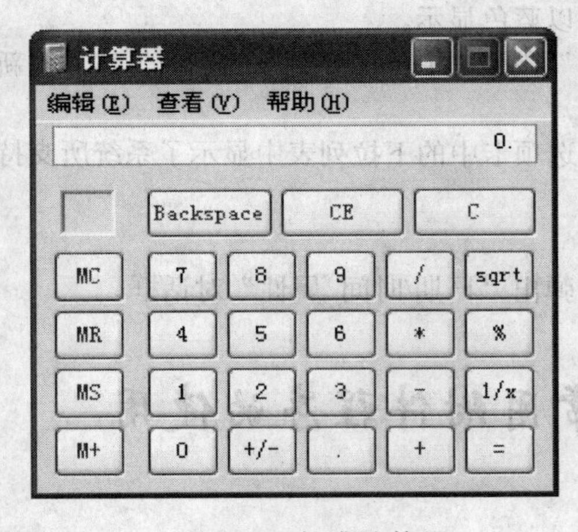

图 2-47 标准计算器

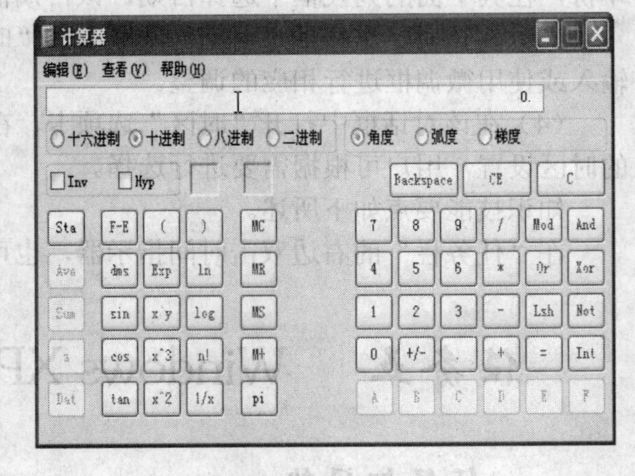

图 2-48 科学计算器

（二）记事本的操作步骤

Windows XP 中的记事本是一个最基本的文字处理程序，可以用来查看或编辑非格式化文本文件，且记事本以文本格式保存文件。

使用记事本创建文件的操作步骤如下所述。

（1）单击“开始”→“程序”→“附件”→“记事本”命令，打开一个新的“记事本”窗口。

（2）选择一种输入法，然后在记事本中输入文本，在每行之后按回车键，如图 2-49 所示。

（3）输完之后，单击“文件”→“保存”命令，弹出“另存为”对话框，如图 2-50 所示。

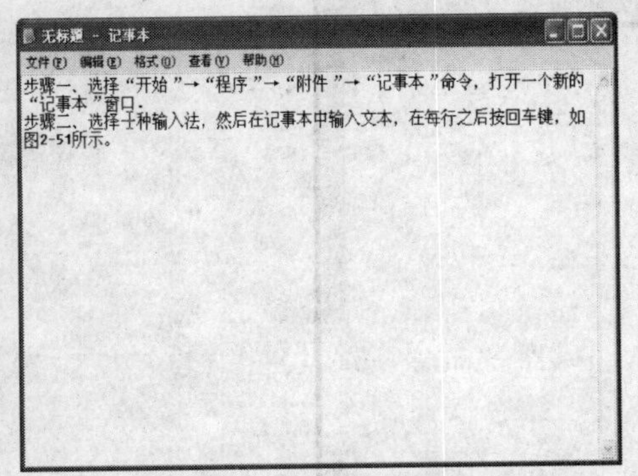

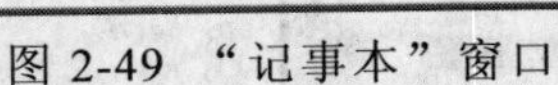
图 2-49 “记事本”窗口

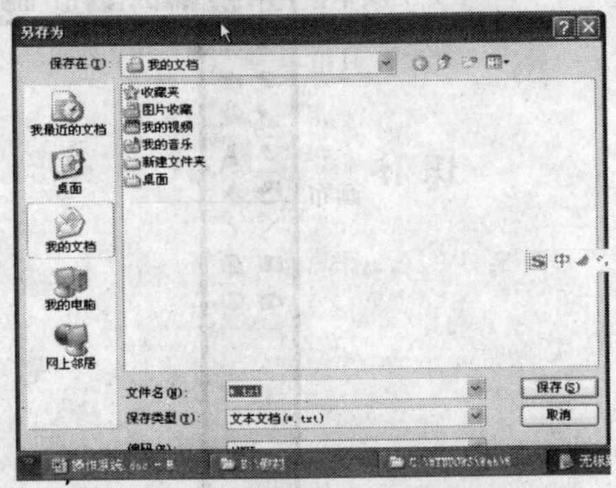

图 2-50 “另存为”对话框

（4）在该对话框中的“保存在”下拉列表中选择文件保存的位置；在“文件名”文本框中输入要保存的文件名；在“保存类型”下拉列表中选择要保存文件的类型。然后单击“保存”按钮即可。

知识技能要点如下所述。

1）记事本只能编辑文字，无法设置字型或插入图片，不具备排版功能。

2）记事本窗口中没有工具栏和状态栏。

3）当用户打开一个较大的文件时，如果记事本容纳不下，系统将会提示用户用写字板打开该文件。

（三）写字板的操作步骤

写字板是 Windows XP 自带的文字处理程序，具有一些基本的编辑排版功能。

使用写字板的操作步骤如下。

（1）单击“开始”→“程序”→“附件”→“写字板”命令，打开写字板窗口。

（2）用户可以在写字板的编辑区中输入文本，而且还可以进行字体、段落格式的设置，以及创建项目符号列表、插入图片或加入声音和视频信息等操作。

（四）使用画图的操作步骤

在 Windows XP 中，用户可以利用画图程序浏览、绘制和编辑一些简单的图形，具体操作步骤如下所述。

（1）单击“开始”→“程序”→“附件”→“画图”命令，打开“画图”窗口，如图 2-51 所示。

“画图”窗口主要由菜单栏、工具箱、画布、颜料盒和状态栏组成。

（2）使用“工具箱”中的工具可以绘制直线、曲线、矩形、圆、多边形等图形。

（3）“颜料盒”提供画图所需的各种颜色，如果用户觉得颜色不够丰富，还可以单击“颜色”→“编辑颜色”命令，弹出如图 2-52 所示的“编辑颜色”对话框，在其中选中所需要的颜色，然后单击“确定”按钮即可。

图 2-51 “画图”窗口

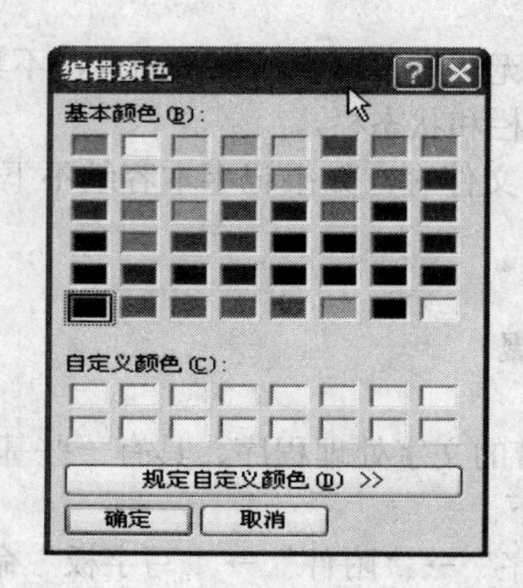

图 2-52 “编辑颜色”对话框

任务六 Windows XP 帮助系统的使用

一、任务和目的

（一）任务

学会使用 Windows XP 的帮助系统。

（二）目的

了解 Windows XP 的帮助系统的使用。

二、操作步骤

在用户使用 Windows XP 操作过程中，如果遇到一些不熟悉的功能或命令，可以使用 Windows 帮助系统获得帮助。使用帮助的具体操作步骤如下所述。

（1）单击“开始”→“帮助与支持”命令，可打开“Windows XP”窗口，“Windows XP”窗口主要由两部分组成，即左边的帮助标题窗口和右边的帮助正文窗口。

（2）单击“目录”选项卡，在“目录”选项卡中，整个窗口又分为两个部分，左窗格显示帮助主题。单击帮助主题前面的图标，在其子目录中选择相应的条目或子条目，即可在右窗格中显示该主题的内容。

（3）单击“索引”选项卡。在“索引”选项卡中，提供了详细的按字母排序的帮助标题索引，在“键入要查找的关键字”文本框中输入要查找的帮助主题的关键字，同时在下面的列表框中将显示与主题具有相同文字的相关主题。选择需要的主题，单击“显示”按钮，在右窗格中即可显示相应的帮助信息。

（4）单击“搜索”选项卡。在“搜索”选项卡中，提供了一个可用来编辑输入的文本框，用户可在其中输入关键字。单击“列出主题”按钮，在下边的列表框中显示相关主题，在列表框中选择需要的主题，单击“显示”按钮，即可在右窗格中显示该主题的帮助信息。

（5）单击“书签”选项卡。用户可以利用该选项卡将帮助主题制作成书签，这样可以快速显示经常参考的主题。

习　题　二

1．问答题

（1）如何进行任务栏的大小调整和位置移动？

（2）怎样对已经打开的多个窗口进行重新排列，排列方法有哪几种？

（3）怎样创建一个新文件夹？

（4）怎样对文件、文件夹进行隐藏和取消隐藏设定？

（5）对于忘记了位置的文件或文件夹，在 Windows XP 中怎样进行文件或文件夹的搜索？

（6）怎样设置屏幕的分辨率和颜色？

2．练习和实践

（1）以自己的姓名命名创建一个文件夹，再在这个文件夹中创建三个子文件夹，名字分别为“个人文件一”，“个人文件二”、“个人文件三”。用写字板在“个人文件一”文件夹中写一封短信，以文件方式保存，然后把这个文件复制到“个人文件三”文件夹中。

（2）利用 Windows XP 的帮助系统，学习“Windows 基础知识”。

单元三　文字处理软件 WORD 2003 的使用

文字处理模块是计算机应用中一个重要的方面。中文 Word 2003 是集文字编辑和排版、表格和图表制作、图形和图像编辑等功能为一体的编辑软件，它除了有基本的文档编辑与排版功能外，还提供了许多其他卓越的功能，如表格的使用，图形的编辑与处理，样式与模板的应用及邮件合并功能等，这些功能使得 Word 文档图文并茂，界面更加优美，对于复杂的文档，操作更加方便简捷。通过本模块的学习，学生可以掌握专业排版人员使用的文档编辑软件。

任务一　初识 Word 2003

一、任务与目的

（一）任务

（1）Word 2003 的启动与退出。

（2）建立“比赛通知”文档。

（二）目的

（1）掌握 Word 2003 的工作环境，包括菜单、对话框和工具栏的使用。

（2）掌握启动 Word、创建空文档以及使用向导建立文档的方法。

（3）掌握在 Word 中搜索或打开文件、设置文件保存位置的技术。

（4）掌握视图之间的切换、打印预览、打印文档的方法。

二、操作步骤

（一）Word 2003 的启动和退出

（1）单击“开始”按钮，单击“程序”→Microsoft Office→Microsoft Office Word 2003 命令，如图 3-1 所示，打开 Word 2003 程序窗口。

（2）在文档工作区中输入“学习文字处理 Word 2003。”，单击“文件”→“退出”命令，弹出是否保存对话框，如图 3-2 所示。

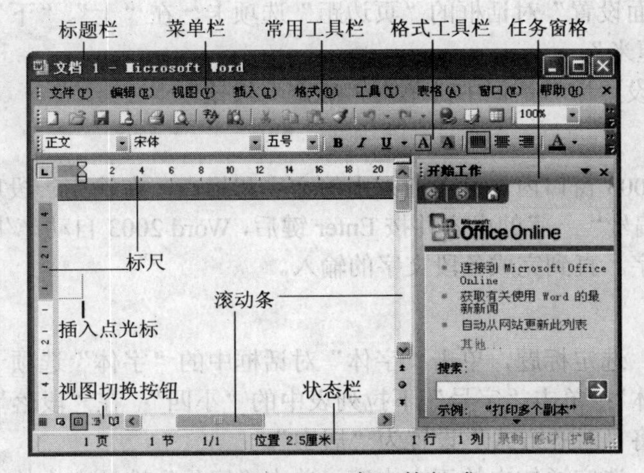

图 3-1　Word 2003 窗口的组成

图 3-2　是否保存对话框

（3）单击“是”按钮，打开“另存为”对话框，如图 3-3 所示。

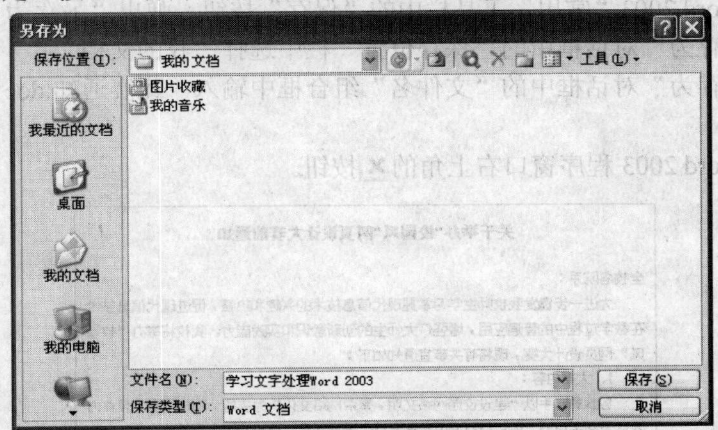

图 3-3　“另存为”对话框

（4）以“文件名”文本框中自动显示的内容为文件名保存文档，单击“保存”按钮，文档保存在“我的文档”文件夹下，并退出 Word 2003。

（二）建立“比赛通知”文档

用 Word 2003 制作如图 3-4 所示的比赛通知，并将其保存在“我的文档”文件夹中，文件命名为“比赛通知.doc”。

1．新建文档

2．进行页面设置

（1）单击“页面设置”对话框的“纸型”选项卡，在打开的“纸型”列表中选择“A4”。

（2）单击“页面设置”对话框的“页边距”选项卡，在“上”、“下”、“左”、“右”数值框中分别输入“2 厘米”。

（3）在“页面设置”对话框中，单击“确定”按钮。

3．录入文字

（1）在 Word 2003 窗口内。输入通知中的文字和标点，在输完一段后按 Enter 键。

（2）在输入完编号“一、”的内容并按 Enter 键后，Word 2003 自动产生下一个编号“二、”，继续输入后面的文字。直到完成各段文字的输入。

4．文字排版

（1）排版标题。选定标题，单击“字体”对话框中的“字体”选项卡，在“字体”下拉列表框中选择“黑体”；单击“字号”下拉列表中的“小四”；在“段落”对话框的“缩进和间距”选项卡中，将“对齐方式”设置为“居中”。

（2）排版正文。选定通知中的正文内容，单击“字体”选项卡中的“中文字体”下拉列表，选中“宋体”。选定正文部分，两次单击“段落”工具栏中的“增加缩进量”按钮或按 Tab 键，首行缩进两个字符。

（3）选定通知中最后两行文字，单击“字体”工具栏中的“加粗”按钮或按 Ctrl+B 键。单击“段落”工具栏中的“右对齐”按钮。

5．保存文档与退出

（1）单击 Word 2003“常用”工具栏中的“保存”按钮，弹出“另存为”对话框。

（2）在“另存为”对话框中的“保存位置”栏中选择“我的文档”。

（3）在“另存为”对话框中的“文件名”组合框中输入“比赛通知.doc”，单击“保存”按钮。

（4）单击 Word 2003 程序窗口右上角的 ✖ 按钮。

关于举办"校园风"网页设计大赛的通知

全校各院系：

为进一步激发我校师生学习掌握现代信息技术的兴趣和热情，促进现代信息技术在教学过程中的普遍应用，增强广大师生的创新意识和实践能力。我校将举办“校园风”网页设计大赛，现将有关事宜通知如下：

1、大赛内容：

各参赛选手以“建设校园网络文明，繁荣网络文化”为主题，制作网页。具体内容以及文字材料、图片材料都由参赛者自己选择决定。要求网页内容健康、向上。

2、大赛进程：

采取现场制作，评委打分方式进行。

比赛时间：2010 年 5 月 4 日上午 8:00--11:00；

3、作品要求：

网页形式：结构清晰，网页美观大方，用户界面良好，浏览快捷，实用性、创新性、交互性和稳定性较强，网页设计技术先进。

制作工具：网页制作工具：FrontPage、Dreamweaver，图像、动画制作工具：Photoshop、Firework、Flash。

4、大赛奖项设置如下：

设一等奖 1 名、设二等奖 3 名、设三等奖 5 名。所有获奖者均颁发证书及奖品。

联系人：沈 军

团 委

2010 年 3 月 1 日

图 3-4 比 赛 通 知

三、知识技能要点

（一）Word 2003 的启动和退出

Word 2003 的启动和退出是 Word 2003 的两种最基本的操作。Word 2003 必须启动后才能使用，使用完毕最好立即退出，以释放占用的系统资源。

1. Word 2003 的启动

启动 Word 2003 有以下几种方法。

（1）单击“开始”→“程序”→Microsoft Word 命令，如图 3-5 所示。

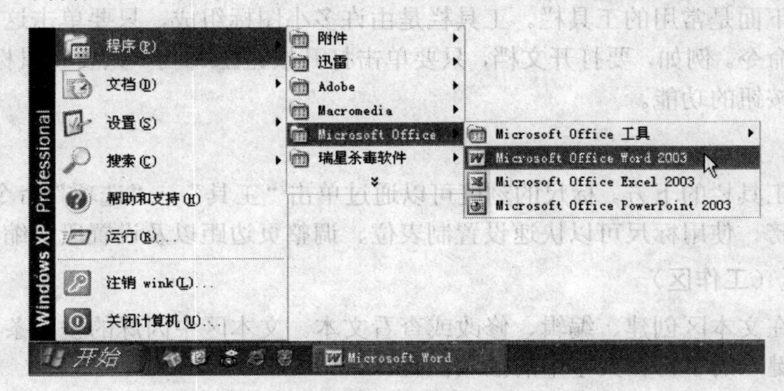

图 3-5　Word 2003 的启动

（2）双击 Word 2003 文档的图标。

启动 Word 2003 后，桌面上将出现如图 3-1 所示的 Word 2003 窗口，系统会自动建立一个名为“文档 1”的空白文档，供用户使用。使用后两种方法启动 Word 2003，系统将自动打开相应的文档。

2. Word 2003 的退出

在 Word 2003 窗口中，单击“文件”→“退出”命令，或者单击窗口右上角的按钮，可退出 Word 2003。退出 Word 2003 时，系统将会关闭所有打开的文档，关闭文档时，如果文档没有保存，系统会给出如图 3-2 所示的提示。

（二）Word 2003 的窗口组成

Word 2003 启动后，出现如图 3-2 所示的窗口。Word 2003 的窗口主要包括标题栏、菜单栏、工具栏、任务窗格、标尺、滚动条、状态栏等。

窗口各部分的名称如图 3-2 中的标注所示。值得一提的是，工具栏中的工具可以通过右击工具栏或者单击“视图”→“工具栏”命令，控制工具栏的显示或隐藏。

1. 标题栏

Word 2003 主窗口最上面的一行即为标题栏。在最大化时，将鼠标移至标题栏，按住左键不动，移动鼠标，可以将主窗口移至指定的位置。标题栏中包括最小化按钮、最大化按钮或者还原按钮和关闭按钮。

2. 菜单栏

菜单栏位于标题栏的下面。包括"文件"、"编辑"、"视图"、"插入"、"格式"、"工具"、"表格"、"窗口"和"帮助"等菜单项。

菜单中的命令有以下 3 种启动方式。

（1）鼠标操作　用鼠标单击对应的菜单项打开菜单，然后再单击要执行的命令即可。

（2）键盘操作　同时按下 Alt 键和对应菜单项后带下划线的字母打开对应的菜单，然后再单击要执行的命令即可。

（3）快捷键操作　在菜单的后面都有组合键，只要同时按下 Ctrl 和相应的键即可。

3. 常用工具栏

菜单栏的下面是常用的工具栏。工具栏是由许多小图标组成，只要单击这些按钮，就可以执行对应的命令。例如，要打开文档，只要单击打开按钮即可。只要将鼠标移至该按钮，就可以知道该按钮的功能。

4. 标尺

标尺位于工具栏的下方。标尺的刻度可以通过单击"工具"→"选项"命令设置成英寸、厘米、毫米或磅。使用标尺可以快速设置制表位、调整页边距以及设置段落缩进等。

5. 文本区（工作区）

用户可以在文本区创建、编辑、修改或查看文本。文本区中闪烁的垂直条为插入点。插入点指明当前键入的字符在文本中的插入位置。

6. 滚动条

在文本区的最下边缘和右边缘各有一滚动条，分别称为水平滚动条和垂直滚动条。在滚动条上的矩形滑块称为滚动块，用以指示当前窗口在文档中的位置。

7. 状态栏

状态栏是在文档窗口下的水平区域，用来提供当前窗口中正在查看内容的状态以及文档上下文信息，如插入点所在的页号、节号及行列号等。

8. 任务窗格

任务窗格是 Word 2003 的一个重要功能，它可以简化操作步骤，提高工作效率。Word 2003 的任务窗格显示在编辑区的右侧，包括"开始工作"、"帮助"、"新建文档"、"剪贴画"、"剪贴板"、"信息检索"、"搜索结果"、"共享工作区"、"文档更新"、"保护文档"、"样式和格式"、"显示格式"、"合并邮件"、"XML 结构"14 个任务窗格选项。

（三）Word 2003 文档的基本操作

1. 新建文档

启动 Word 2003 后，系统会自动建立一个空白文档，默认的文件名是"文档 1"。在 Word 2003 中，有 3 种方式可以新建一个文档。

（1）单击按钮。

（2）按 Ctrl＋N 键。

（3）单击“文件”→“新建”命令，在模板和向导的引导下新建文档。

使用前两种方法时，系统自动建立一个默认模板的空白文档。使用最后一种方法时，会出现一个如图 3-6 所示的“新建文档”任务窗格。

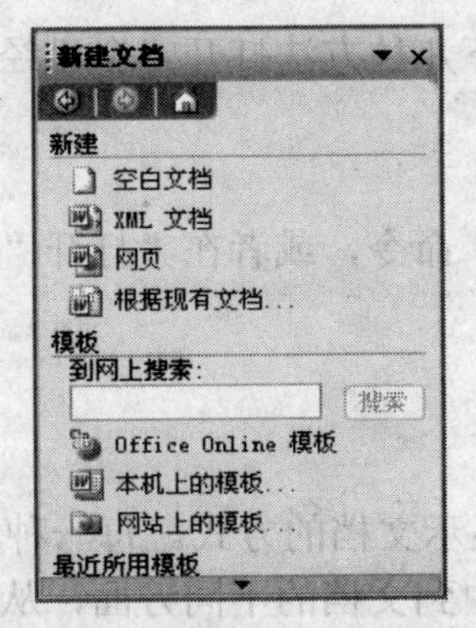

图 3-6 “新建文档”任务窗格

2．保存文档

Word 2003 处理文档时，文档的内容驻留在计算机内存和磁盘的临时文件中，如果不保存文档就退出系统，文档的内容就会丢失。保存文档的方式有：保存、另存为及自动保存。

（1）保存　保存文档有以下几种方法。

1）单击按钮。

2）按 Ctrl+S 键。

3）单击“文件”→“保存”命令。

如果保存已经命名过的文件，系统自动将该文件的最新内容保存起来，如果保存的是新建的文件，将会显示出一个窗口，要求用户输入文件名。

（2）另存为　把当前编辑的文档以新文件名保存起来。单击“文件”→“另存为”命令，出现如图 3-3 所示的对话框。

在“另存为”对话框中，可进行以下操作。

1）在“保存位置”下拉列表框中，选择要保存到的文件夹。

2）在“文件名”栏内输入另存的文件名。

3）在“保存类型”下拉列表框中，选择要保存的文件类型。

4）单击“保存”按钮，将按以上设置保存文件。

5）单击“取消”按钮，取消另存为操作。

（3）自动保存　正在编辑的文档，Word 2003 的默认设置是每隔 10 分钟自动保存一次，如果想修改这种默认设置，可以单击“工具”→“选项”命令，单击“保存”选项卡，然后根据用户的需要进行设置即可。

3．关闭文档

在 Word 2003 中，关闭文档有以下几种方法。

（1）单击“文件”→“关闭”命令。

（2）按住 Shift 键的同时，选择“文件”→“全部关闭”命令。

（3）单击窗口按钮。

（4）按 Alt＋F4 键。

（5）双击窗口的控制菜单图标。

4．打开文档

在 Word 2003 中，可以用以下几种方法打开一个已经存在的文档。

（1）单击工具栏按钮。

（2）按 Ctrl＋O 键。

（3）单击“文件”→“打开”命令，或者在“打开“文件菜单底部选择先前打开的文件名。

（四）视图

Word 提供了多种在屏幕上显示文档的方式。每一种显示方式称为一种视图。使用不同的显示方式，用户可把注意力集中到文档的不同方面，从而高效、快速地查看和编码文档。Word 提供的视图有：普通视图、页面视图、大纲视图、Web 版式视图。其中普通视图和页面视图是最常用的两种方式。

1．普通视图

普通视图是 Word 2003 的默认视图，它主要用于快速输入文本、表格和图形。在该视图方式下，可以看到版式的大部分，但看不到页号、页边距、页眉、页脚等内容。当文档中的文本超过一页时，就会自动出现一条虚线，表明文章分页的位置。

2．页面视图

页面视图就是文档以页面形式显示的一种视图方式，它与实际打印输出的效果完全相同，是 Word 的默认视图。在页面视图下，不仅能看到每页文档的全部内容，还可以看到页边距、页眉、页脚等内容。

3．大纲视图

大纲视图用以显示文档的框架，清晰体现文档的各级标题，特别适合组织大纲的写作。在大纲视图下，多了一个工具栏，该工具栏称为“大纲工具栏”，它提供了操作大纲时需要的所有功能。

4．Web 版式视图

Web 版式视图是 Word 2003 新增的一种视图方式。在 Web 版式视图方式下，文本显示得更大，并且自动换行适应窗口的大小。而且在该方式下，可以进行浏览和制作网页等操作。

5．阅读版式视图

阅读版式视图是 Word 2003 新增加的视图方式，可以使用该视图对文档进行阅读。该视图中把整篇文档分屏显示，在屏幕的顶部显示了文档当前屏数和总屏数。视图中隐藏除“阅读版式”和“审阅”工具栏以外的所有工具栏，这样的好处是扩大显示区且方便用户进行审阅编辑。

在 Word 2003 的“视图”下拉菜单中，单击相应的视图命令，或者单击水平滚动条最左端的视图按钮，即可以切换文档视图。

（五）打印预览

打印预览用于显示文档的打印效果。在打印之前可通过打印预览观看文档全貌，包括文本、图形、多个分栏、图文框、页码、页眉、页脚等。并提供了打印预览工具栏，可放大或缩小显示一页或多页文档的外观。打印前使用打印预览查看打印的结果是很有必要的，这样做可以节省时间和纸张。

单击“文件”→“打印预览”命令可进行打印预览。看到预览效果后，单击“关闭”按钮即可回到打印前的状态。

（六）打印文档

在 Word 2003 中，单击按钮，或者单击“文件”→“打印”命令，即可打印文档。前者按默认方式打印全部文档一份，后者出现如图 3-7 所示的“打印”对话框。

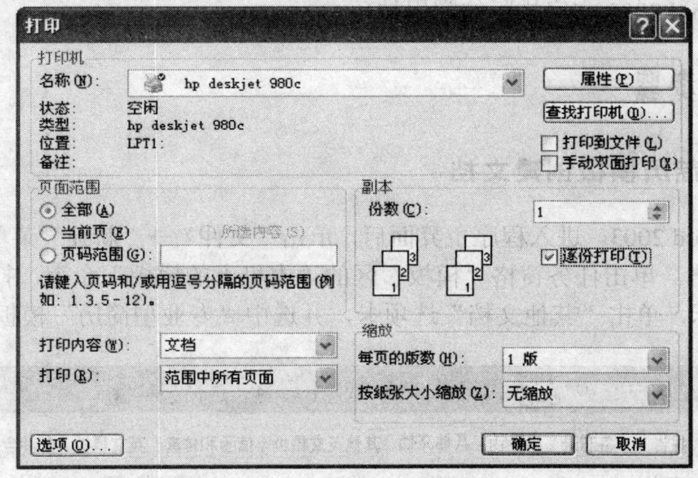

图 3-7　“打印”对话框

在“打印”对话框中，可进行以下操作。

（1）在“打印机”栏中的“名称”下拉列表中，选择所用的打印机。

（2）单击“属性”按钮，出现一个“打印机属性”对话框，从中可以选择纸张大小、方向、打印分辨率等。

（3）选择“打印到文件”复选框，可把文档打印到某个文件上。

（4）选择“人工双面打印”复选框，可以在一张纸的正反两面打印文档。

（5）若要打印整个文档，应选择“页面范围”栏中的“全部”单选钮。

（6）若要打印当前光标所在的页，应选择“页面范围”栏中的“当前页”单选钮。

（7）若要打印指定范围的页码，应选择“页面范围”栏中的“页码范围”单选钮。

（8）如果事先已选定打印内容，则“选定的内容”单选钮被选中，否则呈灰色。

（9）在“份数”微调框中，可输入或调整要打印的份数。

（10）选择“逐份打印”复选框，将逐份打印文档，否则将逐张打印。

（11）单击“选项”按钮，出现一个“打印”对话框，从中可以选择是否后台打印、纸张来源、双面打印顺序等。

任务二　模板的使用与文档排版技巧

一、任务与目的

（一）任务

（1）使用模板创建“个人简历”文档。

（2）文档排版。

（二）目的

（1）掌握 Word 2003 模板的使用方法。

（2）掌握 Word 2003 文字排版的常用技巧。

二、操作步骤

（一）使用简历模板创建文档

（1）启动 Word 2003，进入程序主界面后，单击“文件”→“新建”菜单命令，显示“新建文档”任务窗格。单击任务窗格“模板”区的“本机上的模板”命令，打开“模板”对话框，如图 3-8 所示，单击“其他文档”选项卡，并选中“专业型简历”模板。

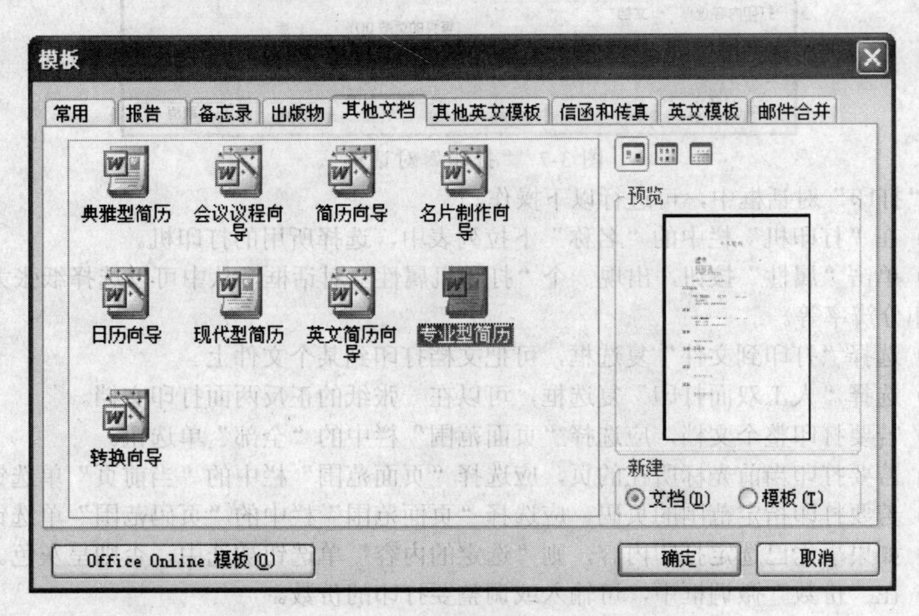

图 3-8 “模板”对话框

（2）单击“确定”按钮后，生成“个人简历”文档，如图 3-9 所示。根据文档中内容的提示，输入个人信息完成简历文档的定制。

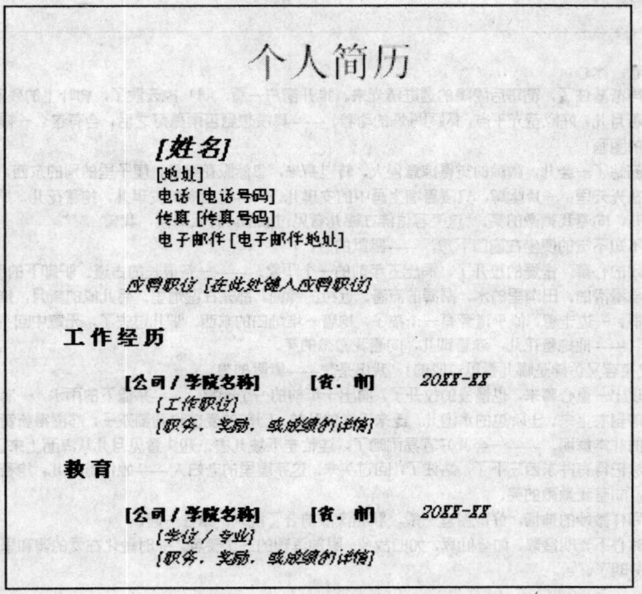

个人简历

[姓名]
[地址]
电话 [电话号码]
传真 [传真号码]
电子邮件 [电子邮件地址]

应聘职位 [在此处键入应聘职位]

工作经历

[公司 / 学院名称]　[省、市]　*20XX-XX*
[工作职位]
[职务、奖励、或成绩的详情]

教育

[公司 / 学院名称]　[省、市]　*20XX-XX*
[学位 / 专业]
[职务、奖励、或成绩的详情]

图 3-9　通过模板创建的简历文档

（二）排版文档“冰心散文”《笑》

排版效果如图 3-10 所示。

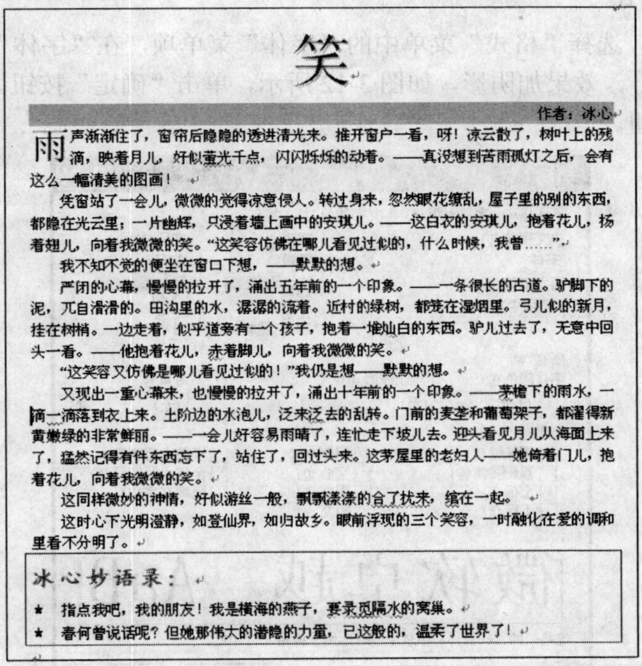

笑

作者：冰心

雨声渐渐住了，窗帘后隐隐的透进清光来。推开窗户一看，呀！凉云散了，树叶上的残滴，映着月儿，好似萤光千点，闪闪烁烁的动着。——真没想到苦雨孤灯之后，会有这么一幅清美的图画！

凭窗站了一会儿，微微的觉得凉意侵人。转过身来，忽然眼花缭乱，屋子里的别的东西，都隐在光云里；一片幽辉，只浸着墙上画中的安琪儿。——这白衣的安琪儿，抱着花儿，扬着翅儿，向着我微微的笑。“这笑容仿佛在哪儿看见过似的，什么时候，我曾……”

我不知不觉的便坐在窗口下想，——默默的想。

严闭的心幕，慢慢的拉开了，涌出五年前的一个印象。——一条很长的古道。驴脚下的泥，兀自滑滑的。田沟里的水，潺潺的流着。近村的绿树，都笼在湿烟里。弓儿似的新月，挂在树梢。一边走着，似乎道旁有一个孩子，抱着一堆灿白的东西。驴儿过去了，无意中回头一看。——他抱着花儿，赤着脚儿，向着我微微的笑。

“这笑容又仿佛是哪儿看见过似的！”我仍是想——默默的想。

又现出一重心幕来，也慢慢的拉开了，涌出十年前的一个印象。——茅檐下的雨水，一滴一滴落到衣上来。土阶边的水泡儿，泛来泛去的乱转。门前的麦垄和葡萄架子，都濯得新黄嫩绿的非常鲜丽。——一会儿好容易雨晴了，连忙走下坡儿去。迎头看见月儿从海面上来了，猛然记得有件东西忘下了，站住了，回过头来。这茅屋里的老妇人——她倚着门儿，抱着花儿，向着我微微的笑。

这同样微妙的神情，好似游丝一般，飘飘漾漾的合了拢来，绾在一起。

这时心下光明澄静，如登仙界，如归故乡。眼前浮现的三个笑容，一时融化在爱的调和里看不分明了。

冰心妙语录：

★ 指点我吧，我的朋友！我是横海的燕子，要寻觅隔水的窝巢。

★ 春何曾说话呢？但她那伟大的潜隐的力量，已这般的，温柔了世界了！

图 3-10　“冰心散文”文档

打开未排版的“冰心散文”文档，如图 3-11 所示。

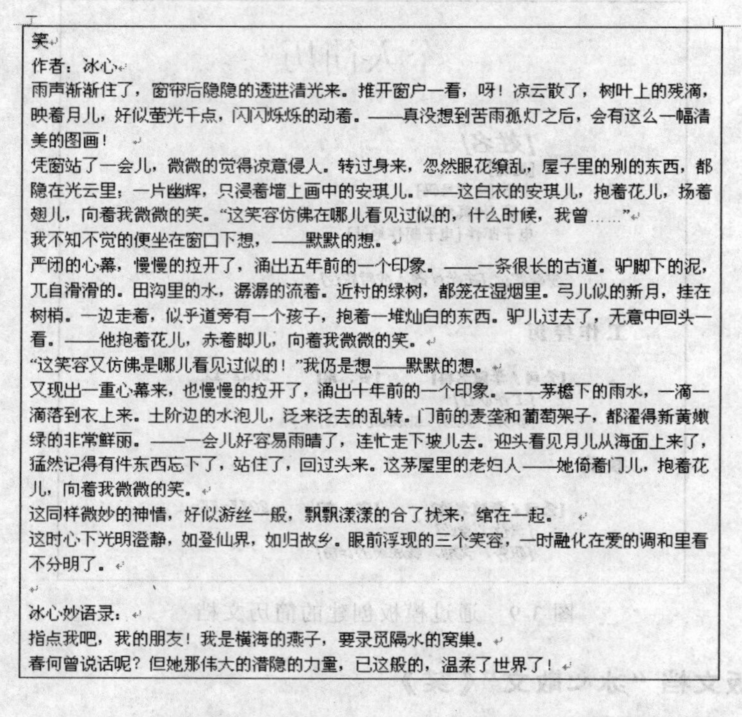

笑
作者：冰心
雨声渐渐住了，窗帘后隐隐的透进清光来。推开窗户一看，呀！凉云散了，树叶上的残滴，映着月儿，好似萤光千点，闪闪烁烁的动着。——真没想到苦雨孤灯之后，会有这么一幅清美的图画！
凭窗站了一会儿，微微的觉得凉意侵人。转过身来，忽然眼花缭乱，屋子里的别的东西，都隐在光云里；一片幽辉，只浸着墙上画中的安琪儿。——这白衣的安琪儿，抱着花儿，扬着翅儿，向着我微微的笑。“这笑容仿佛在哪儿看见过似的，什么时候，我曾……”
我不知不觉的便坐在窗口下想，——默默的想。
严闭的心幕，慢慢的拉开了，涌出五年前的一个印象。——一条很长的古道。驴脚下的泥，兀自滑滑的。田沟里的水，潺潺的流着。近村的绿树，都笼在湿烟里。弓儿似的新月，挂在树梢。一边走着，似乎道旁有一个孩子，抱着一堆灿白的东西。驴儿过去了，无意中回头一看。——他抱着花儿，赤着脚儿，向着我微微的笑。
“这笑容又仿佛是哪儿看见过似的！”我仍是想——默默的想。
又现出一重心幕来，也慢慢的拉开了，涌出十年前的一个印象。——茅檐下的雨水，一滴一滴落到衣上来。土阶边的水泡儿，泛来泛去的乱转。门前的麦垄和葡萄架子，都濯得新黄嫩绿的非常鲜丽。——一会儿好容易雨晴了，连忙走下坡儿去。迎头看见月儿从海面上来了，猛然记得有件东西忘下了，站住了，回过头来。这茅屋里的老妇人——她倚着门儿，抱着花儿，向着我微微的笑。
这同样微妙的神情，好似游丝一般，飘飘漾漾的合了拢来，绾在一起。
这时心下光明澄静，如登仙界，如归故乡。眼前浮现的三个笑容，一时融化在爱的调和里看不分明了。

冰心妙语录：
指点我吧，我的朋友！我是横海的燕子，要寻觅隔水的窝巢。
春何曾说话呢？但她那伟大的潜隐的力量，已这般的，温柔了世界了！

图 3-11　未编辑过的“冰心散文”

1．设置字体格式

（1）选中标题，选择“格式”菜单中的“字体”菜单项，在“字体”对话框内设置字体为宋体，字号为初号，效果加阴影，如图 3-12 所示，单击“确定”按钮。单击“格式”工具栏中的“居中”按钮。

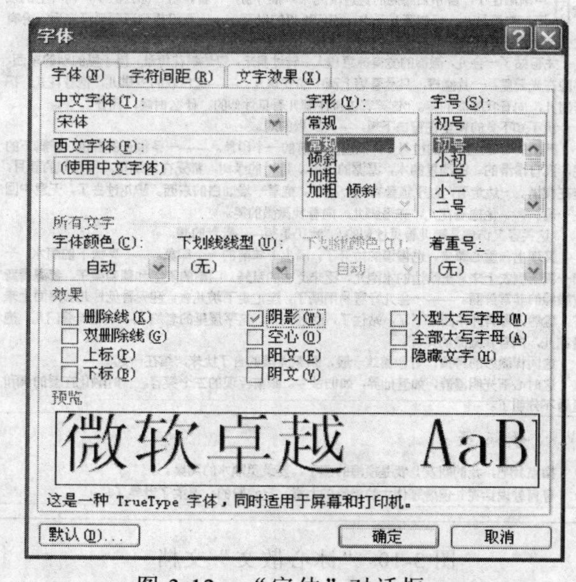

图 3-12　“字体”对话框

（2）正文采用默认的格式（字体为宋体，字号为五号）。

2．设置第 2 行底纹

文档插入点光标移至文档的第 2 行，选择“格式”菜单中的“边框和底纹”菜单项，弹出如图所示的“边框和底纹”对话框，选择其中的“底纹”选项卡，将“填充”色设为“玫瑰红”，“应用范围”设为“段落”，如图 3-13 所示，单击“确定”按钮。单击“格式”工具栏中的“右对齐”按钮。

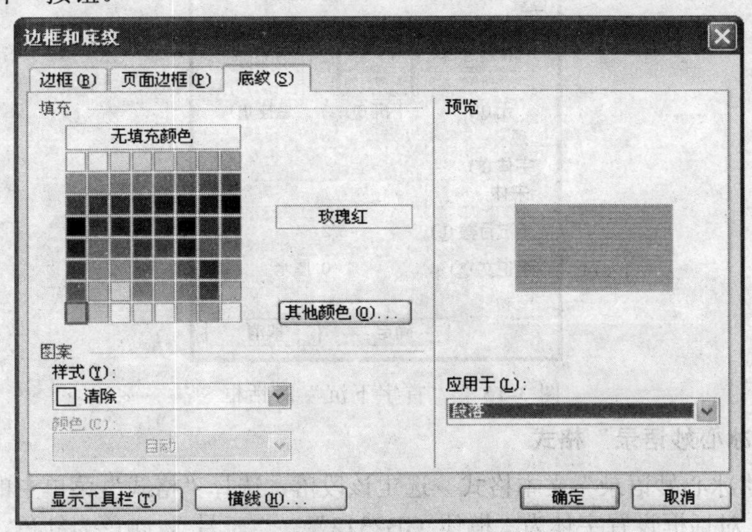

图 3-13　“边框和底纹”对话框

3．设置正文格式

（1）将正文除第 1 自然段以外的其他段的首行缩进两个汉字的位置，对齐方式为两端对齐。选中从第 2 段到最末段落，选择“格式”菜单的“段落”命令，打开“段落”对话框，在“特殊格式”栏中选择“首行缩进”，“度量值”为“2 字符”，如图 3-14 所示，单击“确定”按钮。

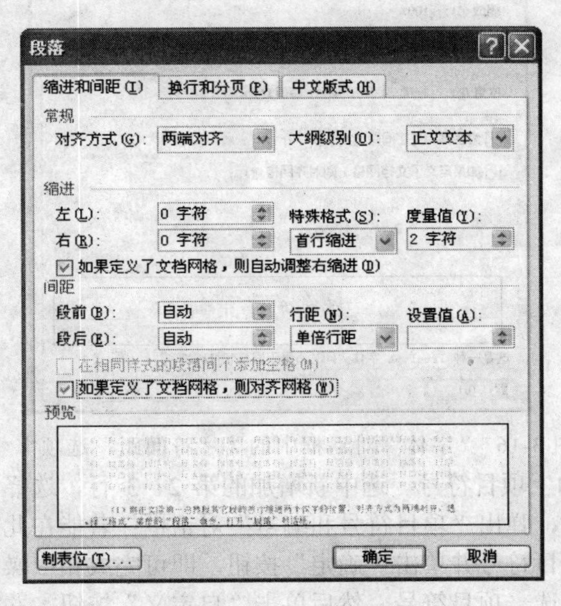

图 3-14　“段落”对话框

（2）将正文第 1 段的首字下沉两行。将文档插入点光标移至第 1 段，选择“格式”菜单中的“首字下沉”菜单项，弹出“首字下沉”对话框，将其中的“位置”设为“下沉”，“下沉行数”设为 2，如图 3-15 所示，然后单击“确定“按钮。

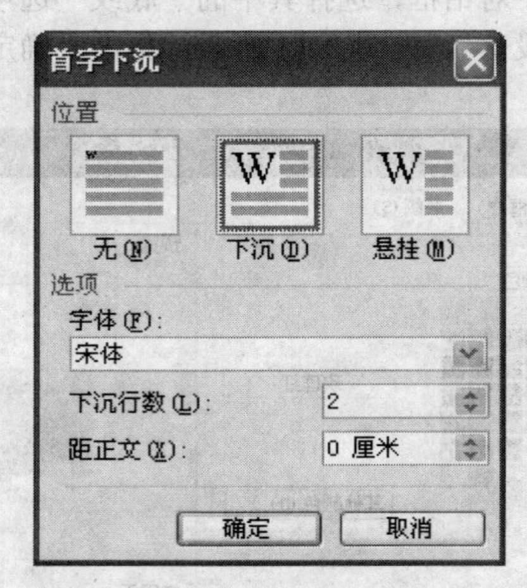

图 3-15 “首字下沉”对话框

4. 设置“冰心妙语录”格式

（1）设置“冰心妙语录”文本格式　选定该段落，选择“格式”菜单中的“字体”菜单项，在“字体”对话框设置字体为“楷体_GB2312”、“三号”，颜色为红色，并在随后选择“字符间距”选项卡，将“间距”的“磅值”改为 1.6 磅，如图 3-16 所示，单击“确定”按钮。

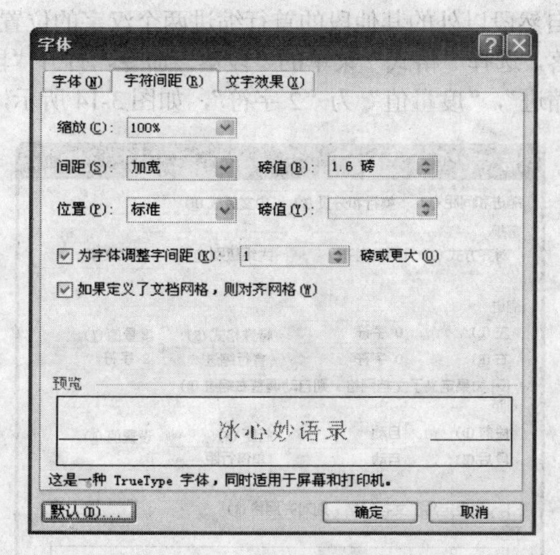

图 3-16 “字体”对话框中的“字符间距”选项卡

（2）将最后两段加上项目符号　选中新增加的第 2、3 行，选择“格式”菜单中的“项目符号和编号”菜单项，弹出“项目符号和编号”对话框；若能在此对话框内找到所需的项目符号，只要选中该项目符号并单击“确定”按钮，即可完成相应操作；如果未能找到所需的项目符号，就需先任选一项目符号，然后单击“自定义”按钮，并在随后出现的“自定义项目符号列表”对话框中进行设置如图 3-17 所示。单击“字符”按钮，弹出“符号”对话框，在该对话框内选择所需的项目符号“★”，如图 3-18 所示。然后单击“确定“按钮，回到前面的“自定义项目符号列表”对话框，单击“确定”按钮即可。

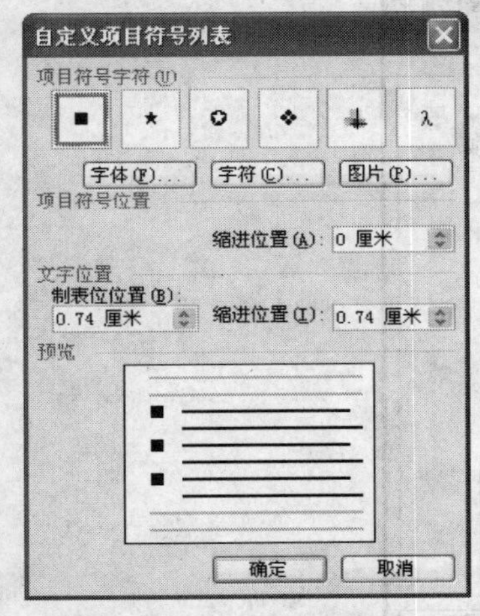

图 3-17　“自定义项目符号列表”对话框

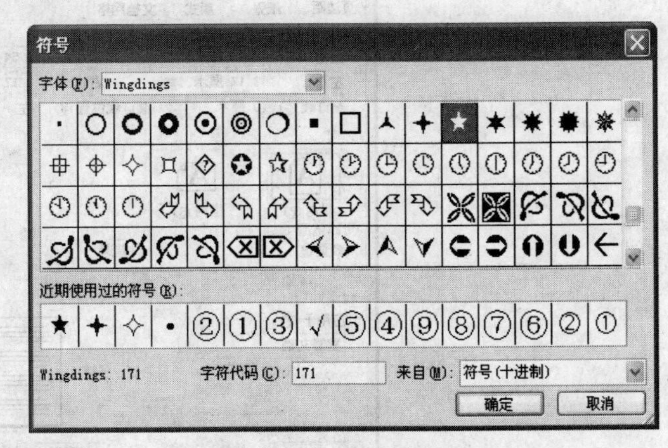

图 3-18　“符号”对话框

（3）设置段落边框和底纹　选中最后两段，选择“格式”菜单中的“段落”命令，在“边框”选项卡中，选中带“阴影”边框，在“颜色”中选择蓝色，线条“宽度”为“1.5”磅，如图 3-19 所示。再单击“底纹”选项卡，在颜色“填充”中选择黄色，如图 3-20 所示，单击“确定”按钮。

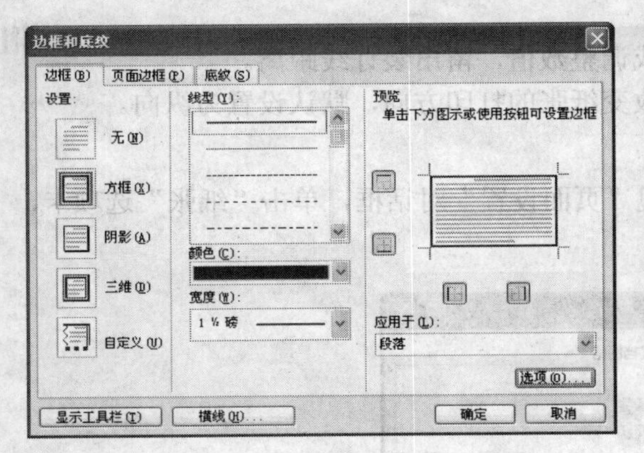

图 3-19　设 置 边 框

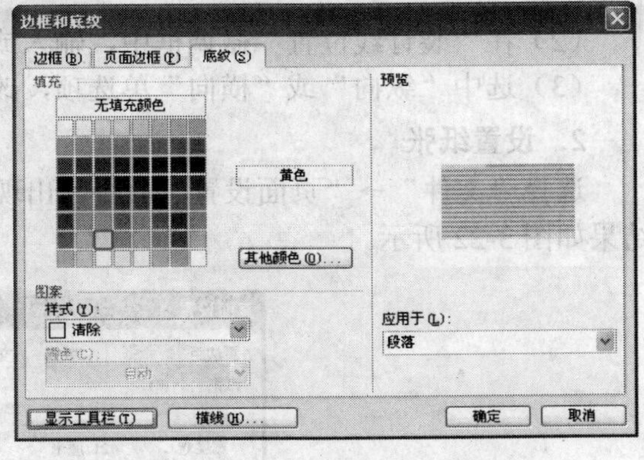

图 3-20　设 置 底 纹

三、知识技能要点

（一）设置页面格式

页面就是文档打印时一页的总体版面，包括纸张、页边距、页码、页眉、页脚等。

1. 设置页边距

页边距是文本区到纸张边缘的距离。可使用标尺或命令的方式调整页边距。

使用标尺设置页边距：在“页面视图”或“打印预览”方式下，可以通过拖动“水平标尺”和“垂直标尺”上的“页边距线”来设置页边距。

使用“页面设置”命令设置页边距：使用“页面设置”对话框可以精确地设置页边距。具体操作方法为：单击“文件”→“页面设置”命令，出现“页面设置”对话框，单击“页边距”选项卡，结果如图 3-21 所示。

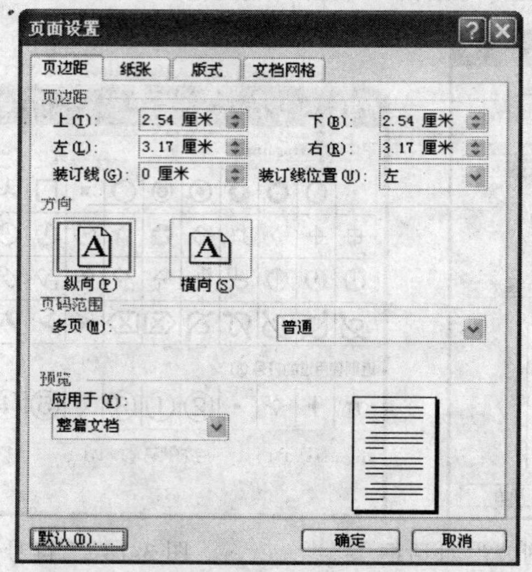

图 3-21 “页面设置”对话框中的“页边距”选项卡

在“页边距”选项卡中，可进行以下操作。

（1）在“上”、“下”、“左”和“右”微调框中，输入或调整数值，可改变上、下、左和右边距。

（2）在“装订线位置”微调框中，输入或调整数值，留出装订线距离。

（3）选中“纵向”或“横向”单选项，改变纸张的打印方向，默认设置为纵向。

2．设置纸张

选择“文件”→“页面设置”命令，出现“页面设置”对话框，单击“纸张”选项卡，结果如图 3-22 所示。

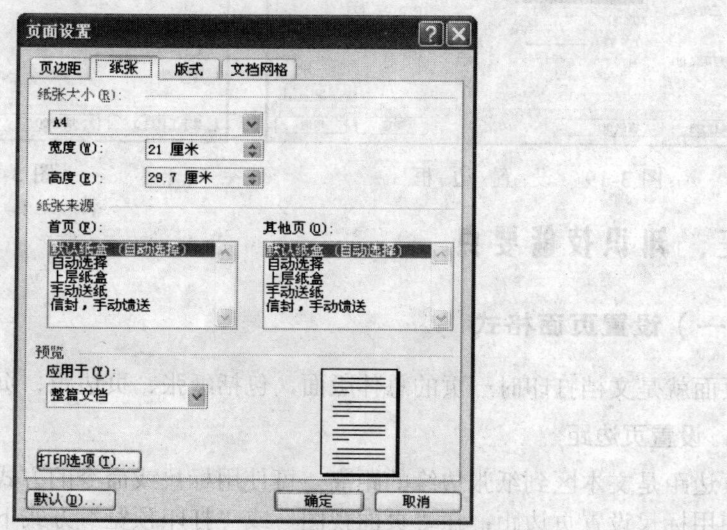

图 3-22 “页面设置”对话框中的“纸张”选项卡

在“页面设置”对话框中的“纸张”选项卡中可进行以下操作。

（1）在“纸型”下拉列表中选择所需要的标准纸张类型。Word 2003 默认的为 A4 型。

（2）如果标准纸张类型不能满足需要时，可在“高度”和“宽度”微调框内输入或调整高度和宽度数值。

（3）在“应用于”下拉列表中，选择要应用的文档范围。

（4）单击“确定”按钮，完成纸张的设置。

（二）光标移动

在 Word 2003 的文档工作区内，有一个闪烁的光标，该光标代表的就是当前插入点位置。插入点出现在字符或汉字之间的位置上。在文档编辑过程中，通常根据光标的位置进行操作。光标的移动是文档编辑最基本的操作，光标移动有鼠标移动和键盘移动两种方法。

1. 通过鼠标移动光标

如果光标定位的目标位置在窗口内，可在窗口内直接移动光标，否则必须先滚动窗口，使目标位置出现在窗口内，然后再移动光标。

窗口内移动光标的几种操作如下。

（1）单击鼠标左键，光标移动到目标位置或单击所在行的回车处。

（2）双击鼠标左键，光标移动到目标位置并选定目标位置的内容。

滚动窗口的几种操作。

（1）单击水平滚动按钮、或垂直滚动条按钮、，窗口左右滚动一部分或上下滚动一行。

（2）拖拉垂直滚动条上的滚动块，窗口较快地滚动并显示页码。停止拖动时，文档窗口定位在显示页码对应的页面。

（3）单击水平或垂直滚动条上的空白区域，窗口水平滚动到末端或上下滚动一页。

（4）单击垂直滚动条上的或按钮，窗口向上或向下滚动一页。

注意：如果想长距离移动光标，必须先利用滚动条将文档工作区外的内容移动到工作区之内，滚动到预期位置，再单击文本区设置插入点。如果不经单击设置插入点而直接输入文本，工作区会又回到原来的位置。

2. 通过键盘移动光标

常用移动光标按键的用法见表 3-1。

表 3-1　常用移动光标按键

按　键	作　用	按　键	作　用
←	向左移动一个字符	Ctrl+←	向左移动一个词
→	向右移动一个字符	Ctrl+→	向右移动一个词
↑	上移一行	Ctrl+↑	前一个段落
↓	下移一行	Ctrl+↓	后一个段落
Home	行首	Ctrl+Home	文档开始
End	行尾	Ctrl+End	文档最后
PageUp	上一屏	Ctrl+PageUp	上一页的底部

（续）

按　键	作　用	按　键	作　用
PageDown	下一屏	Ctrl+PageDown	下一页的顶部
Alt＋Ctrl＋PageUp	窗口的顶部	Alt+Ctrl+PageDown	窗口的底端

（三）选定内容

在 Word 2003 中先选定内容才能施加各种操作，如剪切、复制、移动、格式化等。选定内容可以使用鼠标或者键盘。被选定的内容底色为黑色，文本区域呈高亮度。如果要取消选定，只需将鼠标单击一下。

1．通过鼠标选定内容

若将鼠标移到文档正文左侧的空白区域，鼠标指针就会变成↗形状。这个空白区域被称为选定栏。表 3-2 列出了鼠标选定内容的常用方法。

表 3-2　鼠标选定内容的常用方法

操　作	选定范围	操　作	选定范围
在文档中拖拉鼠标	从开始字符到结束字符	在选定栏中双击鼠标	所在的一段
在文档中双击鼠标	所在位置的单词	在选定栏中三击鼠标	整个文档
在文档中三击鼠标	所在位置的一段	按住 Ctrl 键在文档中单击鼠标	所在的句子
在选定栏中拖拉鼠标	从开始行到结束行	按住 Alt 键在文档中拖拉鼠标	竖列文本
在选定栏中单击鼠标	所在的一行	按住 Ctrl 键在文档中单击鼠标	整个文档

2．通过键盘选定内容

使用键盘也可方便地选定文本。按住 Shift 键移动光标，光标所经过的字符就会被选定。表 3-3 列出了选定文本的快捷键。

表 3-3　选定文本的快捷键

按　键	将选定范围扩大到	按　键	将选定范围扩大到
Shift＋←	左侧一个字符	Ctrl＋Shift＋←	单词开始
Shift＋→	右侧一个字符	Ctrl＋Shift＋→	单词结尾
Shift＋↑	上一行	Ctrl＋Shift＋↑	段首
Shift＋↓	下一行	Ctrl＋Shift＋↓	段尾
Shift＋Home	行首	Ctrl+Shift+Home	文档开始
Shift＋End	行尾	Ctrl+Shift＋End	文档结尾
Shift＋PageUp	上一屏	Ctrl＋A	整个文档
Shift＋PageDown	下一屏	Ctrl＋Shift＋F8	竖列文本

（四）设置字符格式

字符可以是一个汉字，也可以是一个字母、数字或符号。字符格式的设置包括设置字体、字号（字体大小）、字符修饰、字符间距、字符升降、文字方向、首字下沉和复制字符的格式等。如果对选定内容进行格式设置，则选定的内容就会设置成相应的格式，否则，所作的设置仅对光标处再次输入的新内容起作用。

1．设置字体、字号

字体是字的形态特点。字体分英文字体和中文字体。Word 2003 默认的英文字体是 Times New Roman，默认的中文字体是宋体。字号是字符的大小。Word 2003 默认的字号是五号。单击“格式”→“字体”命令，在“字体”对话框中能进行字体、字号的设置，如图 3-23 所示。

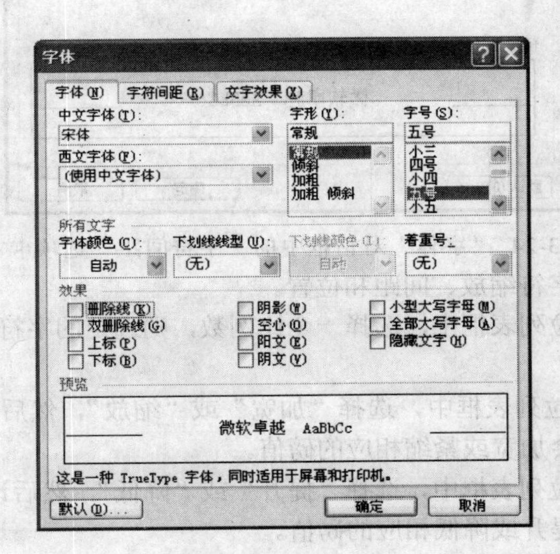

图 3-23 “字体”对话框

2．字符修饰

字符修饰包括字的粗体、斜体、下划线、边框、底纹、着重号和删除线等。

字符可以同时拥有粗体、斜体和下划线 3 种效果，设置方法如下。

（1）选定内容后，单击按钮**B**，或按 Ctrl＋B 键，出现粗体效果。

（2）选定内容后，单击按钮*I*，或按 Ctrl＋I 键，出现斜体效果。

（3）选定内容后，单击按钮U，或按 Ctrl＋U 键，出现下划线效果。

3．设置边框和底纹

单击工具栏上的按钮A，可为选定的字符加上一个边框。单击工具栏上的按钮A，可以选定的字符加上底纹。

如果要取消边框或底纹，只要将以上的操作再重复一遍即可。

（五）字符间距的设置

图 3-24 所示的“字体”对话框中的“字符间距”选项卡可以用来调整字符的缩放、间距及位置等。

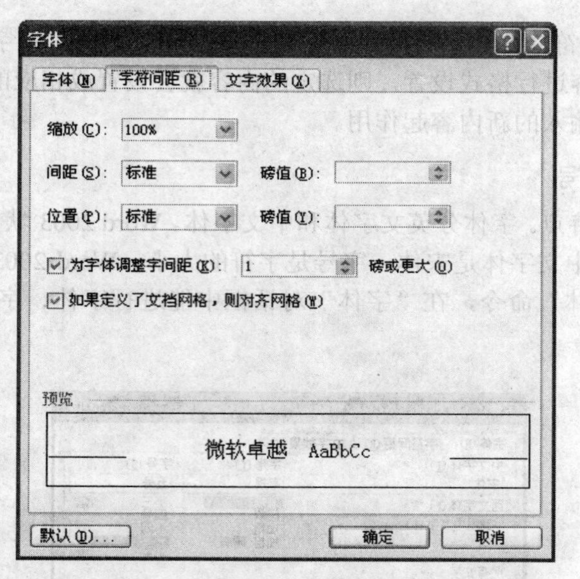

图 3-24 “字体”对话框中的“字符间距”选项卡

可按以下方法设置字符缩放、间距和位置。

（1）在“缩放”下拉列表框中，选择一个比例数，则选定的字符就被设置成了相应的缩放比例。

（2）在“间距”下拉列表框中，选择“加宽”或“缩放”，然后设置其后的“磅值”微调框，则选定的字符就会加宽或紧缩相应的磅值。

（3）在“位置”下拉列表框中，选择“提升”或“降低”，然后设置其后的磅值微调框，则选定的字符位置就会提升或降低相应的磅值。

以下是字符的“缩放”、“间距”或“位置”被改变后的效果。

标准宽度	150%宽度	66%的宽度
标准间距	加宽 2 磅	紧缩 1 磅
标准位置	提升 3 磅	降低 3 磅

（六）复制字符格式

字符的格式有时需要进行复制。复制格式可使用“格式刷”来进行。首先选定具体要复制格式的文本，然后单击“格式刷”按钮（如果想对多处文本进行格式复制，则双击“格式刷”按钮），然后选定应用此格式的文本即可（如果是多次复制格式，则应多次选定应用此格式的文本，格式复制完成后，应单击“格式刷”，以取消下面的复制）。

（七）设置段落格式

段落的标记是回车符。段落格式主要包括对齐方式、缩进、行间距、段间距以及边框和底纹等。

Word 2003 的水平对齐方式有两端对齐、居中对齐、右对齐和分散对齐 4 种。其中两端对齐相当于左对齐，它是默认的对齐方式。

操作方法如下所述。

（1）单击按钮，则当前段或选定的文字呈两端对齐方式。

（2）单击按钮，则当前段或选定的文字呈居中对齐方式。

（3）单击按钮，则当前段或选定的文字呈右对齐方式。

（4）单击按钮，则当前段呈分散对齐方式。

段落对齐也可通过菜单命令进行设置。选择“格式”→“段落”命令，出现“段落”对话框。在“段落”对话框中，在“对齐方式”下拉列表框中选择一种对齐方式，当前段落即被设置成所选择的对齐方式。

（八）设置项目符号和编号

1. 设置项目符号

单击按钮，系统自动给当前段或选定各段加上一个圆点项目符号“●”，并且将该段设置成悬挂缩进方式。这是默认设置，如果想改变这种设置，可按以下方法进行操作。

单击“格式”→“项目符号和编号”命令，出现如图 3-25 所示的“项目符号和编号”对话框。

在“项目符号和编号”对话框中，选择所需要的项目符号，如果还想进一步改变所提供的方式，单击“自定义”按钮，弹出“自定义项目符号列表”对话框。在该对话框中，可以设置项目符号字符、项目符号位置和文字位置等。

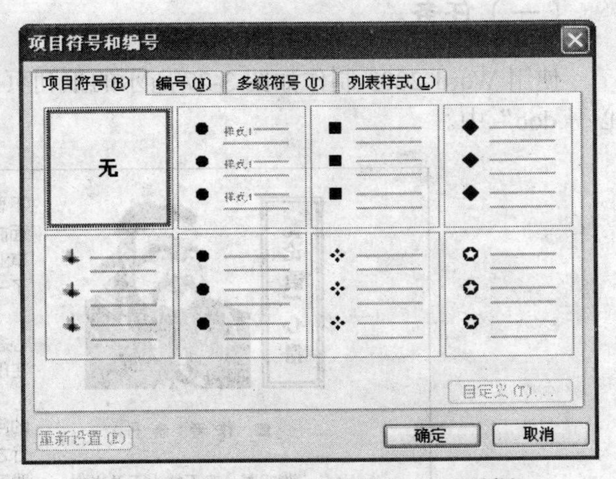

图 3-25 “项目符号和编号”对话框

2. 设置编号

要想将当前段或所选各段加上编号，单击按钮，系统将自动加上一个编号。如果前边已有编号，系统会自动继续前面的编号。

如果想改变编号的样式或重新编号，单击“格式”→“项目符号和编号”命令，在出现的“项目符号和编号”对话框中单击“编号”选项卡，结果如图 3-26 所示。

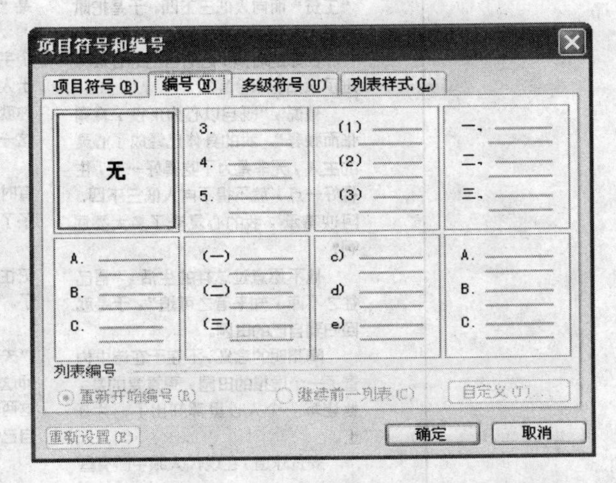

图 3-26 “项目符号和编号”对话框中的“编号”选项卡

3. 设置多级符号

要为当前段或所选各段设置多级列表，可单击“格式”→“项目符号和编号”命令，在出现的对话框中，单击“多级符号”选项卡，在“多级符号”选项卡中，可以进行以下操作。

（1）在多级符号样式列表中，选择所需要的多级符号样式。

（2）单击“自定义”按钮，在出现的对话框中设置编号的级别、格式、样式、起始编号、编号位置、前一级别编号和文字位置等。

任务三　使用 Word 2003 制作报刊页

一、任务与目的

（一）任务

使用 Word 2003 制作如图 3-27 所示的报刊页，保存在“我的文档”文件夹的“《论语》心得.doc”中。

■ 作者：余丹

陶渊明说，我不能为五斗米向乡里小儿折腰。就是说，他不愿意为了保住这点做官的“工资”而向人低三下四。于是把佩印留下，自己回家了。

回家的时候，他把自己的心情写进了《归去来兮辞》。

他说，“既自以心为形役，奚惆怅而独悲”。我的身体已经成了心灵的主人，无非是为了吃得好一点，住得好一点，就不得不向人低三下四、阿谀奉承，我的心灵受了多大委屈啊！

他不愿意过这样的生活，“悟已往之不谏，知来者之可追”，于是就回归到自己的田园。

陶渊明的意义，不在于在诗中构置了一个虚拟的田园，更重要的是，他让每一个人心里都开出了一片乐土。

安贫乐道，在现代人眼中颇有些不思进取的味道。在如此激烈的竞争面前，每个人都在努力发展着自己的事业，收入多少、职位高低，似乎成了一个人成功与否的标志。

但越是竞争激烈，越是需要调整心态，并且调整与他人的关系。那么，在现代社会，我们应该如何为人呢？

又是子贡问了老师一个非常大的问题，他说：“有一言而可以终身行之者乎？”您能告诉我一个字，使我可以终身实践，并且永久受益吗？

老师以商量的口气对他说：“其恕乎！”如果有这么个字，那大概就是“恕”字吧。

什么叫“恕”呢？老师又加了八个字的解释，叫做“己所不欲，勿施于人”。就是你自个儿不想干的事，你就不要强迫别人干。人一辈子做到这一点就够了。

什么叫“半部《论语》治天下”？有时候学一个字两个字，就够用一辈子了。

这才是真正的圣人，他不会让你记住那么多，有时候记住一个字就够了。

孔子的学生曾子也曾经说过，“夫子之道，忠恕而已矣”。说我老师这一辈子学问的精华，就是“忠恕”这两个字了。简单地说，就是要做好自己，同时要想到别人。

图 3-27　图文混排效果

（二）目的

（1）掌握设置文字边框的方法。
（2）掌握设置首字下沉的方法。
（3）掌握在文档中插入图片的方法。
（4）掌握设置分栏的方法

二、操作步骤

（1）插入文本框。

（2）选择“插入”→“文本框”→“竖排”命令，在空白位置划出一个文本框，输入标题文本“《论语》心得”。

（3）设置标题文字格式为宋体，四号，加粗。

（4）双击文本框边框线，打开“设置文本框格式”对话框，在“颜色和线条”选项卡中，将文本框边框线“线型”设置为 4.5 磅双线。如图 3-22 所示。单击“确定”按钮。

（5）排版正文。

1）选择正文文字，设置文字格式为“仿宋_GB2312”，小四号。

2）选择“格式”→“分栏”命令，选择“预设”栏数中的“两栏”命令。

3）光标移到第一段中，单击“格式”菜单中的“首字下沉”按钮。

4）在“首字下沉”对话框中，在“位置”组中选择“下沉”图标，在“下沉行数”数值框中输入或调整值为“4”，单击“确定”按钮。

（6）插入图片。

1）选择“插入”→“图片”→“来自文件”命令，出现“插入图片”对话框，选择指定路径的图片文件，再单击“插入”按钮。

2）选定图片后，单击“图片”工具栏中的“设置图片格式”按钮，弹出一个“设置图片格式”对话框，单击“版式”选项卡，

3）最后，以“《论语》心得.doc”文件名把文档保存到“我的文档”文件夹中。

三、知识技能要点

（一）插入文本框

文本框是文档中用来标记一块文档的方框。插入文本框的目的是为了在文档中形成一块新的区域，在里面可以输入文字、插入图形或图表等。

在文档中可以插入一个文本框，也可以插入多个文本框。可以给选定的文本或图形加上文本框。文本框的创建方法如下。

（1）单击“绘图”工具栏中的按钮，鼠标指针立即变为十字形，拖动鼠标即可插入一个横排的空文本框。

（2）单击“绘图”工具栏中的按钮，鼠标指针立即变为十字形，拖动鼠标即可插入一个竖排的空文本框。

（3）选择“插入”→“文本框”→“横排”命令，鼠标指针立即变为十字形，拖动鼠标即可插入一个横排的空文本框。

（4）选择“插入”→“文本框”→“竖排”命令，鼠标指针立即变为十字形，拖动鼠标即可插入一个竖排的空文本框。

插入空文本框后，光标自动移动到文本框内。这时可以在文本框中输入文字或插入图形。选定文本或图形后，可用以上方法加上文本框。

（二）分栏

分栏就是将文档的内容分成多列显示，每一列称为一栏。单击“格式”→“分栏”命令，出现如图 3-28 所示的“分栏”对话框。在分栏对话框中，可进行以下操作。

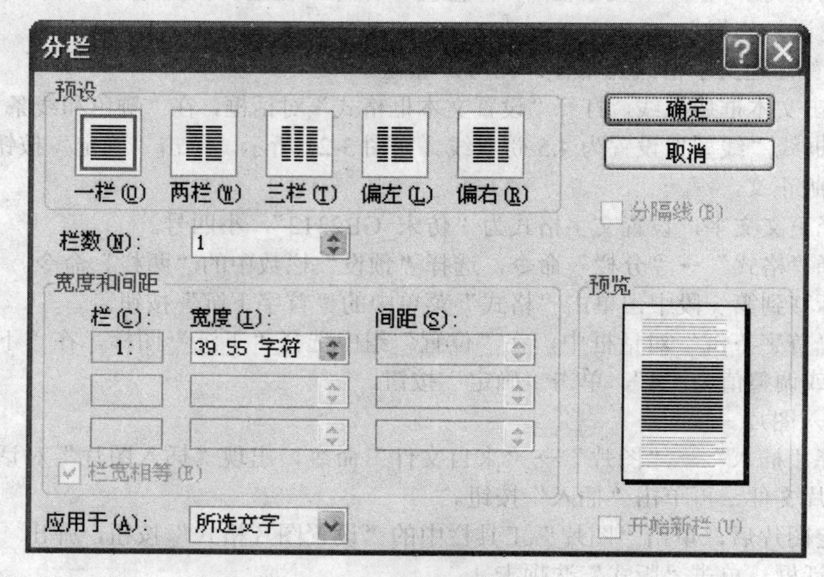

图 3-28 “分栏”对话框

（1）在“预设”栏中，选择所需要的分栏样式。

（2）如果“预设”栏中的样式不能满足要求时，可在“栏数”微调框中输入或调整所需的栏数。

（3）如果想重新设置各栏的宽度，可去掉“栏宽相等”前边的“√”，然后设置各栏的“栏宽”及该栏与下一栏的“间距”。

（4）如果想在栏间设置分隔线，可以选中“分隔线”复选框。

分栏后，在水平标尺中间出现一个与栏间距对应的灰色区域，把鼠标置入灰色区域上，当鼠标指针变为横向双向箭头时，拖动鼠标，可以改变栏宽度和栏间距。

（三）插入图形

在 Word 2003 中，除了可以在正文区内部绘制图形外，还可以将各种图片插入到文档中。可以从 Word 2003 提供的剪辑库中插入剪贴画，也可以将其他地方的图形文件中的图形插入到文档中。图形文件的格式可以是 BMP、GIF 和 JPEG 等。

1. 插入剪贴画

Word 2003 提供了一个剪辑库，其中包含了数百个各种各样的剪贴画。内容包括建筑、卡通、通讯、地图、音乐、人物等。

单击“绘图工具栏”中的按钮，或单击“插入”→“图片”→“剪贴画”命令，在显示出的“剪贴画”任务窗格中，将选择的剪贴画插入到文档。

2. 插入图片文件

Word 2003 还可以插入其他图像处理软件制作的图片。单击“插入”→“图片”→“来自文件”命令，出现“插入图片”对话框，如图 3-29 所示。选择一个图片文件，再单击“插入”按钮，该文件中的图片就被插入到了文档中。编辑图片的主要操作如下所述。

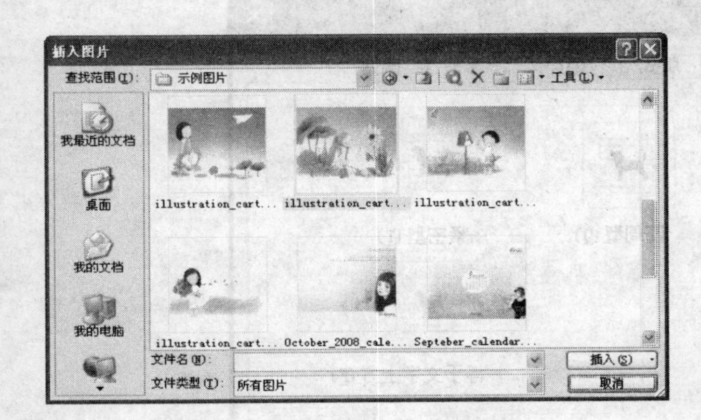

图 3-29 “插入图片”对话框

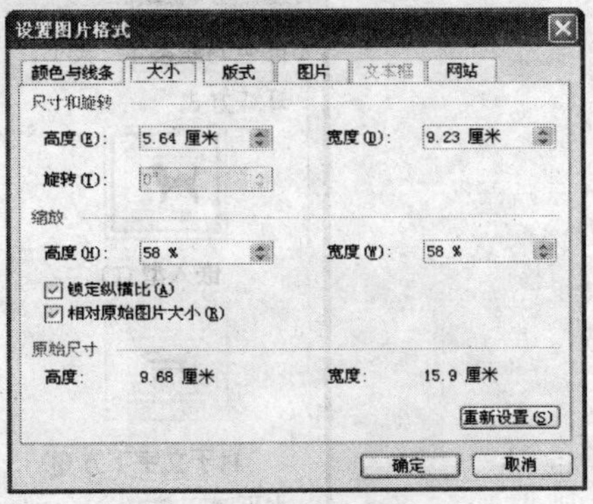

图 3-30 “设置图片格式”对话框

（1）缩放图片　选定一个图片，将鼠标移动到图片的顶点上，鼠标指针变为↕、↔、⤡、⤢状，拖动鼠标可以按相应的方向缩放图片。

如果希望按一定比例缩放，或者对于较小的图片拖动鼠标不方便时，可以单击“图片”工具栏中的按钮，或者右击图片，选择“设置图片格式”命令，桌面上弹出一个“设置图片格式”对话框，单击“大小”选项卡，结果如图 3-30 所示。在对话框中输入图片的实际高度或宽度或缩放比例（四个输入框只需输入一个地方，其他三个地方单击鼠标即可），单击“确定”按钮即可完成图片大小的设置。

（2）设置图片　选定图片后，系统会自动地出现“图片”工具栏，如图 3-31 所示。如果没有出现，单击“视图”→“工具栏”→“图片”命令，“图片”工具栏就会立即出现。

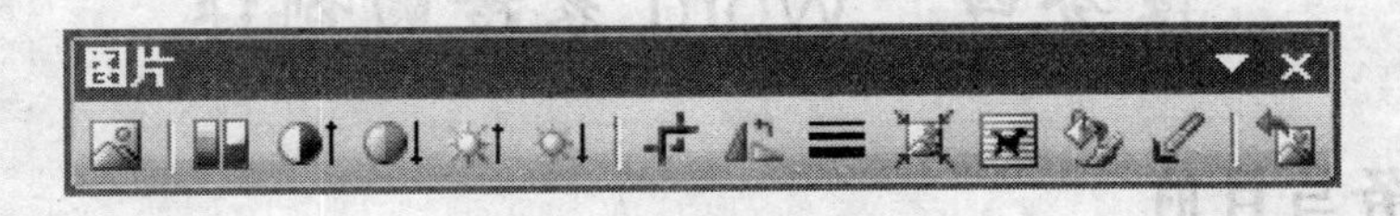

图 3-31 “图片”工具栏

通过“图片”工具栏可对图片进行相应的设置。常用的设置包括图像控制、改变对比度、改变亮度、剪裁图片、设置文字环绕和设置透明色等。

1）图像控制。选定图片后，单击“图片”工具栏中的按钮，在弹出的菜单中选择灰度或黑白或水印命令，即可把图片设置成灰度图片、黑白图片或水印图片。

2）改变对比度。选定图片后，单击“图片”工具栏中的按钮，增加图片的对比度，单击按钮，可降低图片的对比度。

3）改变亮度。选定图片后，单击“图片”工具栏中的按钮，增加图片的亮度，单击按钮，可降低图片的亮度。

4）剪裁图片。选定图片后，单击“图片”工具栏中的按钮，将鼠标移动到图片的一个顶点上，拖动鼠标，虚框内的图片即是剪裁后的图片。

5）设置文字环绕。选定图片后，单击“图片”工具栏中的按钮，在下拉菜单中可选择一种文字环绕方式。

6）设置图片版式。选定图片后，单击“图片”工具栏中的按钮，弹出一个如图 3-32 所示的“设置图片格式”对话框，单击“版式”选项卡，设置“环绕方式”。

图 3-32 “设置图片格式”对话框中的“版式”选项卡

如果希望图片像一个字一样镶嵌在文档之中，随文字一起走动，应在“环绕方式”栏中选择“嵌入型”。如果希望图片固定在版面的某一个地方，不随文字走动，应选择“嵌入型”以外的其他环绕方式。

任务四 Word 表格的制作

一、任务与目的

（一）任务

(1) 创建毕业生个人简历表。

要求使用 Word 2003 制作如图 3-33 所示的个人简历表，并保存在“我的文档”文件夹的“履历表.doc”文件中。

（2）创建成绩表，设置公式并排序。

要求使用 Word 2003 制作如图 3-34 所示的成绩表，并以“期末考试成绩表.doc”为文件名保存在“我的文档”文件夹中。

毕业生个人简历表

姓　名		性别		出生日期		两寸免冠照片
籍　贯		民族		政治面貌		
毕业院校				学　历		
专　业				技术职称		
主修课程						
英语水平						
计算机水平						
教育背景						
主修课程						
所获荣誉						
实践与实习						
个性特点						
个人爱好						

图 3-33　毕业生个人简历表

期末考试成绩表

姓　名	语　文	数　学	英　语	科　学	计算机	总　分
商慧霞	100	90	85	98	20	393
张国东	95	90	85	98	19	387
孙媛飞	86	89	90	100	18	383
郝万云	85	90	100	92	15	382
纪　军	84	100	92	85	17	378
郭和乾	80	90	85	95	18	368
岳永生	78	90	82	88	16	354
孔军利	65	78	85	82	18	328
欧阳宇	61	80	75	85	18	319
齐娓娓	65	70	69	65	14	283

图 3-34　成　绩　表

（二）目的

（1）掌握建立表格的方法。

（2）掌握修改表格属性的方法。

（3）掌握表格文字格式设置的方法。

二、操作步骤

（一）毕业生个人简历表创建步骤

1．创建基础表格

（1）先输入“个人简历表“标题，并设置字体为黑体，小二号字、居中。

（2）选择“表格”→“插入”→“表格”命令，在“插入表格”对话框中，输入 13 行和 1 列，单击“确定”按钮，即一个最简单的表格就插入到了光标处。单击“确定”按钮。

（3）选定表格，单击“表格”→“表格属性”命令，在“行”选项卡中的“指定高度”数值框内输入 1，单位为厘米。单击“确定”按钮。

（4）光标移动到表格内，单击“表格”→“绘制表格”命令后，显示“表格和边框”工具栏。单击按钮后，鼠标指针变成为状。

（5）在刚建立的表格中，根据简历表中竖线的位置，在表格的相应位置拖动鼠标，添加所有的表格竖线。

2．合并单元格

选择表格 1 ～ 4 行中的最后一列，单击“表格和边框”工具栏中的按钮。

3．设置表格边框线

（1）选择“视图”→“工具栏”→“表格和边框”命令，调出“表格和边框”工具栏。

（2）选中整张表格。

（3）选择 1～5 磅的实线。在“表格和边框”工具栏的“表格框线”列表”中选择“外侧框线”。

（4）选定表格中的第 8 至 11 行，单击“表格”→“表格属性”命令，打开“表格属性”对话框，在“行”选项卡中将第 8—11 行的行高设置为 2 厘米。

4．输入表格内容

（1）选定表格，单击“格式”工具栏中的按钮。

（2）选定表格，设置字体为宋体字，加粗，字号为“五号”。输入文本。

（3）整个简历表制作完成，最后以“学生个人简历表”保存在“我的文档”文件夹中。

（二）期末考试成绩表的创建步骤

1．创建成绩表表格

（1）新建 Word 文档，输入标题“期末考试成绩表”，然后按回车键。

（2）插入表格。单击“表格”→“插入”→“表格”命令，打开“插入表格”对话框，如图 3-35 所示，插入一个 11 行 7 列的表格，单击“确定”按钮，生成简单表格。

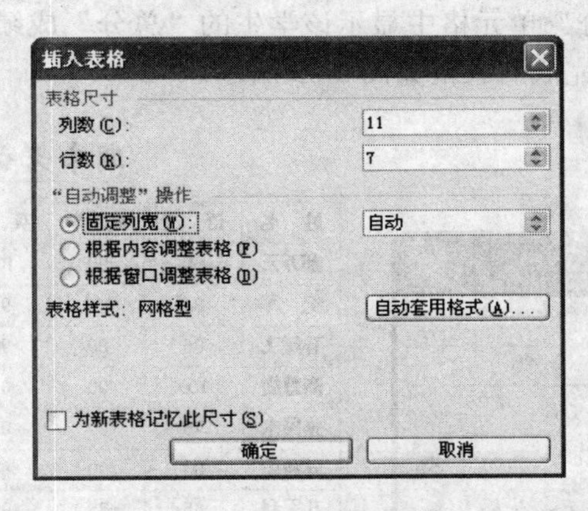

图 3-35　“插入表格”对话框

（3）在单元格中输入文本。单击第一个单元格，将插入点光标移至该单元格中，输入“姓名”，按 Tab 键将光标移到其后的单元格中，输入“语文”。移动光标插入点，在其他单元格输入相应内容。

（4）设置单元格内容的水平对齐格式。将插入点光标移至表中，选择“表格”→“选择”→“表格”命令，选择整个表格，单击“格式”工具栏的“居中”按钮，使表格内的文本在单元格中水平居中对齐。

2．设置表格属性

修改表格的行高和列宽。选定整个表格，选择“表格”→“表格属性”命令，打开“表格属性”对话框，单击“行”选项卡，在“尺寸”栏中，选中“指定高度”复选框，将 1～11 行高度指定为 0～8 厘米，如图 3-36 所示。单击“列”选项卡，在“尺寸”栏中，选中“指定宽度”复选框，将 1～5 列宽度指定为 2 厘米，如图 3-37 所示。单击“确定”按钮，关闭对话框。

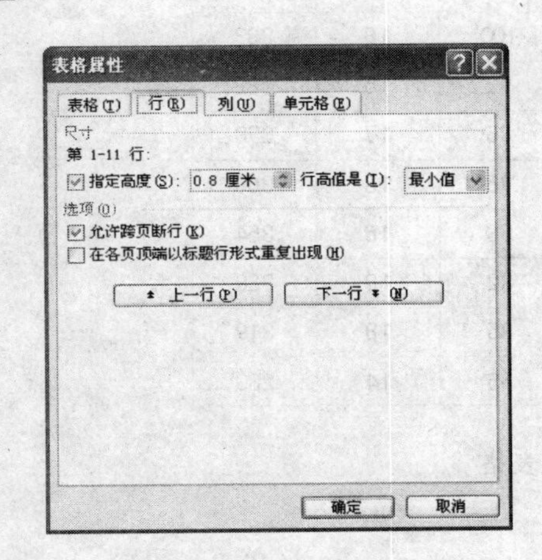

图 3-36　设置行高

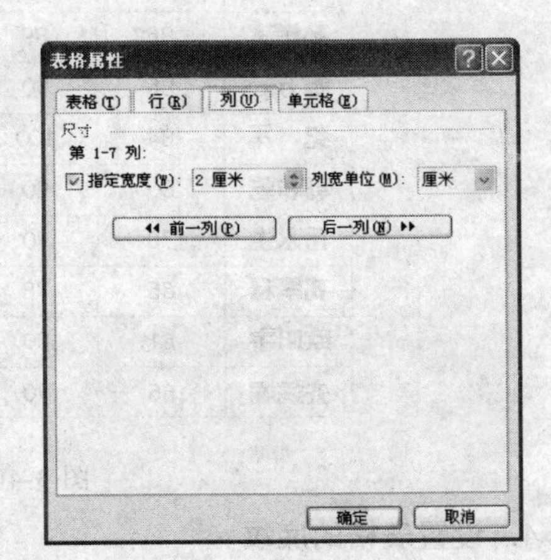

图 3-37　设置列宽

3．表格内数据的计算和排序

（1）将插入点移到“总分”列的第一个单元格内，单击“表格”→“公式”命令，打开

“公式”对话框，在“公式”文本框自动出现求和公式“=SUM（LEFT）”，如图 3-38 所示，单击“确定”按钮。“总分”单元格中显示该学生的“总分”成绩。用相同的方法计算出其他学生的成绩。公式设置完成后表格如图 3-39 所示。

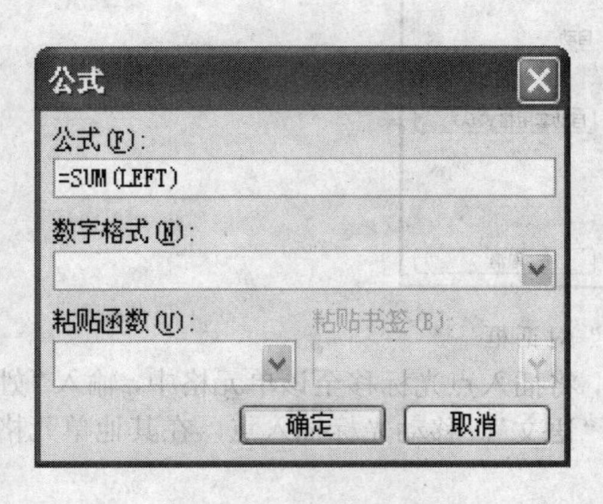

图 3-38 “公式”对话框

期末考试成绩表

姓　名	语　文	数　学	英　语	政　治	计算机	总　分
郝万云	85	90	100	92	15	382
纪　军	84	100	92	85	17	378
孙媛飞	86	89	90	100	18	383
商慧霞	100	90	85	98	20	393
张国东	95	90	85	98	19	387
郭和乾	80	90	85	95	18	368
孔军利	65	78	85	82	18	328
岳永生	78	90	82	88	16	354
欧阳宇	61	80	75	85	18	319
齐妮妮	65	70	69	65	14	283

图 3-39 插入公式后的表格

（2）按“总分”降序排列。单击“总分”单元格，单击“表格”→“绘制表格”命令显示“表格和边框”工具栏，单击“降序排序”按钮，表格按“总分”降序排列，如图 3-40 所示。

期末考试成绩表

姓　名	语　文	数　学	英　语	政　治	计算机	总　分
商慧霞	100	90	85	98	20	393
张国东	95	90	85	98	19	387
孙媛飞	86	89	90	100	18	383
郝万云	85	90	100	92	15	382
纪　军	84	100	92	85	17	378
郭和乾	80	90	85	95	18	368
岳永生	78	90	82	88	16	354
孔军利	65	78	85	82	18	328
欧阳宇	61	80	75	85	18	319
齐妮妮	65	70	69	65	14	283

图 3-40 排序后的表格

4．设置表格的底纹

（1）设置底纹。按 Ctrl 键，用鼠标拖动选定第 1、3、5、7、9、11 行单元格，单击“格式”→“边框和底纹”命令，在“边框和底纹”对话框中选择“底纹”选项卡，如图 3-41 所示，单击“其他颜色”按钮，打开“颜色”对话框，单击其中的“自定义”选项卡，设置颜色为 RGB（210，234，241），如图 3-42 所示。单击“确定”按钮，关闭“边框和底纹”对话框。

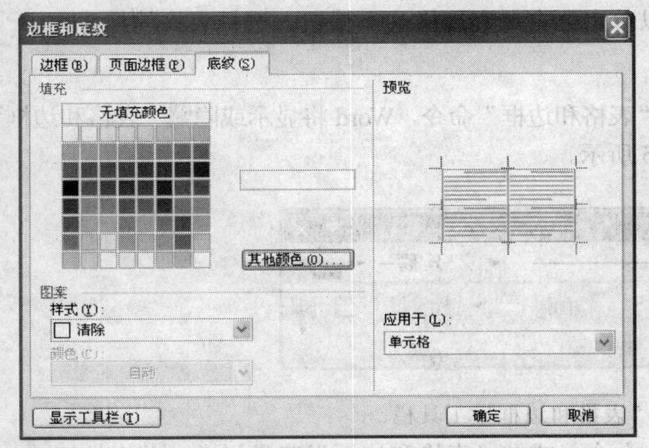

图 3-41 “边框和底纹”对话框中的“底纹”选项卡

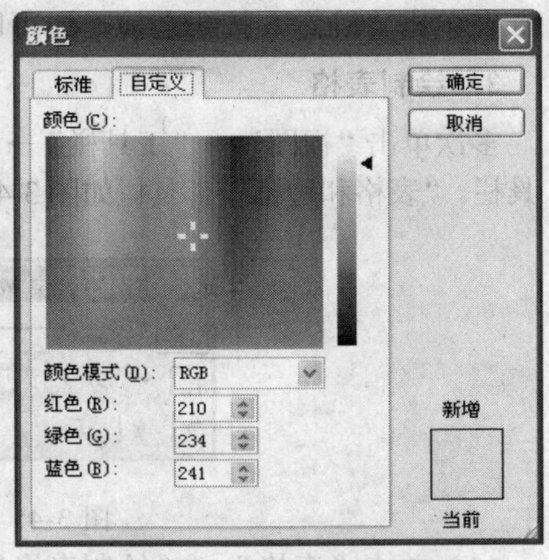

图 3-42 自定义底纹颜色

（2）保存文档。以“期末考试成绩表”为文件名保存到“我的文档”文件夹下。

三、知识技能要点

（一）创建表格

插入表格可以使用工具栏按钮或使用菜单命令两种方法进行。

1. 使用工具栏按钮插入表格

单击按钮▦，出现如图 3-43 所示的表格框。用鼠标拖拉出表格的行数和列数，松开鼠标，在光标处就已经插入了相应行数和列数的表格。

2. 使用菜单命令插入表格

由于受到屏幕大小的限制，用工具按钮不能建立行数和列数过大的表格。这样的表格可通过菜单命令来完成。单击“表格”→“插入”→“表格”命令，出现如图 3-44 所示的“插入表格”对话框。

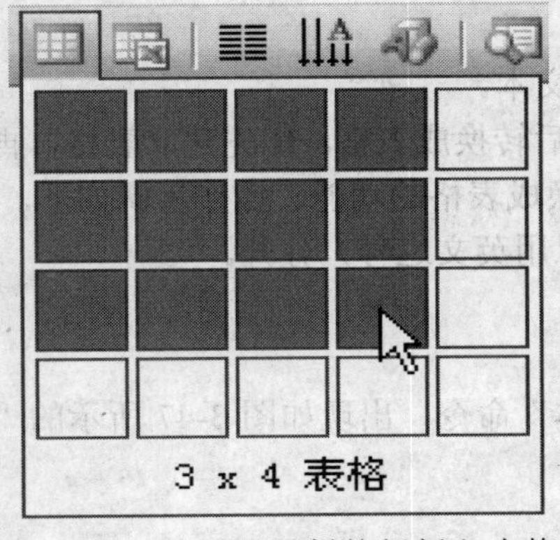

图 3-43 使用工具栏按钮插入表格

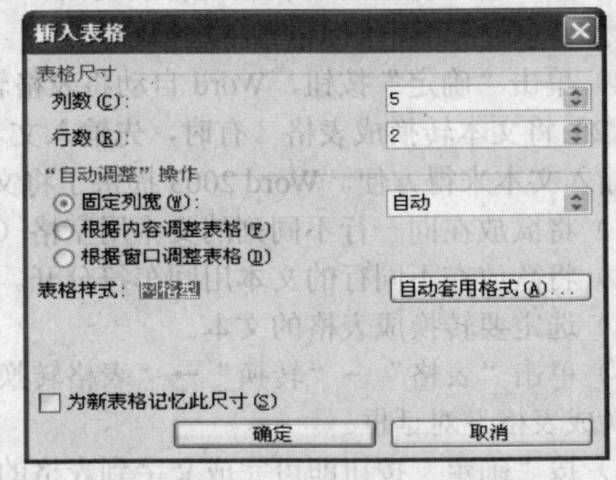

图 3-44 “插入表格”对话框

在“插入表格”对话框中，输入所需的行数和列数，单击“确定”按钮，即一个最简单的表格就插入到了光标处。

在单击“确定”按钮之前，还可以单击“自动套用格式”按钮，选择表格的样式。

3．绘制表格

多次单击“视图”→“工具栏”→“表格和边框”命令，Word 将显示或隐藏“表格和边框”工具栏。“表格和边框”工具栏如图 3-45 所示。

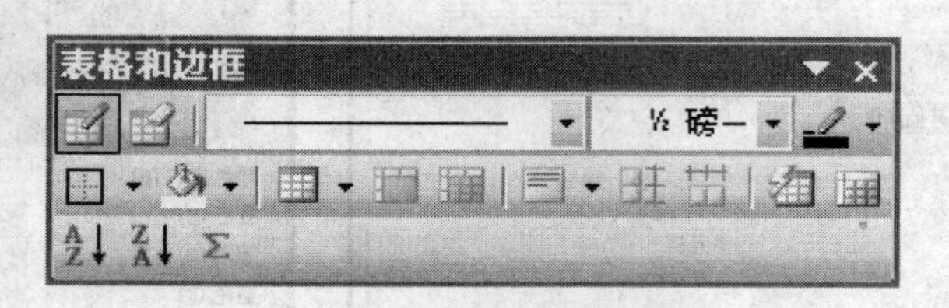

图 3-45 “表格和边框”工具栏

（1）单击“表格”→“绘制表格”命令（或在“表格和边框”工具栏中，单击按钮），鼠标指针变成“”形状。

（2）将笔形光标移至要创建表格的地方，按住左键不放，拖动鼠标指针确定表格的外围边框，就像在纸上画表格一样绘制表格（表格中的其他线段可直接按住鼠标拖动完成）。

（3）表格绘制完成后，再单击按钮，光标就恢复到原来的状态。

（4）如果绘制的表格有多余的线，单击按钮，鼠标指针变成“”的形状，这时就可以像在纸上擦线条一样擦除多余的表格线了。擦除完成后，再单击按钮，鼠标指针就恢复到原来的状态。

（5）创建表格后，单击某个单元格，便可以键入文字或插入图形。

4．文本与表格的相互转换

（1）将表格转换成文本　将表格转换成文本，可以指定逗号、制表符、段落标记或其他字符作为转换时分离文本的字符。将表格转换成文本的操作方法如下。

1）选定要转换成文本的行或表格。

2）单击“表格”→“转换”→“表格转换成文字”命令，出现如图 3-46 所示的“表格转换成文本”对话框。

3）在“文字分隔符”栏下选择所需的单选项，作为替代边框的分隔符（如用段落标记分隔行，则选中“段落标记”单选按钮）。

4）单击“确定”按钮，Word 自动将表格转换成文本。

（2）将文本转换成表格　有时，先输入文本，然后转换成表格，比先建立表格，再在表格中输入文本来得方便。Word 2003 提供了将文本转换成表格的功能。操作步骤如下。

1）将欲放在同一行不同列的文本用空格（也可以用英文逗号）分开。

2）将欲放在不同行的文本用回车符分开。

3）选定要转换成表格的文本。

4）单击“表格”→“转换”→“表格转换成文本”命令，出现如图 3-47 所示的“将文字转换成表格”对话框。

5）按“确定”按钮即可完成文字到表格的转换。

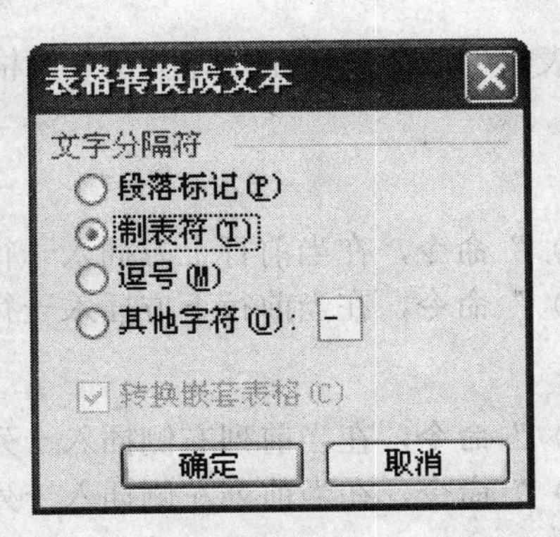

图 3-46 “表格转换成文本”对话框

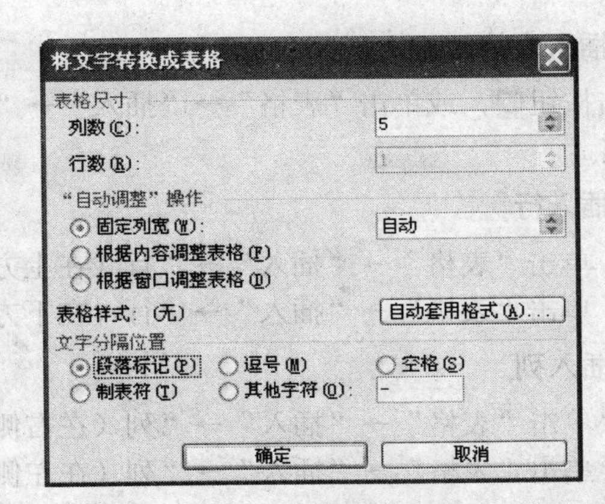

图 3-47 “将文字转换成表格”对话框

创建表格后，还要对表格进行调整，才能合乎要求。常用的操作包括：表格的定位及选定表格的单元格和行、列，插入表格的行、列和单元格，删除表格的行、列和单元格，以及合并表格的行、列和单元格。

（二）选定表格及表格的行、列和单元格

编辑表格时，需要先选定表格，然后才能进行编辑。常用的选定操作如下。

1. 选定表格

（1）把鼠标移到表格中，表格的左上方会出现一个按钮⊞，单击该按钮即可选定表格。
（2）把光标移到表格中，单击“表格”→“选定”→“表格”命令。
（3）拖拉鼠标从表格的左上角到右下角。
（4）拖拉鼠标从表格的左下角到右上角。

2. 选定行

（1）将鼠标移动到表格左侧，当鼠标指针变为↗状时单击鼠标，选定相应行。
（2）将鼠标移动到表格左侧，当鼠标指针变为↗状时拖拉鼠标，选定多行。
（3）把光标移到表格中，单击“表格”→“选定”→“行”命令，选定光标所在行。

3. 选定列

（1）将鼠标移动到表格顶部，当鼠标指针变为⬇状时单击鼠标，选定相应列。
（2）将鼠标移动到表格顶部，当鼠标指针变为⬇状时拖拉鼠标，选定多列。
（3）把光标移到表格中，单击“表格”→“选定”→“列”命令，选定光标所在列。
（4）按住 Alt 键单击鼠标，选定指定列。

4. 选定单元格

（1）将鼠标移到单元格左侧，当鼠标指针变为⬈状时单击鼠标，选定该单元格。
（2）将鼠标移到单元格左侧，当鼠标指针变为⬈状时拖拉鼠标，选定多个相临单元格。
（3）把光标移到表格中，单击“表格”→“选定”→“单元格”命令，选定光标所在单元格。

（三）插入表格的行、列和单元格

如果表格缺少行、列或单元格，可以进行插入操作。Word 2003 还能在表格中插入表格。

1．插入表格

单击按钮▦，或单击“表格”→“插入”→“表格”命令，可在光标所在单元格内插入一个表格。

2．插入行

（1）单击“表格”→“插入”→“行（在上方）”命令，在当前行上方插入一行。

（2）单击“表格”→“插入”→“行（在下方）”命令，在当前行下方插入一行。

3．插入列

（1）单击“表格”→“插入”→“列（在右侧）”命令，在当前列右侧插入一列。

（2）单击“表格”→“插入”→“列（在左侧）”命令，在当前列左侧插入一列。

4．插入单元格

单击“表格”→“插入”→“单元格”命令，在出现的“插入单元格”对话框。选择一种之后单击“确定”按钮即可。

（四）删除表格的行、列和单元格

1．删除表格

（1）先把光标移到表格内，单击“表格”→“删除”→“表格”命令，将删除表格。

（2）选定表格后，单击按钮✂，删除表格。

2．删除行

（1）先把光标移到表格内，单击“表格”→“删除”→“行”命令，删除光标所在的行或选定的行。

（2）选定一行或多行后，单击按钮✂，删除选定的行。

3．删除列

（1）先把光标移到表格内，单击“表格”→“删除”→“列”命令，删除光标所在的列或选定的列。

（2）选定一列或多列后，单击按钮✂，删除选定的列。

4．删除单元格

选择“表格”→“删除”→“单元格”命令，删除光标所在的单元格。

（五）设置行高与列宽

新建立的表格每行的高度都相同，默认的行高是允许的最小值，可重新设置每行的高度。光标移动到表格内，或选定表格的行，或选定单元格，单击“表格”→“表格属性”命令，在“行”选项卡中的“指定高度”数值框内输入或调整一个值，行高设置为相应的值。在“列”选项卡中的“指定宽度”数值框内输入或调整一个值，列宽设置为相应的值。

（六）合并及拆分

合并单元格就是把多个单元格合并成一个单元格。拆分单元格是将一个或多个单元格拆分成多个单元格。具体操作方法如下。

1．合并单元格

选定若干个单元格，单击按钮▭，或单击“表格”→“合并单元格”命令，系统将会把选定的单元格合并为一个单元格。

2．拆分单元格

选定要拆分的单元格，单击按钮▦，或单击“表格”→“拆分单元格”命令，在出现的“拆分单元格”对话框中，输入所需的行数和列数，单击“确定”按钮即可。

（七）单元格对齐方式

表格创建后，将光标定位到单元格中，就可以在该单元格中输入文本。单击某个单元格，光标就会自动移到该单元格中。

当光标位于表格最后一个单元格时，按 Tab 键会增加一新行。

在单元格中可直接输入文本，如果文本有多段，按回车键结束一段。如果文本超过单元格的宽度，系统会自动调整单元格的高度。

表格中数据格式的设置与字符和段落格式的设置相同，这里不再重复。与字符和段落格式设置不同的是，单元格内的数据不仅有水平对齐，而且有垂直对齐。

选定表格或单元格，单击按钮▭·右侧的向下箭头，或在表格内右击鼠标，在弹出的快捷菜单中选择“单元格对齐方式”命令，出现“单元格对齐方式按钮”列表。单击“单元格对齐按钮”列表中的一个按钮，就可以将选定的表格或单元格设置成相应的对齐方式。

（八）表格数据计算

1．插入公式

在 Word 2003 中可以输入数据、公式等，同时为用户提供了表格中数据处理的功能，这一功能，增加了用户文字处理和数据管理的方便性。

在单元格中输入公式时，要引用其他单元格。表格中每个单元格都有一个坐标，列用 A、B、C、……表示，行用 1、2、3、……表示。例如，B 列 2 行表示为 B2。

公式中常用的数学运算符有＋（加）、－（减）、*（乘）、/（除）、^（乘方），公式中常用的函数有：求和函数 SUM（ ）、求平均值函数 AVERAGE（ ）、求最大值函数 MAX（ ）、求最小值函数 MIN（ ）等。

在公式中要引用单元格，可用“，”分隔独立的单元格，用“：”分隔某设定范围中的第一个和最后一个单元格。例如：

SUM（A2，B2，C2）=SUM（A2：C2）=A2+B2+C2

表 3-4　在公式中引用单元格

A	B	C	D	
10	15	25	=Sum（A2：C2）	←总和
5	7	2	=Max（A3：C3）	←最大值
8	3	7	=Max（A4：C4）	←最小值
2	9	4	=Average（A5：C5）	←平均值

其操作见表3-4，在表中，将光标移到D2单元格，选择“表格”→“公式”命令，出现如图3-48所示的“公式”对话框。在“公式”文本框中填入“=SUM（A2：C2）”，然后单击“确定”按钮，即D2单元格中的数据就是A2至C2的总和（该数据的默认底色为灰色）。

注意：填入“=A2+B2+C2”或“=SUM（A2，B2，C2）”与填入“=SUM（A2：C2）”的结果是相同的。

在“公式”对话框中，可进行以下操作。

（1）在“公式”文本框中输入计算公式，公式必须以“=”开始，并且所有的符号都必须是半角符号（因为全角符号相当于汉字）。

（2）如果需要设定数字格式，可从“数字格式”下拉列表框中选择一种。

（3）如果需要使用函数，可从“粘贴函数”下拉列表框中选择所需要的函数。

2．更新结果

在含有公式的表格中，如果修改了单元格中的数据，计算结果并不随着改变。因此，在修改数据后，需要对计算结果进行更新。

将光标移动到要更新结果的单元格上（光标应落在数字前或中间），单击鼠标右键，会弹出如图3-49所示的快捷菜单，选择“更新域（U）”命令即可将结果更新。

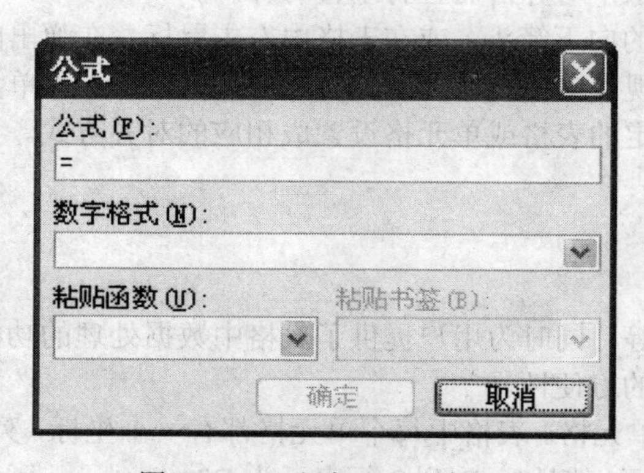

图3-48 “公式”对话框

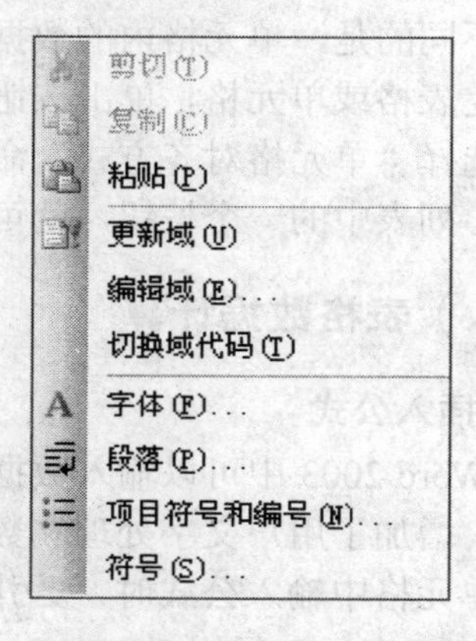

图3-49 快捷菜单

3．数据排序

Word 2003可以迅速重新排列表格中各行或各列的内容，对汉字可按拼音或笔画排序，对数值可按其大小排序。既可以用工具按钮排序，也可以用菜单命令排序。以下是一个以“成绩”排序的示例。

排序前

姓　名	成　绩
张三	23
李四	43
王五	21
孙六	26

（按成绩）排序后

姓　名	成　绩
王五	21
张三	23
孙六	26
李四	43

（1）用菜单命令排序　将光标移动到表格中（如以上示例的排序前表格），单击“表格”→“排序”命令，出现如图 3-50 所示的“排序”对话框。

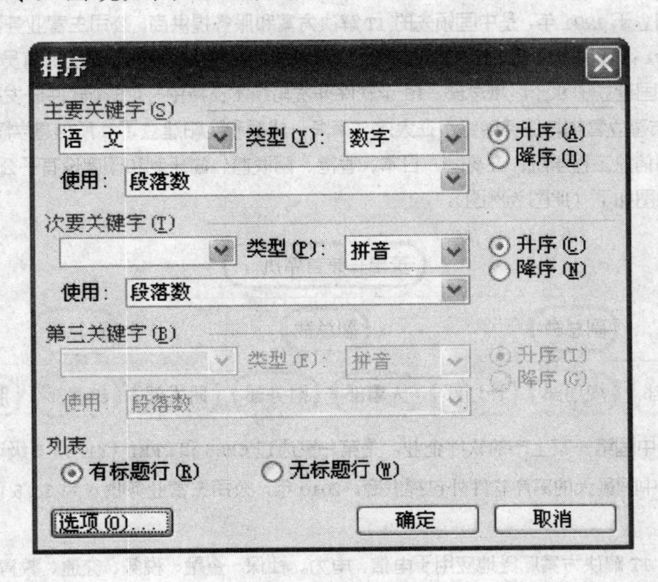

图 3-50　“排序”对话框

在“排序”对话框中，可进行以下操作（以上例为例）。

1）在“排序依据”下拉列表框中，将“姓名”改为“成绩”。

2）选择“递增”按钮。

3）在“列表”栏中选择“有标题行”单选按钮。

4）单击“确定”按钮完成排序。

（2）用工具按钮排序　将光标移动到表格中，单击“表格和边框”工具栏中的按钮，按当前列（除标题行外）从小到大的顺序进行排序，表格中各列都将随着该列排序的改变而改变。

将光标移动到表格中，单击“表格和边框”工具栏中的按钮，按当前列（除标题行外）从大到小的顺序进行排序，表格中各列都将随着该列排序的改变而改变。

任务五　制作公司简介

一、任务与目的

（一）任务

本任务要求使用 Word 2003 制作如图 3-51 所示的公司简介，并保存在“我的文档”文件夹的“公司简介. doc”文件中。

某集团有限公司简介

集团创立于 1991 年，是中国领先的 IT 解决方案和服务提供商。公司主营业务覆盖软件产品与平台、行业解决方案、产品工程解决方案和服务四个领域。目前，集团拥有员工 13000 余名，在中国建立了 8 个区域总部、16 个软件开发与技术支持中心，5 个软件研发基地，在 40 多个城市建立营销与服务网络，在大连、南海、成都和沈阳建立了 3 所信息学院和 1 所生物医学与信息工程学院；在美国、日本、香港、阿联酋、匈牙利和印度设有子公司。 公司组织结构图如下（此图为例图）：

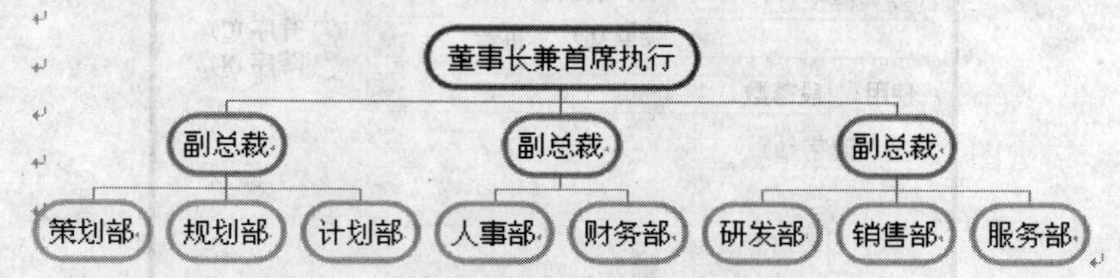

集团是中国第一家上市的软件企业，是第一家通过 CMM5 和 CMMI（V1.2）5 级认证的软件企业，是中国最大的离岸软件外包提供商。2010 年，公司主营业务收入为 33.5 亿元人民币。

集团的 IT 解决方案广泛地应用于电信、电力、社保、金融、税务、交通、教育、医疗、制造业以及电子政务等几十个重点行业和领域，在中国市场，拥有客户达 15000 家，其中在社保行业占有 50%以上的市场份额，在电信行业占有 30%的市场份额，在电力行业占有 10%的市场份额，在网络安全领域拥有 15%以上的市场份额。在离岸软件外包方面，集团已经与日本、美国、芬兰、荷兰、德国等国家的跨国企业建立战略合作伙伴关系，拥有 50 多家国际软件外包客户。

2007 年，集团被美国国际外包专业委员会（IAOP）评为全球 25 家最优秀的外包提供商之一。

集团致力于成为最受社会、客户、投资者和员工尊敬的公司，并通过过程与方法的不断改进，领导力与员工竞争力的发展，持续和开放的创新，使公司成为全球优秀的 IT 解决方案和服务提供者。

图 3-51　公司简介文档

（二）目的

（1）掌握 Word 2003 文档结构图、图形、艺术字，以及阴影等功能的操作。
（2）掌握文字、艺术字和文本框的设置。
（3）掌握阴影、字体、字形、线条、符号等组件在文档中的合理使用。

二、操作步骤

（一）创建文档，输入文本

设置文本格式：标题为隶书，小一号、居中显示，正文为宋体、五号，默认为两端对齐。

（二）创建组织结构图

（1）在 Word 中单击“插入”→“图片”→“组织结构图”命令，自动生成组织结构图，并显示“组织结构图”工具栏。

（2）在自动生成的组织结构图中添加文本，单击选定的组织结构图，通过“格式”工具栏将文本字号设置为“五号”，拖曳其尺寸控制点调整组织结构图的大小，调整后如图 3-52 所示。

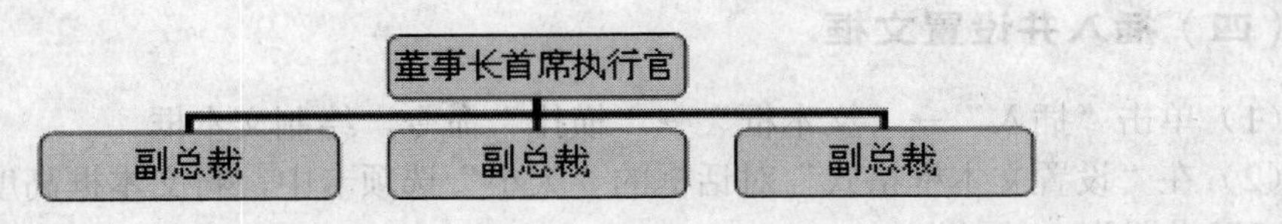

图 3-52　输入文本后的效果

（3）添加分支布局。单击选定左侧的“副总裁”方框，通过单击“组织结构图”工具栏中的按钮［插入形状(N)］，选择“下属”选项，为其添加两个分支，如图 3-53 所示。在方框中分别添加文字“策划部”、“计划部”。

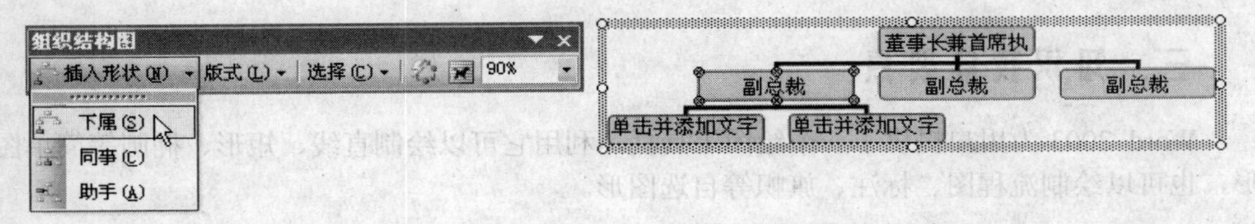

图 3-53　添加分支

（4）同理，将其他分支依次建立。得到一个完整的组织结构图。

（三）插入图形、绘制图形

（1）插入图片。单击“插入”菜单，单击“图片”→“来自文件”命令，将指定图片插入到文档中，双击图片，打开“设置图片格式”对话框，在“版式”选项卡中，设置图片的环绕方式为“四周型”。

（2）绘制公司标志图形。单击“视图”→“工具栏”→“绘图”命令，使绘图工具栏显示出来。单击按钮□，拖动鼠标指针画一个矩形框。再画一个矩形框，如图 3-54 所示。

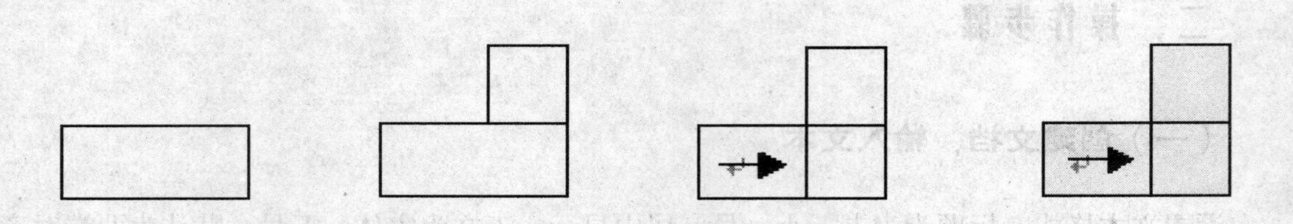

图 3-54　绘制公司标志

（3）单击“绘图”工具栏中的“直线”按钮，在矩形框中绘制相应直线。

（4）右键单击“图形”项，选择“添加文字”命令，单击“插入”→“符号”命令，插入箭头符号。

（5）选定绘制的图形，单击“格式”→“自选图形格式”命令。将“填充”栏下的颜色”设置为浅灰色。

（6）组合图形。按住 Shift 键，依次单击各图形，全部选择后，单击鼠标右键，在弹出的快捷菜单中选择“组合”命令。

（四）插入并设置文框

（1）单击“插入”→“文本框”→“横排”命令，绘制文本框。

（2）在“设置文本框格式”对话框的“大小”选项卡中，将文本框高度设置为 2～5 厘米，宽度设置为 15 厘米。

（3）在“设置文本框格式”对话框的“颜色和线条”选项卡中，将颜色设置为“填充效果”中的黑色渐变色。

（4）在文本框内输入文本，文本格式设置为宋体，五号，加粗，倾斜。

（5）将绘制的公司标记移动到文本框中。

三、知识技能要点

Word 2003 为用户提供了一个绘图工具栏，利用它可以绘制直线、矩形、椭圆等简单图形，也可以绘制流程图、标注、旗帜等自选图形。

（一）绘制简单图形

绘制图形的操作大都通过“绘图”工具栏来完成。绘图工具栏通常在 Word 2003 窗口的底部，如果绘图工具栏没有出现，单击按钮，或选择“视图”→“工具栏”→“绘图”命令使其出现，如图 3-55 所示。

图 3-55 “绘图”工具栏

绘制简单图形的常用操作如下。

（1）单击按钮、、、，鼠标指针变成十字形，准备绘制相应图形。

（2）鼠标指针变成十字形后，在开始绘图处按下鼠标左键并拖动，当到达合适的位置时松开鼠标，就绘出了相应的图形。

（3）按住 Alt 键拖动鼠标，以小步长移动鼠标。

（4）按住 Ctrl 键拖动鼠标，以起点为中心绘制图形。

（5）绘制矩形或椭圆时，按住 Shift 键拖动鼠标，绘制出的图形是正方形和圆。

（二）编辑图形

图形编辑包括：选定图形、移动图形、缩放图形、复制图形、删除图形、改变图形形态和图形组合等。

1．选定图形

通常情况下，对图形的操作需要先选定图形。选定图形分选定单个图形和选定多个图形两种。

（1）选定单个图形　移动鼠标到图形上，单击即选定该图形。图形选定后，会出现顶点，自选图形还会出现控制点。

（2）选定多个图形方法　单击绘图工具栏中的按钮，在文档中拖拉鼠标，屏幕上会出现一个虚线矩形框，框内的图形被选定，并且每个图形都出现顶点和控制点（如果是自选图形）；选定一个图形之后，按住 Shift 键，再单击第二个图形、第三个图形……可以选定多个图形。

2．组合图形

组合图形就是把多个图形组合成一个图形。选定多个图形，单击绘图工具栏上的“绘图”按钮，在弹出的菜单中选择“组合”命令，这些图形就被组合成了一个图形。

如果要取消组合，可先选定已被组合的图形，然后单击绘图工具栏上的“绘图”按钮，在弹出的菜单中选择“取消组合”命令，即该图形就被取消了组合。

（三）设置叠放次序

如果有多个图形重叠，则需要设置它们的叠放次序。选定图形后，单击“绘图”→“叠放次序”命令，弹出如图 3-56 所示的子菜单。在子菜单中可选择一种叠放次序。

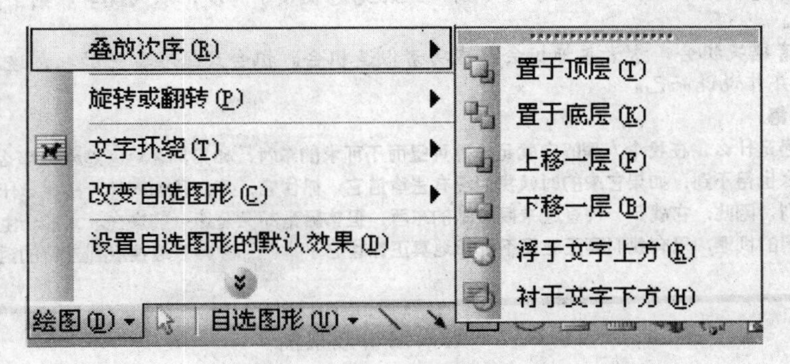

图 3-56　设置叠放次序命令

习 题 三

1．按以下操作要求排版，如图 3-57 所示的版报《生命无草稿》㊀。

（1）用“艺术字”创建文本标题，字体、字形样式参照图例。

（2）正文部分分别设置为楷体_GB2312，小四号；宋体，五号。

（3）按图样给文档分别加上段落边框。

（4）将指定图片插入文本当中，版式为“衬于文字下方”。

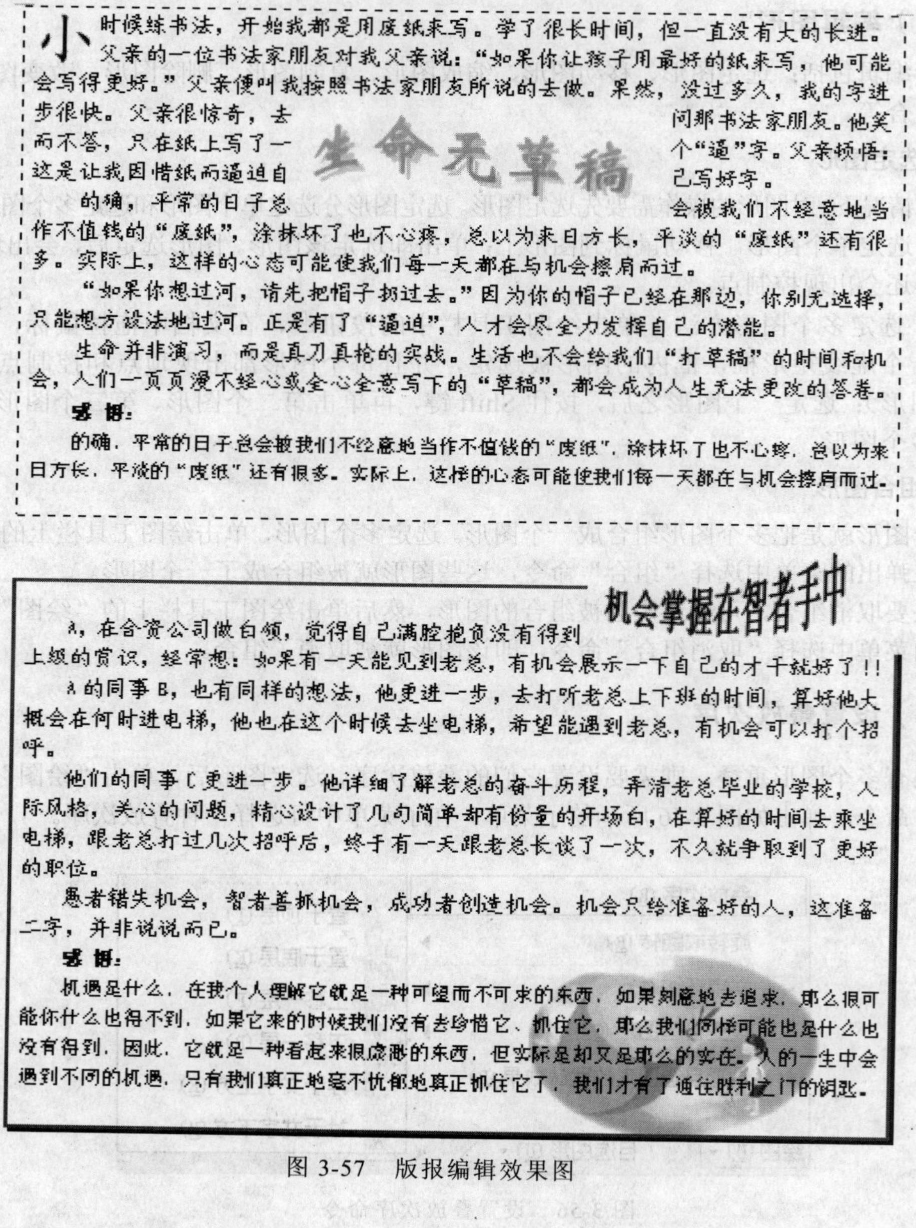

生命无草稿

小时候练书法，开始我都是用废纸来写。学了很长时间，但一直没有大的长进。

父亲的一位书法家朋友对我父亲说：“如果你让孩子用最好的纸来写，他可能会写得更好。”父亲便叫我按照书法家朋友所说的去做。果然，没过多久，我的字进步很快。父亲很惊奇，去问那书法家朋友。他笑而不答，只在纸上写了一个“逼”字。父亲顿悟：这是让我因惜纸而逼迫自己写好字。

的确，平常的日子总会被我们不经意地当作不值钱的“废纸”，涂抹坏了也不心疼，总以为来日方长，平淡的“废纸”还有很多。实际上，这样的心态可能使我们每一天都在与机会擦肩而过。

“如果你想过河，请先把帽子扔过去。”因为你的帽子已经在那边，你别无选择，只能想方设法地过河。正是有了“逼迫”，人才会尽全力发挥自己的潜能。

生命并非演习，而是真刀真枪的实战。生活也不会给我们“打草稿”的时间和机会，人们一页页漫不经心或全心全意写下的“草稿”，都会成为人生无法更改的答卷。

感悟：

的确，平常的日子总会被我们不经意地当作不值钱的“废纸”，涂抹坏了也不心疼，总以为来日方长，平淡的“废纸”还有很多。实际上，这样的心态可能使我们每一天都在与机会擦肩而过。

机会掌握在智者手中

A，在合资公司做白领，觉得自己满腔抱负没有得到上级的赏识，经常想：如果有一天能见到老总，有机会展示一下自己的才干就好了！！

A 的同事 B，也有同样的想法，他更进一步，去打听老总上下班的时间，算好他大概会在何时进电梯，他也在这个时候去坐电梯，希望能遇到老总，有机会可以打个招呼。

他们的同事 C 更进一步。他详细了解老总的奋斗历程，弄清老总毕业的学校，人际风格，关心的问题，精心设计了几句简单却有份量的开场白，在算好的时间去乘坐电梯，跟老总打过几次招呼后，终于有一天跟老总长谈了一次，不久就争取到了更好的职位。

愚者错失机会，智者善抓机会，成功者创造机会。机会只给准备好的人，这准备二字，并非说说而已。

感悟：

机遇是什么，在我个人理解它就是一种可望而不可求的东西，如果刻意地去追求，那么很可能你什么也得不到，如果它来的时候我们没有去珍惜它、抓住它，那么我们同样可能也是什么也没有得到，因此，它就是一种看起来很虚渺的东西，但实际是却又是那么的实在。人的一生中会遇到不同的机遇，只有我们真正地毫不犹豫地真正抓住它了，我们才有了通往胜利之门的钥匙。

图 3-57　版报编辑效果图

㊀《少年文摘》2005 年第 4 期 。

2．按以下操作要求制作如图 3-58 所示的购销合同。

（1）标题格式：黑体，二号，加粗显示。

（2）按图例绘制表格，行高为 1 厘米，1～2 列列宽为 4 厘米，3～7 列为 1.5 厘米。

（3）正文格式：宋体，小四号，行距为固定值 20 磅，段后间距为 0.5 行。

生物科技有限公司购销合同

合同签订日期：______年______月______日

一、产品名称，规格，数量，金额等

产品名称	产品型号	单位	单价	数量	合计	备注
移动医疗制氧机						
注：						
大写：						

二、质量标准：供方对质量负责的条件和期限：如因产品本身质量问题，供方在一周给予调换，如是人为损坏，供方可回收维修，但需方应承担因此而产生的相关费用，产品保修期为需方购机之日起壹年以内。

三、运输以及费用：________________。

四、结算方式：现金结算，款到发货。

五、包装标准：按照企业标准，可完全保障机器安全运输。

六、技术培训：供方可免费提供需方所需的机器相关的操作培训以及安装等。

七、保守秘密：有关合同内的规定事项，供需双方都不得擅自泄露给他人，有、否则因此而造成的损失由违约方负责。

八、本合同一式两份。双方各执一份，经双方签字盖章后具同等法律效用。

供方：生物科技有限公司　　需方：

地址：普陀区长寿路　　地址：

电话：021—699999999　　电话：

法定代表人签字：　　**法定代表人签字：**

图 3-58　购销合同效果图

3．学术论文排版。自找一篇论文素材，按以下操作要求对论文进行排版。

（1）论文封面格式：“×××××论文”为华文新魏，初号。论文标题为楷体，小一号，其他段落为宋体，二号。如图 3-59 所示。

电子商务专业毕业论文

论文题目 电子商务对物流企业的影响

姓　　名________
指导教师________
学　　号________
班　　级________
完成日期________

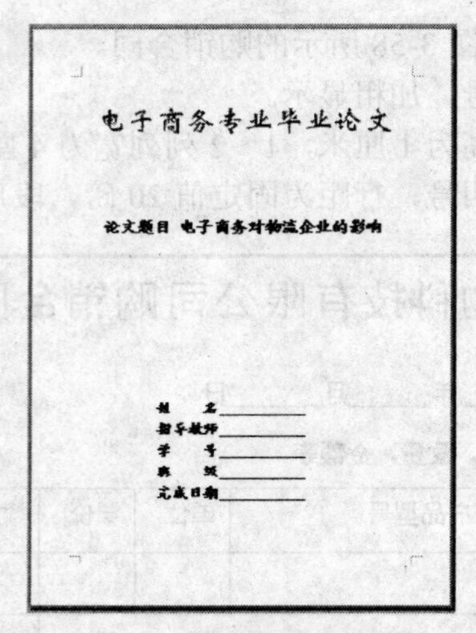

图 3-59　论文“封面”效果图

（2）正文部分格式：采用“样式和格式”命令设置一级标题与二级标题样式。效果如图 3-60 所示。

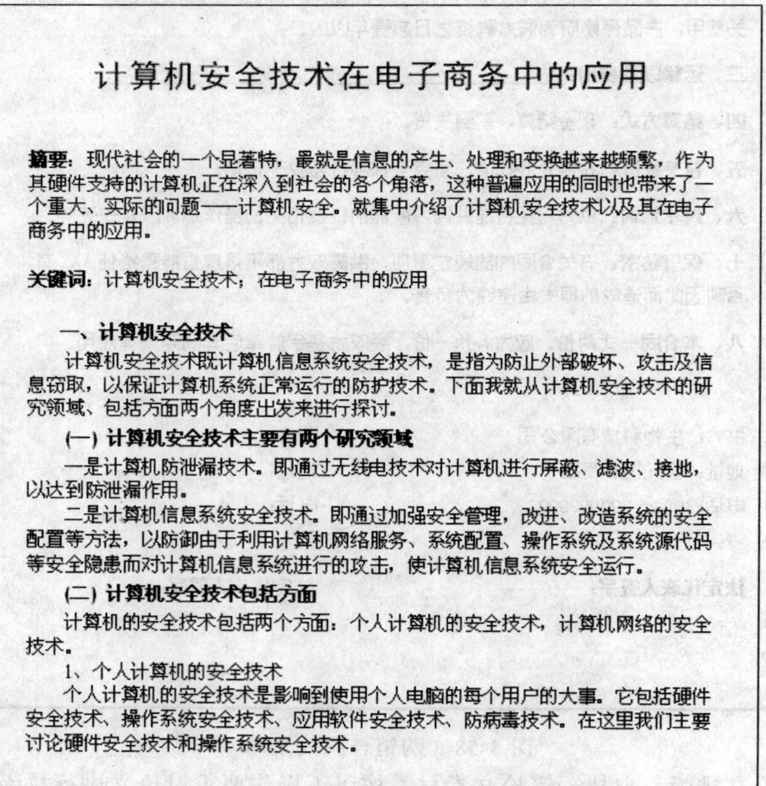

计算机安全技术在电子商务中的应用

摘要：现代社会的一个显著特，最就是信息的产生、处理和变换越来越频繁，作为其硬件支持的计算机正在深入到社会的各个角落，这种普遍应用的同时也带来了一个重大、实际的问题——计算机安全。就集中介绍了计算机安全技术以及其在电子商务中的应用。

关键词：计算机安全技术；在电子商务中的应用

一、计算机安全技术

计算机安全技术既计算机信息系统安全技术，是指为防止外部破坏、攻击及信息窃取，以保证计算机系统正常运行的防护技术。下面我就从计算机安全技术的研究领域、包括方面两个角度出发来进行探讨。

(一) 计算机安全技术主要有两个研究领域

一是计算机防泄漏技术。即通过无线电技术对计算机进行屏蔽、滤波、接地，以达到防泄漏作用。

二是计算机信息系统安全技术。即通过加强安全管理，改进、改造系统的安全配置等方法，以防御由于利用计算机网络服务、系统配置、操作系统及系统源代码等安全隐患而对计算机信息系统进行的攻击，使计算机信息系统安全运行。

(二) 计算机安全技术包括方面

计算机的安全技术包括两个方面：个人计算机的安全技术，计算机网络的安全技术。

1、个人计算机的安全技术

个人计算机的安全技术是影响到使用个人电脑的每个用户的大事。它包括硬件安全技术、操作系统安全技术、应用软件安全技术、防病毒技术。在这里我们主要讨论硬件安全技术和操作系统安全技术。

图 3-60　“正文”效果图

（3）通过“索引与目录”命令自动生成论文目录，效果如图 3-61 所示。

目　录

图 3-61 “目录”效果图

单元四 电子表格软件EXCEL 2003的使用

在日常工作中，经常会遇到大量的数据需要统计和处理，电子表格软件 Excel 就是专门针对这些问题的实用工具。使用 Excel，用户可以对一堆杂乱无序的数据进行组织、分析，最后以美观的图表形式展示出来，使用户对数据的管理井井有条，快捷方便，而且把数据图表化，增强了数据的表达能力，丰富了数据的表现形式，有利于商务、科学、工程等到方面的交流。到目前为止，Excel 已经广泛用于财务、统计及数据分析领域，为用户带来了极大的方便。本章将通过几个实例，从基本概念、建立和编辑工作簿（工作表）、格式化工作表、数据图表、数据的分析管理及报表的打印等方面由浅入深地介绍 Excel 2003 的使用与操作。

任务一 制作学生成绩表

一、任务与目的

（一）任务

启动 Excel 2003，建立一个新的工作簿，在这个工作簿中输入如图 4-1 所示的数据，最后将工作簿以文件名“学生成绩表.xls”保存。

计算机一班第一学期成绩表

学号	姓名	英语	数学	计算机基础	动画设计	图像处理	平均分
200801001	郭斌	87	87	86	86	88	
200801002	赵为	86	78	68	78	90	
200801003	刘小芬	78	95	88	68	85	
200801004	胡海燕	68	84	90	81	84	
200801005	刘华	69	62	82	92	65	
200801006	冯小安	90	54	79	82	78	
200801007	朱青	79	78	76	71	86	
200801008	林全	68	69	90	76	85	
200801009	王雪芳	92	81	85	78	90	
200801010	何林	78	80	70	84	89	
200801011	宋朝	86	70	89	85	84	

图 4-1 “学生成绩表”

（二）目的

（1）熟练掌握 Excel 2003 的启动和退出。
（2）熟练掌握工作表的数据类型及输入。
（3）掌握 Excel 的自动填充的用法。
（4）掌握 Excel 工作簿的创建和保存方法。
（5）掌握单元格、单元格区域数据的对齐操作。

二、操作步骤

（一）启动 Excel 2003

在任务栏中单击“开始”→“程序”→Microsoft Office→Excel 2003 选项，即可启动 Excel 2003 的工作界面，如图 4-2 所示。

（二）新建工作簿

单击“文件”→“新建”命令，打开“新建工作簿”任务窗格，在任务窗格中单击“空白工作簿”即可，或者单击“常用”工具栏上的“新建”按钮。

（三）输入数据

在 A1 单元格中输入表标题“学期成绩表”，按 Enter 键或单击按钮确定输入。如果输入错误，则可以按 Esc 键或者单击“取消”按钮取消输入。在 A2 至 G2 单元格依次输入其他各列标题，如图 4-1 所示。在 A3 单元格中先输入半角的单引号“'”，再输入“200801001”，然后将鼠标光标置于 A3 单元格的右下角，出现了填充柄（即黑色十字光标），拖动填充柄到 A13，即在 A3 至 A13 区域自动输入了“100801001”至“200801011”的数据。其他无规律的数据直接输入。

（四）合并单元格

选定 A1:H1 区域，然后单击工具栏上的“合并及居中”按钮即可将 A1:H1 合并成一个单元格，让表格的标题在整个表格的中间。

（五）选定 A2:H13 区域，单击“常用”工具栏中的居中按钮，使数据居中对齐。

（六）保存工作簿文档并退出 Excel（操作方法同于 Word 文件的保存）。

三、知识技能要点

（一）启动 Excel 2003

1．通过“开始”菜单启动

这是最基本的启动方式，单击“开始”→“程序”→Office 2003→Microsoft Excel 命令，如图 4-2 所示。

2．通过桌面快捷方式启动

这是比较快捷的启动方式，在桌面上双击 Microsoft Excel 的快捷方式图标，即可启动 Excel 应用程序。

（二）新建工作簿

方法一：启动 Excel 2003 后系统会自动产生一个名为 book1 的默认工作簿。
方法二：单击“文件”→“新建”命令，在窗口右边任务窗格中单击“空白工作簿”。
方法三：单击常用工具栏中的“新建”按钮。

（三）认识 Excel 界面

要熟练操作 Excel，就必须对 Excel 的工作界面有充分的了解。在启动 Excel 2003 后，将出现图如 4-2 所示的 Excel 2003 的工作窗口，窗口中很多元素与其他 Windows 程序的窗口元素相似。下面就是 Excel 工作界面的各组成元素。

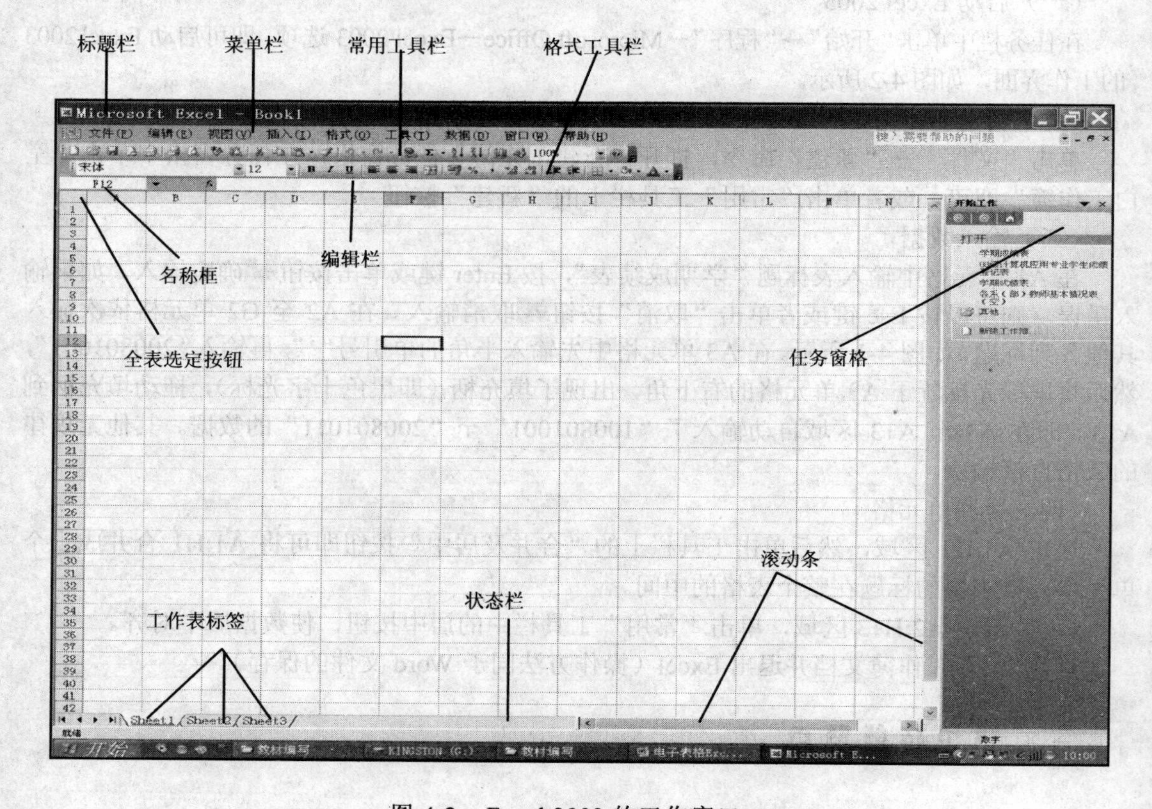

图 4-2　Excel 2003 的工作窗口

（1）标题栏　位于窗口的最上方，用于显示当前应用程序的名称和当前文档的名称。
（2）菜单栏　位于标题栏的下方，菜单栏中的菜单项就是相关命令的集合。
（3）常用工具栏　包括一些常用的操作功能，如“新建”、“打开”、“保存”等按钮。
（4）格式工具栏　包括一些常用的格式功能按钮，如“字体”、“字号”等。
（5）名称框　显示活动单元格的地址。
（6）编辑栏　显示活动单元格的内容。
（7）状态栏　位于程序窗口的下边，显示当前窗口所处的状态。
（8）滚动条　包括水平滚动条和垂直滚动条及 4 个滚动箭头，用于显示工作表的不同区域。

(9) 全表选定按钮　用于选定当前工作表的所有单元格。

(10) 工作表标签　显示打开的工作簿中的工作表名称。Excel 中一个工作簿默认的有 3 个工作表，分别用 Sheet1、Sheet2、Sheet3 表示。一个工作簿最多有 255 个工作表。用户可以根据需要添加或删除工作表。

(11) 任务窗格　用于打开文件、从剪贴板上粘贴数据、创建空白工作簿及根据现有文件创建 Excel 工作簿。

（四）Excel 的基本概念

(1) 工作簿　工作簿是指在 Excel 中用来保存并处理工作数据的文件，其扩展名是“.xls”。

(2) 工作表　工作簿中的每一张表都称为工作表，每张工作表最多由 65536 行和 256 列构成的一个表格。

(3) 单元格　工作表中的每个格子称为单元格，单元格是工作表的最小单位，也是 Excel 用于保存数据的最小单位。工作表中由黑色加的粗边框包围的单元格是当前单元格，又称活动单元格，相当于 Word 中的插入点，输入的内容就会出现在当前单元格中。

（五）输入数据

1. 一般数据的输入

在 Excel 的单元格中可以输入以下某一种类型的数据：数字、文本和公式。但在输入数据前应先选择单元格使之成为活动单元格。在键入数据时，输入的字符同时在单元格和编辑栏中出现。输入完成时，可以单击编辑栏中的“输入”按钮✓或按 Enter 键结束输入。如果想取消本次输入，可按 Esc 键或单击编辑栏中的按钮✕。

默认情况下，文本类型的数据在单元格中左对齐。在单元格中的数字只要不被系统解释成为数字的，Excel 均视其为文本。例如，在单元格中输入邮政编码、电话号码和学号等，为了不想让系统将它们视为数字，则在输入这些数据前须先输入半角的单引号（'）。

默认情况下，数字在单元格中右对齐。数字项目包含数字 0～9 的一些组合，还可以包含如表 4-1 所示的特殊字符。

表 4-1　特殊字符及其用途

字　符	用　途	例　子
+	表示正值	+4，+12
–或者（）	表示负值	–7，（8）
%	表示百分比	45%
￥	表示货币值	￥145
/	表示分数	5/6
.	表示小数值	45.1
，	分隔项目的位数	15，784
E 或 e	使用科学计数法表示数据	4.52E+05

如果单元格中的数字被“#####”代替，说明单元格的宽度不够，增加单元格的宽度即可。

如果在单元格中输入分数，须先输入零和空格，然后输入分数。

在 Excel 中，日期和时间也被看作数字类型，可以相减以及在计算中使用。如单元格 A1 中有日期 2009-2-1，单元格 B1 中有日期 2008-3-22，若要计算两个日期差，可在单元格 C1 中输入=Text（B1-A1，“yy 年 mm 月 dd 日”），即可在 C1 单元格中显示两个日期差。时间也可以相减，如单元格 A1 中有时间 13:55，单元格中有时间 18:32，在 C1 单元格中计算两个时间差，则在 C1 单元格中输入=Text（B1-A1，“hh 小时 mm 分钟”）。

在 Excel 的单元格中，可以使用数字或者文本与数字的组合表示日期。例如，“2009-2-26”、“2009/2/26”和“2009 年 2 月 26 日”均可表示同一日期。时间输入时小时、分钟与秒之间用冒号分隔。当前日期的输入可以用 Ctrl+; 来完成，当前时间的输入可以用快捷键 Ctrl+Shift+;。

2．特殊数据的输入

在 Excel 中对于一些有规律的数据可以用特殊的填充数据方法。

（1）同时在多个单元格中输入相同的数据　在不连续区域中输入相同的数据，先按住 Ctrl 键选中这些单元格，然后输入内容，输入结束后，按 Ctrl+Enter 键，则这些单元格中显示出所输入的内容都相同。如图 4-3 所示。如果在一个连续区域输入相同的数据（包括整行和整列），则先选择已输入数据的单元格或单元格区域，拖动其区域的填充柄即可。

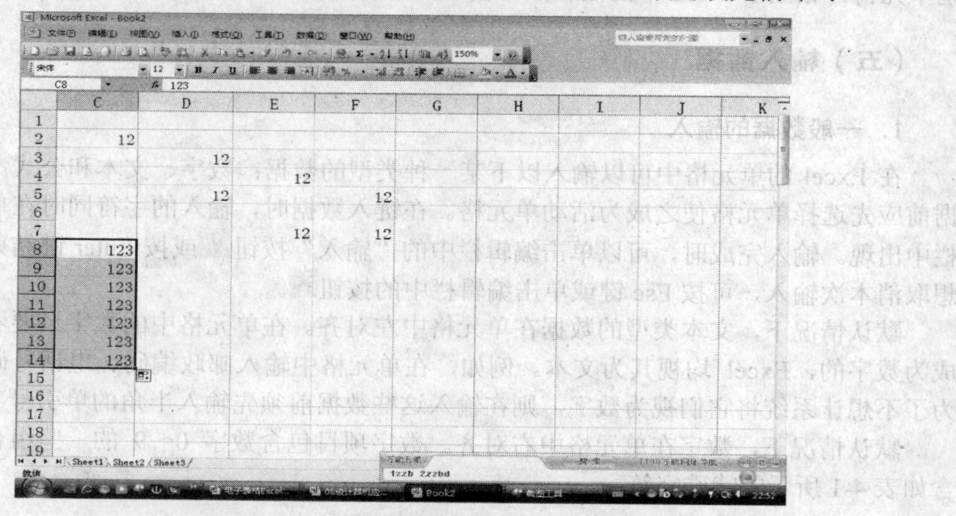

图 4-3　同时在多个单元格中输入相同的数据

（2）自动填充数据　对于纯字符、纯数字的填充，拖动填充柄即相当于复制数据。

字符与文字的混合，拖动填充柄时字符不变，数字递增。如初始值为 A20，拖动填充柄后的变化趋势为 A21，A22，……。

当连续单元格存在着等差关系（如 1，3，5 或 A2，A4，A6）时，先必须输入前两个数据，再拖动它们的填充本柄，此时会自动填充其余的等差值。如图 4-4 所示。

（3）自定义序列　在 Excel 中有一些已设置好的内置序列（如甲、乙、……；星期一、星期二、……），拖动填充柄即在单元区域显示已定义的序列。除了 Excel 内置的一些填充序列外，用户还可以创建自定义序列。即单击“工具”→“选项”命令，在弹出的“选项”对话框中单击“自定义序列”选项卡，在输入序列框中输入待定义的新序列，每键入一个元素，按一次 Enter 键，或者每个序列之间用半角逗号分隔。待整个序列输入完后，单击“添加”按钮。如图 4-5 所示。

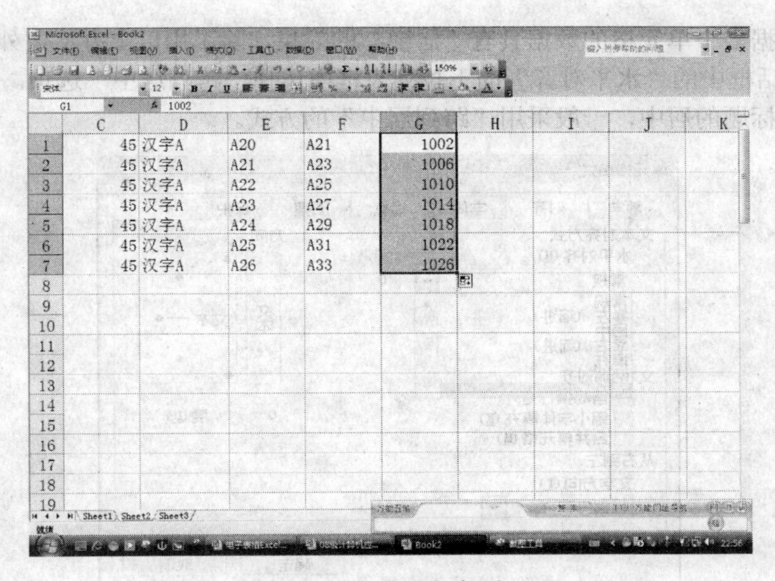

图 4-4　自动填充序列

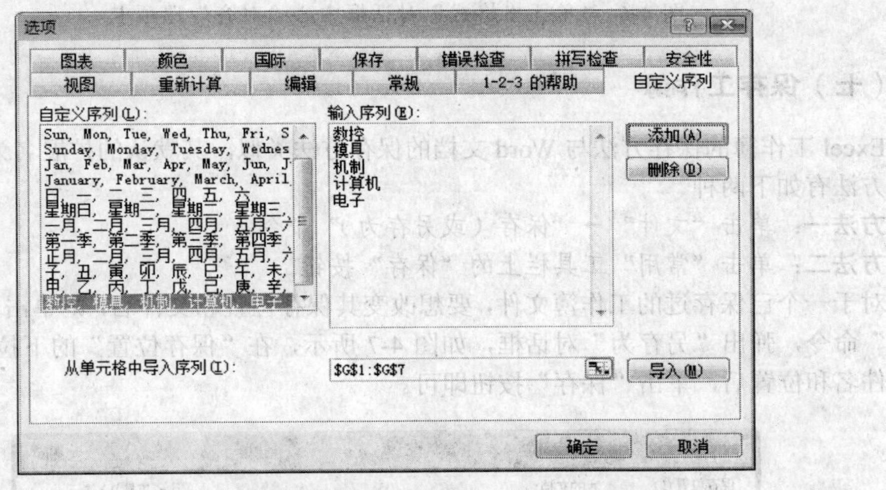

图 4-5　“选项”对话框

（六）合并单元格并把数据居中

在 Excel 中人们习惯把单元格中的数据居中显示。有时还需要先合并单元格，单元格合并并居中的方法有以下两种。

方法一：利用“格式”工具栏。先选中要合并的单元格区域，然后单击格式工具栏中“合并并居中”按钮，系统会将几个单元格合并为一个单元格，并把原数据区域中的内容居中显示在合并后的单元格中。

方法二：利用菜单命令。先选中要合并的单元格区域，单击 “格式”→“单元格”命令，在打开的“单元格格式”对话框中单击“对齐”选项卡，选中“合并单元格”复选框，同时在“水平对齐”和“垂直对齐”下拉列表框中选择“居中”即可。如图 4-6 所示。

要想使占据多个单元格的数据具有“居中”的效果，除了用以上办法之外，另外还可以在如图 4-6 对话框中的“水平对齐”的下拉列表框中选择“跨列居中”选项。

对于表格标题的居中，一般采用“跨列居中”的方式。

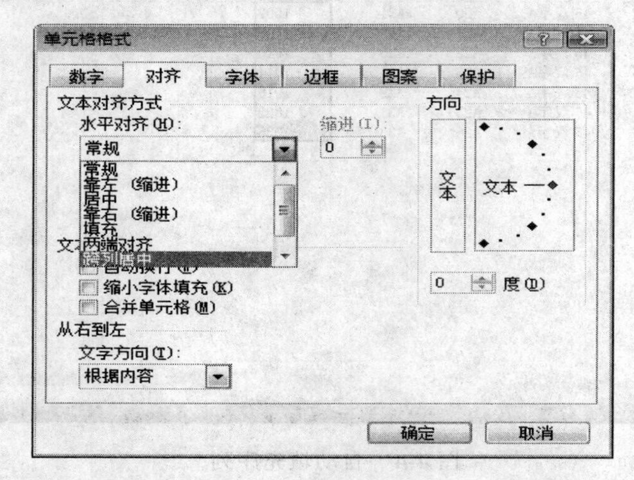

图 4-6 “单元格格式”对话框中心“对齐”选项卡

（七）保存工作簿

Excel 工作簿的保存方法与 Word 文档的保存方法类似，其默认的扩展名为“.xls”。保存方法有如下两种

方法一：单击“文件”→“保存（或另存为）”命令。

方法二：单击“常用”工具栏上的“保存”按钮。

对于一个已保存过的工作簿文件，要想改变其保存位置和文件名，则单击“文件”→“另存为”命令，弹出“另存为”对话框，如图 4-7 所示，在“保存位置”的下拉列表框中更改其文件名和位置后，单击“保存”按钮即可。

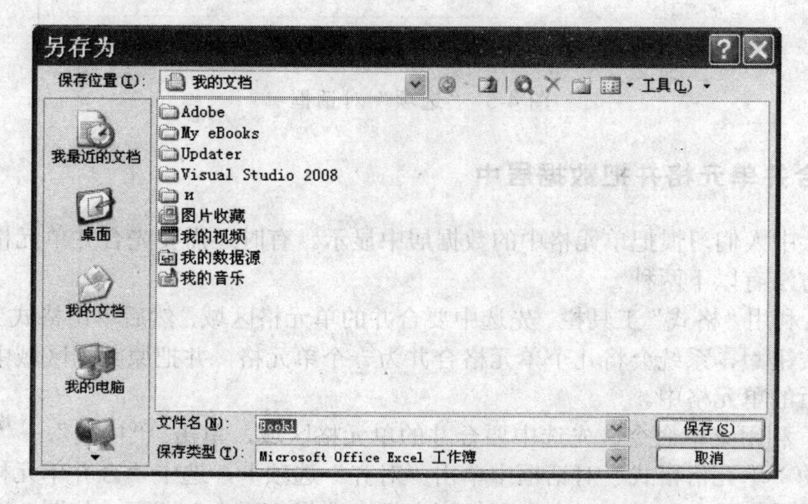

图 4-7 “另存为”对话框

任务二　修改成绩表并统计计算

一、任务与目的

（一）任务

以任务一中的“学期成绩表”为基础，在“平均分”列之前插入“总分”一列，并计算每个学生的总分和平均分，把“平均分”列的数据保留一位小数。根据总分求出每个学生的名次。分别求出男、女生的英语总分，把女生英语总分放入 L4 单元格，男生英语总分放入 L6 单元格。交换“数学”列和“英语”列。然后把工作簿设计成 08 级计算机专业的成绩登记表，其中工作表的名称分别改为“计算机一班”、“计算机二班”、“计算机三班”，再插入“计算机四班”工作表，并用工作组的方式在其余工作表中填充相同内容，完成后的工作簿如图 4-8 所示。

计算机一班第一学期成绩表

学号	姓名	性别	英语	数学	计算机基础	动画设计	图像处理	总分	名次	平均分	英语总分
200801001	郭斌	男	87	87	86	86	88	434	1	86.8	女:
200801002	赵为	女	86	78	68	78	90	400	7	80.0	401
200801003	刘小芬	女	78	95	88	68	85	414	3	82.8	男:
200801004	胡海燕	男	68	84	90	81	84	407	5	81.4	480
200801005	刘华	女	69	62	82	92	65	370	11	74.0	
200801006	冯小安	女	90	54	79	82	78	383	10	76.6	
200801007	朱青	男	79	78	76	71	86	390	8	78.0	
200801008	林全	男	68	69	90	76	85	388	9	79.9	
200801009	王雪芳	男	92	81	85	78	90	426	2	85.2	
200801010	何林	女	78	80	70	84	89	401	6	80.2	
200801011	宋朝	男	86	70	89	85	84	414	3	82.8	

图 4-8 “08 级计算机专业学生成绩登记表”工作簿

（二）目的

（1）掌握工作表中数据的修改、删除、移动和复制方法。
（2）掌握单元格、行和列的插入、删除及合并的方法。
（3）掌握公式与函数的使用，掌握单元格引用及公式复制的方法。
（4）掌握工作表的选取、插入、删除、重命名及工作簿的管理方法。

二、操作步骤

（一）打开工作簿。

打开在任务一中已建立的工作薄文件。

（二）插入工作表

单击工作表标签 Sheet3，单击“插入”→“工作表”命令，即在 Sheet3 的左边插入了一个新工作表 Sheet4。

（三）工作表的重命名

双击每个工作表标签，将工作表标签依次改名为“计算机一班”、“计算机二班”、“计算机三班”和“计算机四班”。

（四）输入数据

因为 4 个工作表的列标题都相同，所以可以采用同时在多个工作表中输入相同数据的方法。即先按住 Ctrl 键，分别单击 4 个工作表标签，使 4 个工作表组成“成组工作表”，再在 A2:H2 区域中输入各列的列标。右击任何一个工作表标签，在快捷菜单中选择“取消成组工作表”命令，即可完成 4 个工作表中的相同列标题的同时输入。再分别完成其他数据的输入。

（五）在“平均分”列左侧插入“总分”列

选中“平均分”列中的一个单元格或整列，单击“插入”→“列”命令，然后在 I2 单元格输入“总分”。

（六）交换“数学”列和“英语”列

选中“数学”列区域 C2:C13，将鼠标指针放在选定区域的右边框，出现了空心箭头，如图 4-9 所示，再按住 Shift 键，拖动鼠标至“英语”列 D2:D13 区域的右边框线上，出现了一条竖向虚线，同时在光标右上角出现了 E2:E13 的提示，如图 4-10 所示，释放鼠标，即可交换这两列。

姓名	数学	英语
郭斌	87	87
赵为	78	86
刘小芬	95	78
胡海燕	84	68
刘华	62	69
冯小安	54	90
朱青	78	79
林全	69	68
王雪芳	81	92
何林	80	78
宋朝	70	86

图 4-9 选中“数学列”状态

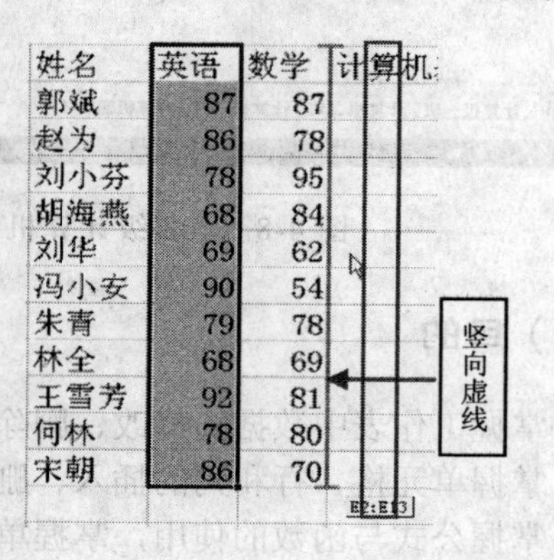

姓名	英语	数学	计算机
郭斌	87	87	
赵为	86	78	
刘小芬	78	95	
胡海燕	68	84	
刘华	69	62	
冯小安	90	54	
朱青	79	78	
林全	68	69	
王雪芳	92	81	
何林	78	80	
宋朝	86	70	

图 4-10 列“交换”状态

（七）计算总分与平均分

（1）求总分　选择 D3:H13 区域，单击“常用”工具栏上的自动求和按钮 Σ，即可求出所有学生的总分。

（2）求平均分　单击 I3 单元格，输入“=Average(C3:G3)”，按 Enter 键，计算出第一个学生的平均分，再把光标移到 I3 单元格的右下角拖动填充柄至 I13，即计算出了所有学生的平均分。选择 I3:I13 区域，单击鼠标右键，在弹出的快捷菜单中单击“设置单元格格式”命令，在打开的“单元格格式”对话框中选择“数字”选项卡，在“分类”栏中选择“数值”，然后将右侧的“小数位数”选为 1，如图 4-11 所示，单击“确定”按钮。

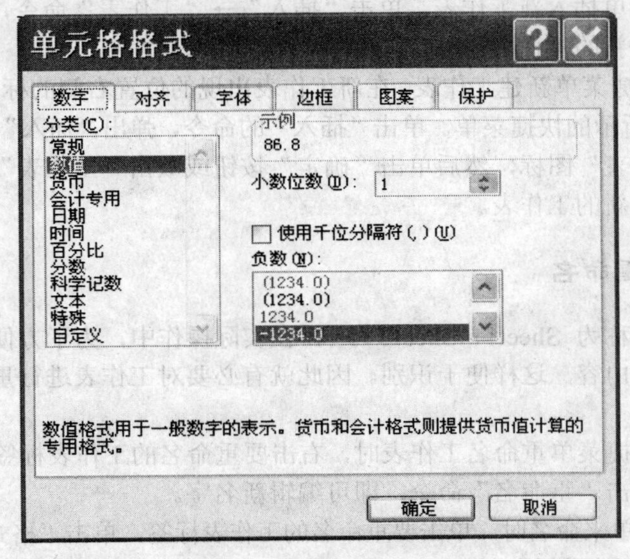

图 4-11　“单元格格式”对话框中的“数字”选项卡

（八）根据总分求出各学生的名次

在“总分”列后插入“名次”列，选定 J3 单元格，单击编辑框中的插入函数按钮，在弹出的“插入函数”对话框的“选择函数”列表框中选择 rank 函数，单击“确定”按钮，在弹出的“函数参数”对话框的 Number 参数框中输入 I3，在 Ref 的参数框中输入$I$3：$I$13，在 Order 参数框中输入 0，单击“确定”按钮。再将 J3 中的公式分别复制到 J4 至 J13 单元格中即可。

（九）求女生的英语总分

在“平均分”列后插入“英语总分”列，在 L3 单元格中输入“女:”，单击 L4 单元格，单击编辑框中的插入函数按钮 fx，在弹出的“插入函数”对话框中的“选择函数”列表框中选择 SUMIF 函数，单击“确定”按钮，在弹出的“函数参数”对话框中的 Range 参数框中输入 C3:C13，在 Criteria 参数框中输入“女”（用半角的单引号），在 Sum__range 参数框中输入 D3：D13，单击“确定”按钮，用同样方法求出男生英语总分。

（十）保存工作簿

三、知识技能要点

（一）插入工作表

在一个工作簿中默认有 3 张工作表，一个工作簿至多能有 255 张工作表。所以也可以在工作簿中插入新的工作表，插入方法有以下两种。

方法一：使用菜单插入新工作表，单击“插入”→“工作表”命令，Excel 就在选定的工作表前添加了一个新的工作表。

方法二：利用快捷菜单新建工作表。在新工作表出现的位置右侧的标签上单击鼠标右键，出现一个如图 4-12 所示的快捷菜单。单击“插入”的命令，弹出“插入”对话框，在“常规”选项卡中单击“工作表”图标，然后单击“确定”按钮或双击“工作表”图标就可在当前工作表右侧插入了一个新的工作表。

（二）工作表重命名

工作表的初始名称为 Sheet1、Sheet2……，在实际操作中，为了方便，工作表的名称最好能反映出工作表的内容，这样便于识别。因此就有必要对工作表进行重命名。重命令的方法主要有以下三种。

方法一：通过快捷菜单重命名工作表时，右击要重命名的工作表标签，即弹出如图 4-12 所示的快捷菜单，单击“重命名”命令，即可编辑新名字。

方法二：使用菜单来命名时，单击要重命名的工作表标签，单击“格式”→“工作表”→“重命名”命令，也可编辑新名字。

方法三：双击要重命名的工作表标签，输入新的工作表名。

（三）工作表的移动和复制

在实际应用中，有时要将工作簿中的某个工作表移动到其他的工作簿中，或者需要将同一工作簿的工作表重新排序，这就需要移动或复制工作表。其方法如下所述

方法一：利用菜单来移动或者复制工作表。先选定要移动或者复制的工作表，右击其工作表标签，弹出了如图 4-12 所示的快捷菜单，在菜单中单击“移动或复制工作表”的命令，或者在选定工作表后，单击“编辑”→“移动或复制工作表”命令，均弹出如图 4-13 所示的对话框，在对话框的“工作簿”的下拉列表中选择用来接收工作表的工作簿，若单击新“工作簿”，即可将选定的工作表移动或复制到新的工作簿中。在如图 4-13 所示对话框中选中“建立副本”复选框即为复制工作表。在对话框的“下列选定工作表之前”的列表框中，可以选定插入移动或复制工作表的位置。最后单击“确定”按钮。

方法二：使用鼠标移动或复制工作表。在同一工作簿中移动工作表只需用鼠标拖曳工作表标签至新位置松，然后开鼠标即可。

在同一工作簿中复制工作表，在拖曳鼠标的同时按住 Ctrl 键即为复制。

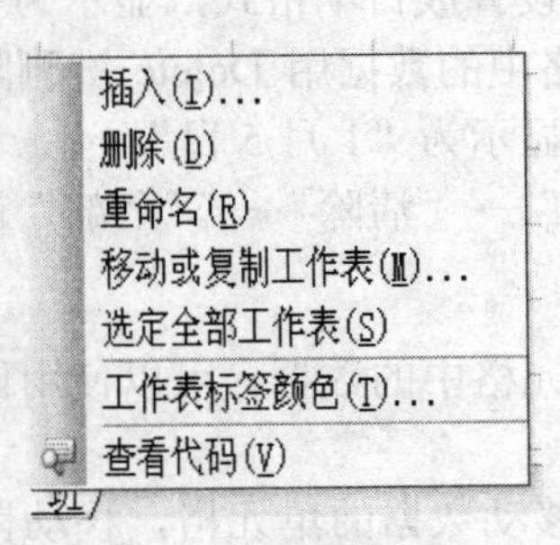

图 4-12　工作表标签快捷菜单

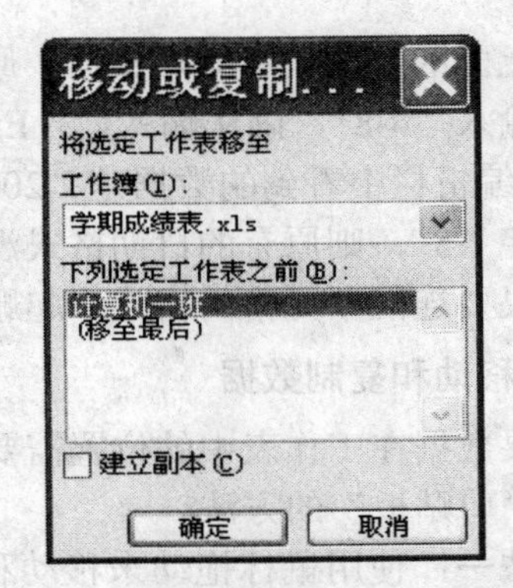

图 4-13　“移动或复制工作表”对话框

（四）工作表的删除

对一些处理错误的工作表，在操作过程中可以将其删除。一般可使用以下方法：

单击要删除的工作表标签，单击“编辑”→“删除工作表”命令，弹出如图 4-14 的对话框，提示 Excel 将会永久删除选定的工作表。在对话框中单击“删除”按钮，将删除工作表，单击“取消”按钮，将取消删除工作表的操作。

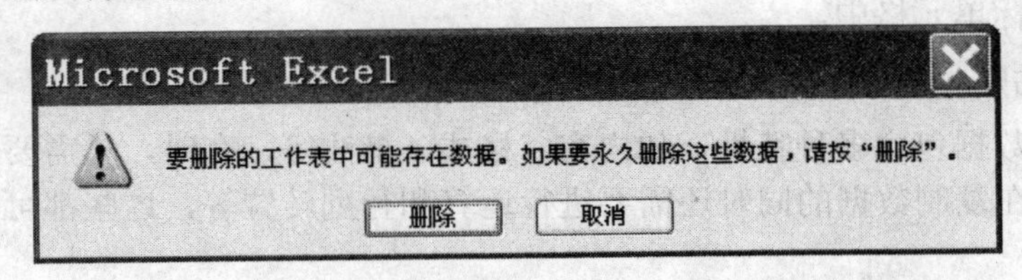

图 4-14　删除工作表对话框

用快捷菜单删除工作表的方法基本相同，就是用鼠标右键单击要删除的工作表标签，在快捷菜单中选择“删除”命令，也会弹出如图 4-14 所示的对话框。

（五）数据的修改、移动和复制

每一个工作表在输入数据的过程中和输入数据以后都免不了对数据进行修改、删除、移动和复制等操作，下面介绍如何对数据进行修改。

1. 修改单元格中的数据

要修改单元格中的数据有两种方法：一种方法是选中该单元格，就可以在数据编辑栏中修改其中的数据；另外一种方法是双击该单元格，然后直接在单元格中进行修改。修改完毕后，按 Enter 键完成修改。若要取消修改，按 Esc 键或单击公式栏中的“取消”按钮即可。

2. 删除单元格中的数据

删除某个单元格或某个区域内的数据，首先要选中它们，然后用下面的方法删除数据。

方法一： 按 Delete 键。

方法二： 单击“编辑”→“清除”→“内容”命令。

方法三： 单击鼠标右键，在弹出的快捷菜单中单击“清除内容”命令。

用上面的方法只能删除数据，原来单元格所具有的格式并不发生变化。例如，在 A5 单元格中输入“4-8”，确认输入后，Excel 2003 自动将数据设置成日期格式，显示为“4 月 8 日”，在编辑栏中看到的数据是“2005-4-8”。将 A5 单元格中的数据用 Delete 键删除后，再输入数字“5”，则原有的日期格式没有发生变化，所以会显示为“1 月 5 日”。

如果要连同单元格的格式一起删除，则要单击“编辑”→“清除”→“全部”命令。

3．移动和复制数据

如果数据在工作表中的位置需要调整时，就要移动单元格中的数据，可以使用鼠标拖动和使用“剪贴板”的方法。

方法一：使用鼠标拖动来移动和复制数据。选定要移动数据的单元格，移动鼠标指针到边框上。当鼠标指针变为带箭头的十字形状时，按住鼠标左键不放并拖动到适当的位置。松开鼠标左键即可。当鼠标指针变为带箭头的十字形状时，同时按下 Ctrl 键和鼠标左键不放并拖动，到达目标位置后松开鼠标左键，再松开 Ctrl 键，则选定的内容被复制到目标位置。

方法二：使用剪贴板来移动和复制数据。选定要移动数据的单元格，单击“常用”工具栏中的“剪切”按钮。选定数据要移动到的目标单元格，单击“编辑”→“粘贴”命令。

在上述操作中如果按下的不是“剪切”按钮，而是“复制”按钮，则会将选中单元格中的数据复制到目标单元格中。

4．选择性粘贴

单元格中的数据包含多种特性，如内容、格式、批注等，有时，只需要复制单元格中的部分特性，有时在复制数据的同时还需要进行运算和行列转置等，这些都可以通过选择性粘贴来实现。

先选定待复制数据的单元格区域，单击“复制”按钮。选定粘贴区域后，单击“编辑”→“选择性粘贴”命令，弹出“选择性粘贴”对话框，如图 4-15 所示，在“粘贴”栏中选择所需要的粘贴方式即可。

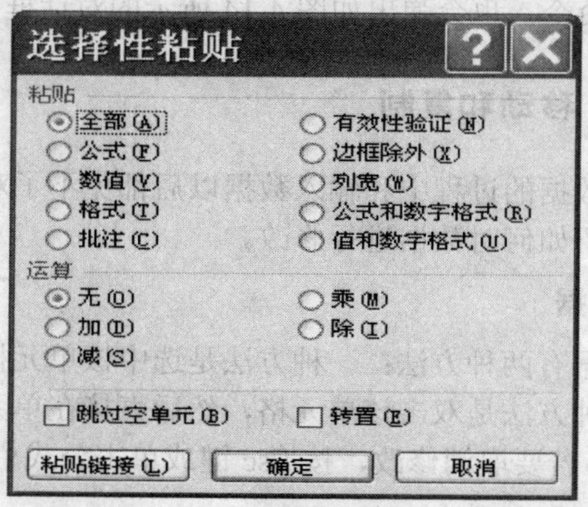

图 4-15 “选择性粘贴”对话框

在这个对话框中的“粘贴”栏中，可以设置粘贴的内容是全部还是只粘贴公式、数值、格式等。

在“运算”栏中如果选择了“加”、“减”、“乘”、“除”几个单选钮中的一个，则复制的单元格中的公式或数值将会与粘贴单元格中的数值进行相应的运算。

若选中“转置”复选框，则可完成对行、列数据的位置转换。例如，可以把工作表的一行数据转换成一列数据。当粘贴数据改变位置时，复制区域顶端行的数据出现在粘贴区域的左列处；左列的数据则出现在粘贴区域的顶端行上。

需要注意的是，“选择性粘贴”命令对使用“剪切”命令定义的选定区域不起作用，而只能将使用“复制”命令定义的数值、格式、公式或附注粘贴到当前选定区域的单元格中。

在选择性粘贴时，粘贴区域可以是一个单元格、单元格区域或不相邻的选定区域。若粘贴区域为一个单一单元格，则“选择性粘贴”将此单元格用作粘贴区域的左上角，并将复制区域其余部分粘贴到此单元格下方和右方。若粘贴区域是一个区域或不相邻的选定区域，则它必须能包含与复制区域有相同尺寸和形状的一个或多个长方形。

（六）插入单元格、行或列

输入数据时有时会把某些单元格、行或者列遗漏，可以根据需要插入单元格、行或者列。

1. 插入单元格

在需要插入单元格处选定与待插入单元格数量相等的单元格区域，单击“插入”→“单元格”命令，弹出如图 4-16 所示“插入”的对话框，在对话框中选择相应的插入方式选项，单击“确定”按钮。

2. 插入行或列

插入一行（列）时，选定行号（列标），单击“插入”→“行（列）”命令，或者右击行号（列标），单击快捷菜单中的“插入”命令，则在所选行之上（列之左）插入了一新行（列）。如果需要插入多行（列），则需要在插入的新行之下（新列之右）选定相邻的若干行（列），而且选定的行数（列数）要相等。再单击“插入”→“行（列）”命令，或者右击选择区域，在快捷菜单中单击“插入”命令，则在选择行之上（列之左）插入了多行（列）。

（七）删除单元格、行或列

1. 删除单元格

选定要删除的单元格或单元格区域，单击“编辑”→“删除”命令，弹出如图 4-17 所示的“删除”对话框，在对话框中选择相应的选项，单击“确定”按钮。

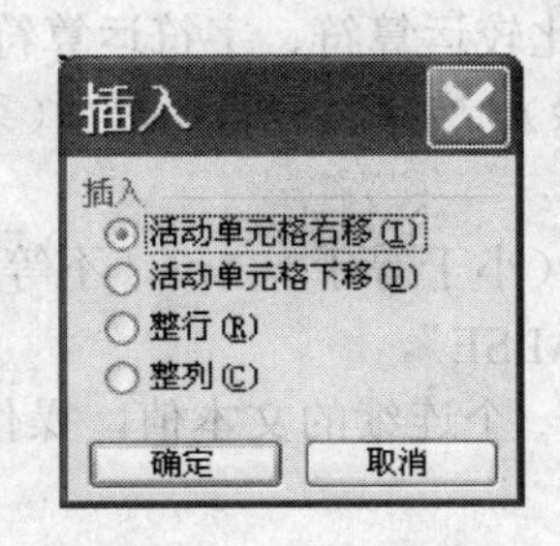

图 4-16　“插入”对话框

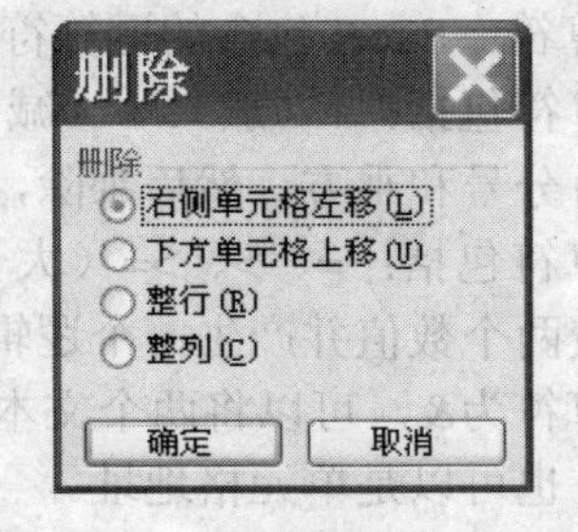

图 4-17　“删除”对话框

2. 删除行或列

删除一行（列），选定行号（列标），单击“编辑”→“删除”；或者右击行号（列标），在弹出的快捷菜单中选择“删除”命令，则可删除行（列）。

删除多行（列），选定要删除的多行（列），单击“编辑”→“删除”命令；或者在选择区域上右击，单击快捷菜单中的“删除”命令，则可删除多行（多列）。

（八）行（列）交换

有时已编辑完成了 Excel 工作表，结果发现应该把 A 列的数据与 B 列的数据互换一下位置。通常是剪切 A 列数据，再在 B 列的后面粘贴剪切的单元格。这个方法固然可行，也很传统，但有比较些麻烦。其实，在 Excel 中可以使用更简单的方法来达到目的。

如果希望把 A 列数据与 B 列数据交换位置，那么可以首先选定 A 列数据区域并按住 Shift 键，将鼠标定位于选定区域的右边框上，当鼠标变为带箭头的十字形时按下左键，向右拖动鼠标至 B 列数据的右边。操作正确的话，可以看到一条垂直方向的虚线，同时会有新区域的提示，如图 4-9、图 4-10 所示，此时松开鼠标及 Shift 键，就可以实现 A 列数据与 B 列数据的交换了。

同理，如果选定 B 列数据，那么就应该拖动左边框向左拖动。

如果在拖动过程中出现的不是垂直方向的长虚线，而是水平方向的虚线条，那么就不是数据交换了，而是要把选定的 A 列单元格区域插入到 B 列虚线下方的单元格区域中。

此外，这种方法不仅仅适用于列与列之间的数据交换，行与行之间的数据交换也同样可以使用此方法。只不过，按下 Shift 键后应该拖动的是选定单元格区域的上边或下边框，待出现水平的长虚线之后松开鼠标和 Shift 键即可。

（九）公式和函数

在数据报表中，计算与统计工作是必不可少的，Excel 在这方面可以体现其强大的功能。当输入正确的公式或函数后，计算结果会立即在单元格中显示；修改了公式与函数或工作表中与公式、函数有关的单元格数据，Excel 会自动更新计算结果，这是手工计算无法比拟的。在 Excel 工作表中，除了进行数学运算，还可以进行逻辑运算和比较运算。

1．公式

Excel 中最常用的公式是数学运算公式，其他还有比较运算和字符连接运算等。公式的特点是以“=”开头，由常量、单元格引用、名称、函数和运算符组成。

（1）运算符　Excel 包含的运算符有数学运算符、比较运算符、字符运算符。

数学运算符包括：+（加）、-（减）、*（乘）、/（除）、%（百分号）和^（乘方）等。计算顺序是先百分号和乘方。然后乘除，最后加减。

比较运算符包括：=、>、>=（大于等于）、<、<=（小于等于）、<>（不等于），比较运算符可以比较两个数值并产生一个逻辑值 TRUE 或“FALSE”。

字符运算符为&，可以将两个文本值连接起来产生一个连续的文本值，操作数可以是带引号的字符，也可以是单元格地址。

（2）公式的输入　公式输入的步骤如下所述：

1）选定要输入公式的单元格。

2）在选定的单元格中或从编辑栏中输入“=”。

3）输入公式时，公式中的运算符可以从键盘上按下相应的键，引用单元格的数据可直接用鼠标在工作表中单击相应的单元格，或在编辑栏中输入其名称。

4）按 Enter 键或单击编辑栏的按钮✓，确认输入的公式。

（3）复制公式　在 Excel 中，可以用处理数据的方法对公式进行移动、复制、删除。公式的复制可以避免大量重复输入公式的工作，公式复制的方法主要有以下两种方法：

方法一：用剪贴板的方法复制。

方法二：自动填充的方法复制，即拖动填充柄，可完成相邻单元格公式复制。任务二中的求平均值就使用了这种方法。在操作过程中可以看到公式复制时随着单元格位置的变化，公式中某些单元格或者单元格区域也发生了相应的变化。

（4）单元格的引用　单元格引用是指在公式复制的过程中，在公式中直接使用其他单元格地址。但在引用过程中，应根据不同的计算要求使用不同的单元格引用。主要引用方式有三种：相对引用、绝对引用和混合引用。

1）相对引用。相对引用是当公式在复制时会根据移动的位置自动调节公式中引用的单元格地址。在图 4-8 中，I3 单元格中的公式是“=Average(C3:G3)”，复制到 I4 单元格中就会自动调整为“=Average(C4:G4)”，其中 C4 和 G4 为单元格的相对引用。在 Excel 中默认的单元格引用就是相对引用。

2）绝对引用。有些计算需要引用某个固定的单元格，公式复制时，这一单元格地址不随公式位置的变化而变化，即绝对引用。

3）混合引用。有时公式复制时只需要行或列自动调整，这就是混合引用。混合引用是指单元格地址的行号或列号前加上“$”符号（$B1、B$1 等），在公式复制过程中，引用单元格相对地址部分会随位置的变化而发生变化，而绝对引用地址部分则保持不变。

在公式中，如果在引用单元格的行号和列号前加上“$”符号，例如，$C$3，即是单元格的绝对地址，复制公式时这种地址的单元格引用不会自动改变。

上述 3 种单元格引用可以相互转换，方法是：在公式中用鼠标或键盘选定引用单元格的部分，反复按 F4 键。以单元格 A1 为例，转换规律是：A1→$A$1→A$1→$A1→A1。

例：在图 4-18 中要计算每人的期末总评分，要求把每人的期末成绩乘以 60%，即在单元格 D2 中输入公式“=C2*$C$10”，再拖动 D2 单元格的填充柄，即可把公式复制到 D3:D6 的单元格区域中，而且公式中的$C$10 始终不变。也就是说 C10 单元格是固定的，即绝对地址。

D2　=C2*$C$10

	A	B	C	D
1		姓名	期末成绩	期末总评分
2		郭斌	89	53.4
3		赵为	96	57.6
4		刘小芬	86	51.6
5		胡海燕	82	49.2
6		刘华	67	40.2
7				
8				
9			比例	
10			60%	

图 4-18　绝对地址

4）跨工作表的单元格引用。单元格地址引用的完整格式为

[工作簿名] 工作表名！单元格地址

在上述格式中如果是在当前工作簿和当前工作表中引用，则“[工作簿名]工作表名!”均可省略。如果在另一工作簿中或工作表中引用，则需要把相应的工作簿名和工作表名按引用格式写好。

2. 函数

Excel 中含有大量的内置函数，包括财务、日期和时间、数学与三角函数、统计等。

Excel 函数的语法形式为：

函数名称（参数 1，参数 2，参数 3，…）

其中参数可以是常量、单元格、区域名、公式或其他函数。

（1）函数的输入　函数输入有两种方法：插入函数法或直接输入法。直接输入函数必须牢记函数的名称，难度比较大，而插入函数法可以引导用户正确输入函数。例如，在工作表中的 B2:E2，分别有数字 45、78、68、84，利用函数在 F2 单元格中求出这 4 个数的和。操作步骤如下所述。

1）将光标定位在 F2 单元格中。

2）单击“插入”→“函数”命令，或单击编辑栏中的“插入函数”按钮，弹出“插入函数”的对话框，如图 4-19 所示。在对话框的“或选择类别”的下拉列表框中选择“常用函数”。在“选择函数”的下拉列表框中选择所需要的函数，本例是求和函数 SUM，再单击“确定”按钮，弹出“函数参数”对话框，如图 4-20 所示。

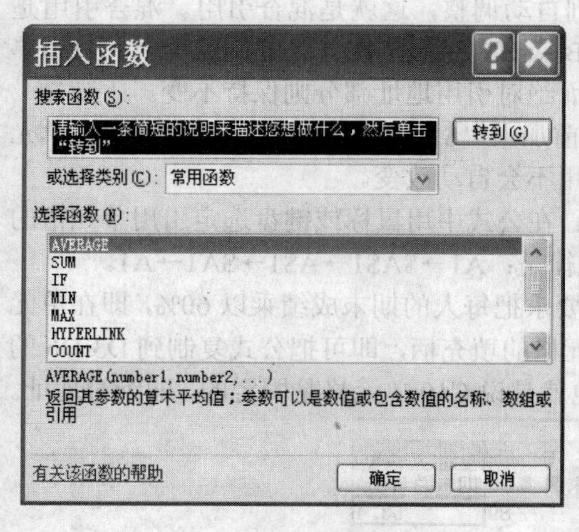

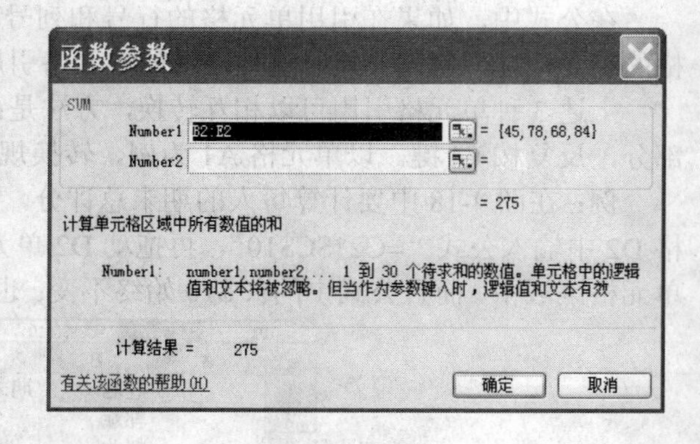

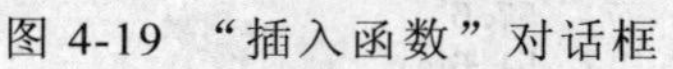

图 4-19　“插入函数”对话框　　　　图 4-20　“函数参数”对话框

3）将光标定位在 Number1 的参数框中，然后在工作表中将鼠标从 B2 拖动至 E2，同时在参数框中也显示 B2:E2，单击“确定”按钮即可。

插入函数除了用本节任务中介绍的单击“插入”→“函数”命令或者单击编辑栏中的“插入函数”按钮外，还有一种方法：即先选定要输入函数的单元格，输入“=”号，名称栏的位置就会出现一个“函数选项”列表，单击其右侧的下拉箭头，在如图 4-21 所示的下拉函数列表中选择需要的函数名称，如果列表中没有所需的函数，可选择最后一项“其他函数”选项，然后按照插入函数的其他步骤继续操作即可。

SUM	B	C
SUM		
AVERAGE		
IF		45
MIN		
MAX		
HYPERLINK		
COUNT		
SIN		
SUMIF		
PMT		
其他函数...		

图 4-21 函 数 列 表

（2）Excel 函数的使用

1）常用函数。

SUM（参数 1，参数 2，…）：求和函数。

AVERAGE（参数 1，参数 2，…）：算术平均值函数。

MAX（参数 1，参数 2，…）：最大值函数。

MIN（参数 1，参数 2，…）：最小值函数。

2）统计函数。

COUNT（参数 1，参数 2，…）：求各参数中数值型数据的个数。

COUNTA（参数 1，参数 2，…）：求“非空”单元格的个数。

COUNTBLANK（参数 1，参数 2，…）：求“空”单元格的个数。

3）四舍五入函数。

ROUND（数值型参数，n）：返回对“数值型参数”进行四舍五入到第 n 位的近似值。

当 n>0 时，将数据的小数部分从左到右的第 n 位四舍五入。

当 n=0 时，将数据的小数部分最高位四舍五入取数据的整数部分。

当 n<0 时，将数据的小数部分从右到左的第 n 位四舍五入。

4）IF 函数。

IF（逻辑表达式，表达式 1，表达式 2）

若“逻辑表达式”值为真，则函数值为“表达式 1”的值；否则为“表达式 2”的值。

5）条件统计函数。

COUNTIF（条件数据区，“条件”）：统计“条件数据区”中满足给定“条件”的单元格的个数。

6）条件求和函数。

SUMIF（条件数据区，“条件”[，求和数据区]）

在“条件数据区”查找满足“条件”的单元格，计算满足条件的单元格对应于“求和数据区”中的数据进行累加和。如果“求和数据区”省略，则统计“条件数据区”满足条件的单元格中数据累加和。

Excel 的其他函数查看帮助信息。

（3）自动求和 求和是表格的最常用操作方式，Excel 具有自动求和的功能。自动求和可以快速地求出某一区域的和。其方法是：先选定要求和的某一区域及它的右侧一列（或下方一行)，单击“常用”工具栏中的“自动求和”按钮Σ，则所求的和就会显示在右侧一列(或下方一行)单元格中。

(4)自动计算 Excel 有自动求和计算的功能，在状态栏中用鼠标右键单击可以显示自动计算的快捷菜单，其选项分别是“平均值”、“计数”、“计数值”、“最大值”、“最小值”、“求和”及“无计算”，默认的方式是求和计算。在选项中选择设置一种自动计算功能后，选定单元格区域，该单元格区域的计算结果就会在状态栏中显示出来。

(5)关于错误信息。在单元格中输入或编辑公式后，有时会出现一些错误信息，错误信息一般以“#”开头。常见的错误信息见表 4-2。

表 4-2　错误信息表

错误值	出现原因	错误值	出现原因
#DIV/0!	除数为 0	#NUM!	数据类型不正确
#N/A	引用了无法使用的数值	#REF!	引用无效单元格
#NAME?	不能识别的名字	#VALUE!	不正确的参数或运算符
#NULL!	交集为空	#####	宽度不够，加宽即可

任务三　制作形式美观的表格并打印

一个仅仅输入数据和公式的表格形式是非常单调的，而且没有边框线，打印出来的效果当然不会理想。Excel 能够方便地为表格添加边框和底纹，设置数据的特定格式。按要求打印出美观的工作表表格。

一、任务与目的

(一)任务

对某书店图书销售统计表的“平均销售额”设置货币数据格式，设置表格的字符格式及对齐方式，为表格添加边框、底纹和标题，把 2008 年、2009 年的销售额为 40 至 60 之间的单元格用红色加粗字体表示，为最高销售额加上“最高”的注释，为最低销售额加上“最低”的注释，并打印工作表。格式化后的工作表如图 4-22 所示。

2	某书店图书销售统计表 (单位：万元)				
3	类别	2008 年		2009 年		平均销售
4		上半年	下半年	上半年	下半年	
5	科技类	78.56	75.12	65.54	45.68	￥66.23
6	外语类	65.32	32.56	45.61	52.34	￥48.96
7	教材类	45.71	48.24	47.51	61.54	￥50.75
8	经济类	58.32	54.17	71.02	25.63	￥52.29
9						

图 4-22　某书店图书销售统计表

（二）目的

（1）掌握工作表中数据格式、字符格式及对齐方式的设置方法。
（2）掌握条件格式的设置方法。
（3）掌握批注的添加方法。
（4）掌握工作表行高和列宽的设置方法。
（5）掌握边框和底纹的设置方法，了解自动套用格式和样式的使用。
（6）掌握工作表的打印预览及打印的操作。

二、操作步骤

（一）对数据进行格式化

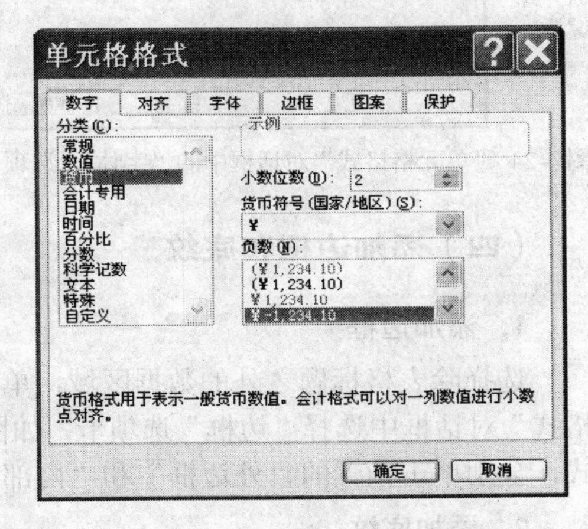

图 4-23 “单元格格式”对话框中的“数字”选项卡

（1）选中工作表中的 F 列“平均销售额”项，单击“格式”→“单元格”命令，出现“单元格格式”对话框，选择“数字”选项卡，如图 4-23 所示。

（2）在选项卡的“分类”栏中选择数据格式的类型“货币”，然后在右侧出现的“小数位数”下拉列表中选择“2”，在“货币符号”下拉列表中选择“￥”，单击“确定”按钮。

（二）设置字符格式和对齐方式

（1）选中工作表中的除标题外的所有数据，单击“格式”→“单元格”命令，在“单元格格式”对话框中选择“字体”选项卡，如图 4-24 所示，在“字体”选项卡中选择“楷体”、“常规”字形、字号为“16”，单击“确定”按钮。再选中标题，将字体设置设为华文仿宋，字号为“22”，常规字形，单击“确定”按钮。

（2）选中全部工作表，单击“格式→单元格”命令，在“单元格格式”对话框中选择“对齐”选项卡，如图 4-25 所示，在“水平对齐”与“垂直对齐”下拉列表中均选择“居中”，单击“确定”按钮。

（3）标题居中。选中表格的标题区域 A3:F2，单击“格式”→“单元格”命令，在打开的“单元格格式”对话框中选择“对齐”选项卡，如图 4-26 所示，在“水平对齐”下拉列表中选择“跨列居中”，单击“确定”按钮。

（4）合并单元格。选定工作表中的 A3:A4 单元格区域，单击格式工具栏中的“合并并居中”按钮，即把 A3:A4 合并为一个单元格。同样，将 B3:C3，D3:E3，F3:F4 分别合并。

（三）设置列宽和行高

选中工作表中除表格标题的数据区域，单击“格式”→“列（行）”→“合适的列宽（行高）”命令即可。

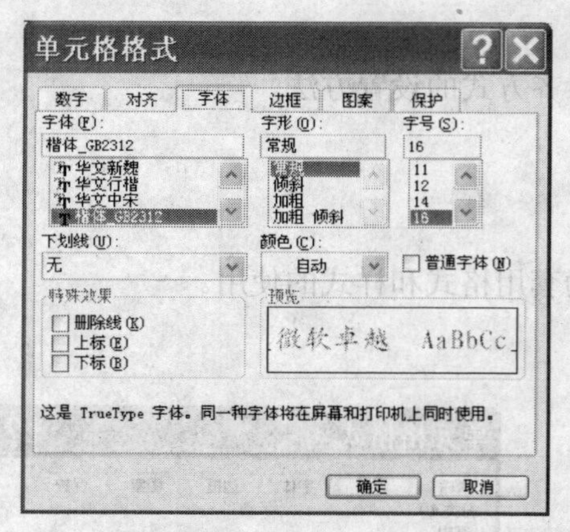

图 4-24 “单元格格式”对话框中的“字体” 选项卡

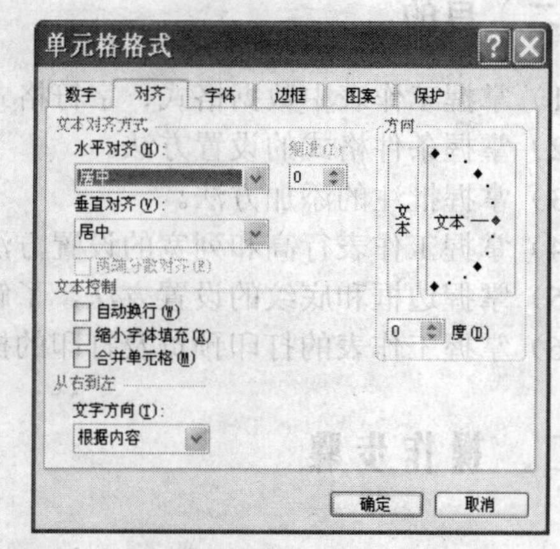

图 4-25 “单元格格式”对话框中的“对齐”选项卡

（四）添加边框和底纹

1. 添加边框

选择除表格标题之外的数据区域，单击“格式”→“单元格”命令，在打开的“单元格格式”对话框中选择“边框”选项卡，如图 4-26 所示，在线条样式列表中选择需要的线条样式，分别单击预置的“外边框”和“内部”。

2. 添加底纹

选择工作表中的 A3:A8 区域，单击“格式”→“单元格”命令，在打开的“单元格格式”对话框中选择“图案”选项卡，如图 4-27 所示，在“颜色”列表中选择背景颜色或者在“图案”下拉列表中选择背景图案，单击“确定”按钮。

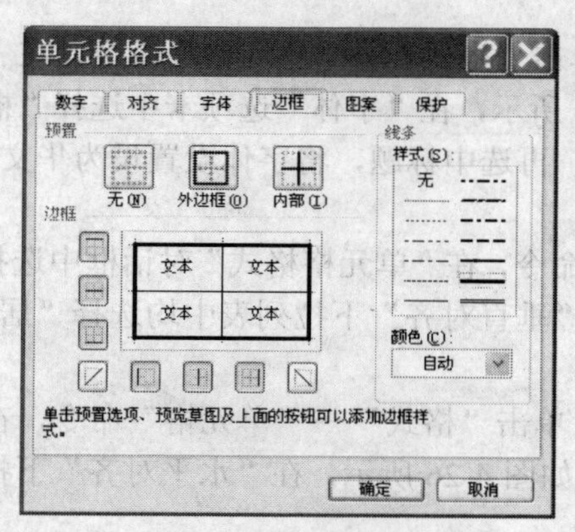

图 4-26 “单元格格式”对话框中的“边框”选项卡

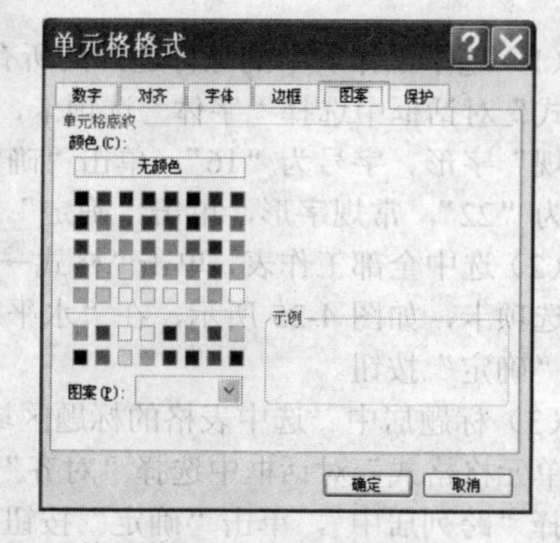

图 4-27 “单元格格式”对话框中的“图案”选项卡

（五）插入批注

右击销售额最高的单元格，在快捷菜单中单击“插入批注”命令，同时在批注框中输入“最高”，同样设置销售额“最低”的批注。

（六）将销售额在 40 至 60 之间的数据设置为红色加粗字体

选定单元格区域 B5:E8，单击“格式”→“条件格式”命令，弹出“条件格式”对话框，如图 4-28 所示，在第 2 个下拉列表框中选择“介于”，在第 3 个下拉列表框中输入 40，在第 4 个下拉列表中输入 60，再单击“格式”按钮，打开“单元格格式”对话框，如图 4-29 所示，在对话框中设置字体为红色，字形为加粗，单击“确定”按钮即可。

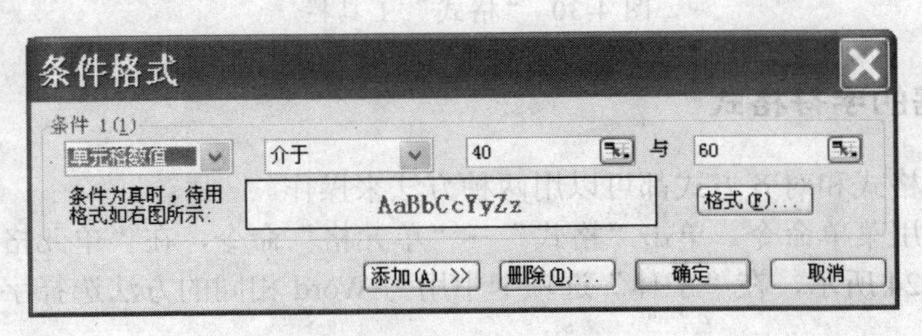

图 4-28　“条件格式”对话框

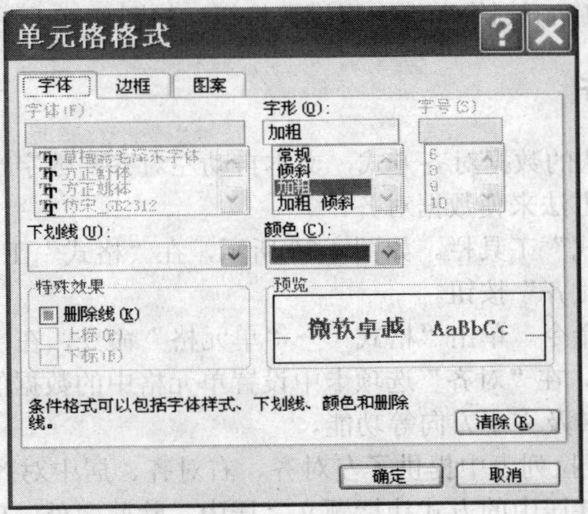

图 4-29　“单元格格式”对话框中的“字体”对话框

三、知识技能要点

（一）数据的格式化

Excel 为用户提供了丰富的数据格式，包括常规、数值、货币、会计专用、日期、时间、百分比、分数、科学计数、文字和特殊等。此外用户还可以自定义数据格式。Excel 数据格式的定义常有以下两种方法。

方法一：使用菜单设置，其操作过程已在本节任务的操作步骤中介绍。

方法二：使用“格式”工具栏中的按钮进行设置，如图 4-30 所示。

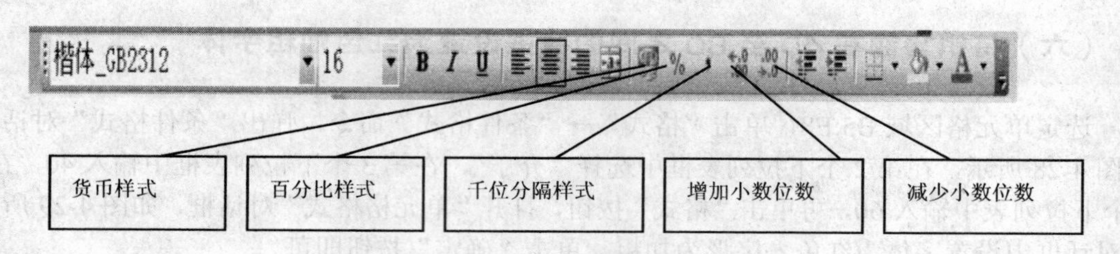

图 4-30 “格式”工具栏

（二）数据的字符格式

数据的字符格式和对齐方式都可以用两种方法来操作。

方法一：使用菜单命令。单击“格式”→“单元格”命令，在“单元格格式”对话中进行设置。如图 4-24 所示，在“字体”选项卡中用与 Word 相同的方法选择字体、字形、字号等字符格式。

方法二：使用“格式”工具栏。同 Word 一样，在格式工具栏中有“字体”框、“字号”框、“加粗”、“倾斜”和“下划线”等字形设置按钮。如图 4-30 所示。

（三）数据的对齐

Excel 中设置了默认的数据对齐方式，文本自动左对齐、数字自动右对齐。但在实际操作中可以采用如下两种方法来使数据对齐。

方法一：使用“格式”工具栏。如图 4-30 所示，在“格式”工具栏中有“靠左对齐”、“居中对齐”、“靠右对齐”按钮。

方法二：使用菜单命令。单击“格式”→“单元格”命令，在“单元格格式”对话中进行设置。如图 4-25 所示，在“对齐”选项卡中设置单元格中的数据的对齐方式。另外还提供了单元内容的缩进、旋转及文字方向等功能。

（1）“水平对齐”下拉列表中提供了左对齐、右对齐、居中对齐、跨列居中等方式。在制作表格时，通常用合并居中的方式让标题文字居中。除此之外，Excel 还提供了一种“跨列居中”的方法，该方法不需要合并单元格。假设标题要放在 A1:A10 区域。先在 A1 单元格输入标题文字，然后选择 A1:A10 区域，单击“格式”→“单元格”命令，在弹出的“单元格格式”对话框中，选择“对齐”选项卡。在“水平对齐”的下拉列表中选择“跨列居中”，如图 4-31 所示，单击“确定”按钮即可。

跨列居中不仅适用于表格标题，还可以使用到表格其他地方，其特点是不需要合并单元格。例如，在对区域进行排序时，如果区域中有合并单元格，排序将无法完成，而采用“跨列居中”的区域就没有这个问题。

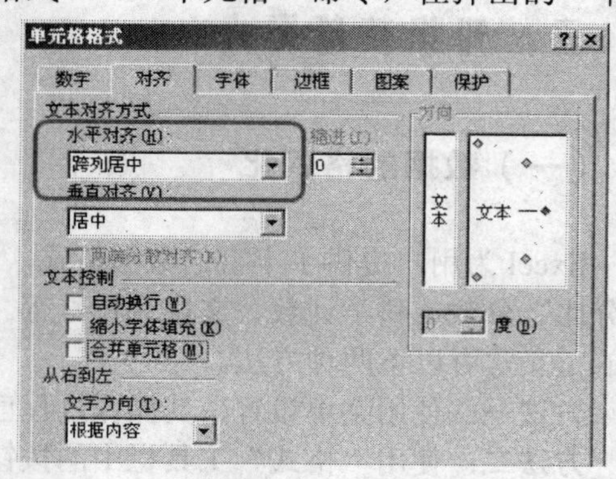

图 4-31 跨 列 居 中

（2）“垂直对齐”下位列表中有靠上对齐、靠下对齐及居中对齐等方式，默认的对齐方式是靠下对齐。

（3）“缩进”栏是使内容不紧贴表格。数字是单元格中的数据与单元格左边框的距离。

（4）“方向”栏中可以设置文本方向从–90 度到+90 度的旋转。

（5）“文本控制”栏允许设置当文本超出单元格时采用“自动换行”、“合并单元格”或“缩小字体填充”的功能。

（6）“从右到左”可以选择文字的方向是从右到左还是从左到右。

（四）表格行高和列宽的设置

在 Excel 工作表中，经常要根据需要调整表格中行的高度和列的宽度。可以一次设置一行的高度（或一列的宽度），也可一次设置多行的高度（或多列的宽度）。其方法有如下 3 种。

方法一：鼠标拖动设置行高（或列宽）。移动鼠标到行列的交界处，鼠标指针变成上下箭头（或者左右）形状时，上下（或左右）拖动鼠标，行高（或列宽）随之改变。

方法二：利用命令设置行高（或列宽）。先选中要改变行高（或列宽）的区域，单击“格式”→“行（或列）”命令，在弹出的对话框中输入合适的数字，单击“确定”按钮即可。

方法三：设置最合适行高（列宽）。最合适行高（列宽）即设置的行高（或列宽）刚好容纳本行（本列）中最高（最宽）的内容。操作方法是先选中行（或列），再单击“格式→行（列）”→“最适合的行高（列宽）”命令即可。

在上述 3 种方法中，方法二中使用菜单命令可以精确调整行高（或列宽）。

（五）表格边框的设置

在 Excel 中，工作表默认情况下是没有任何边框线的，所看到的边框线是编辑状态下的网格线，而在打印工作表时这些框线是不会被打印出来的，如果要打印出边框线，需为单元格加上边框线。

有以下两种方法可以设置边框线。

方法一：利用“格式”工具栏为单元格加边框线。先选中要添加边框线的单元格区域，单击“格式”工具栏上的“边框”按钮，再单击按钮右边下拉箭头，在其中选择需要的边框线即可。

方法二：单击“格式”→“单元格”命令，在弹出的“单元格格式”对话框中选择“边框”选项卡，如图 4-26 所示，在“线条”样式中选择边框线的样式及颜色。在“预置”中单击“外边框”或“内边框”，即给选定区域加上外边框或者内边框。如果想去掉原有的边框，则选择“无”项。如果要添加边框，则单击对应位置的线条，再次单击表示取消对应的边框线。最后单击“确定”按钮。

（六）单元格底纹的设置

在 Excel 工作表中需要将列标题、行标题或一些重要的数据突出显示出来，可以给这些数据所在的单元格设置不同的底纹图案和背景颜色。

方法一：使用菜单命令。先选定要设置的区域，单击“格式”→“单元格”命令，再单击“图案”选项卡，在“颜色”列表中选择背景颜色，还可在“图案”下拉列表中选择底纹图案。最后单击“确定”按钮即可。如图 4-27 所示。

方法二：利用“格式”工具栏。单击“格式”工具栏中的“填充颜色”的按钮，可以快速地设置表格底纹。

（七）插入批注

在用 Excel 编制表格时，为了更加清楚起见，往往需要为单元格设置批注进行说明或提示输入方式等。在 Excel 2003 中可以在不影响打印效果的前提下为单元格设置批注。

选中要设置批注的单元格，单击鼠标右键，在弹出的快捷键菜单中，单击“插入批注”命令，就会显示一个指向该单元格的批注文本框，在此输入要提示的内容后，单击一下其他单元格，该批注框会自动隐藏。以后只要鼠标指向这个单元格，就会出现批注框显示用户的提示内容，鼠标移开又会自动隐藏。以后若需要修改批注内容，只要再右击这个单元格，单击“编辑批注”命令即可，批注中的文字还可以选中自由设置字体、字号等。已设置批注的单元格右上角会显示一个红色的三角形标志，如图 4-32 所示，但是这种批注信息并不会被打印出来。

类　别	2008年		2009
	上半年	下半年	上半年
科技类	78.56	LSQ:最高	54
外语类	65.32		61
教材类	45.71		51
经济类	58.32	54.17	71.02

图 4-32　添加批注

注意：此批注方式只对鼠标有反应，如果需要为多个单元格设置相同的批注就比较麻烦，需要先设置一个单元格，再选中复制，利用“选择性粘贴”命令把批注粘贴到多个单元格中。

（八）设置条件格式

Excel 具有设置条件格式功能，根据选定区域中各单元格中的数值是否满足指定的条件，来为这些数据设置给定的格式。

设置条件格式的步骤如下所述。

（1）选定要设置格式的区域。

（2）单击“格式”→“条件格式”命令，出现如图 4-28 所示的“条件格式”对话框。

（3）在对话框中的“条件”下拉列表中可以选定“单元格数值”或“单元格中的公式”，然后在后面的下拉列表中选择运算符（介于、大于、小于等），并利用“折叠对话框”按钮从工作表中指定条件值或直接输入条件值。

（4）单击“格式”按钮，设置符合条件的单元格要显示的字体、边框和图案等格式，如图 4-27 所示。

（5）单击“确定”按钮。

如果需要设置的格式不止一个条件，可以单击“添加”按钮增加条件，最多可以设置 3 个条件表达式。也可以利用“删除”按钮删除格式设置。

（九）分页和分页预览

一个 Excel 2003 工作表有时数据比较多，对于一些超过一页的工作表，系统能够自动设置分页，而有时用户会根据一些特殊需要，自己对工作表进行了人工分页。对工作表的人工分页就是在工作表中插入分页符，分页符包括垂直的人工分页符和水平的人工分页符。

1. 插入人工分页符

操作方法是先选定要开始新页的单元格，单击“插入”→“分页符”命令，在该单元格的上方和左侧就会各出现一条虚线，表示分页成功。

在插入分页符时，应注意分页位置的确定。如果只是垂直分页，选定的单元格应是另起一页处的起始列最上端单元格（或起始列号）；如果是水平分页，选定的单元格应是另起一页的起始行最左侧的单元格（或起始行号）。

2. 删除分页符

要删除人工分页符时，应选定分页虚线下一行或右一列的任一单元格，单击“插入”→“分页符”命令即可。如果要删除全部人工分页符，应选中整个工作表，然后单击“插入”→“重设所有分页符”命令。

3. 分页预览

分页预览的方法是：单击“视图”→“分页预览”命令，分页预览视图如图 4-33 所示，视图中蓝色粗实线表示分页情况，有淡灰色的页码显示，打印区域为浅色背景，非打印区域为深色背景。

类别	2008年		2009年		平均销售额
	上半年	下半年	上半年	下半年	
科技类	78.56	75.12	65.54	45.68	¥66.23
外语类	65.32	32.56	45.61	52.34	¥48.96
教材类	45.71	48.24	47.51	61.54	¥50.75
经济类	58.32	54.17	71.02	25.63	¥52.29

图 4-33 分页预览视图效果

分页预览可以在窗口中直接查看工作表的分页情况，而且此时仍可以像平时一样编辑工作表，改变设置打印区域的大小，方便地调整分页符的位置。

分页预览时，只要将鼠标指针移到打印区域的边界上，指针变为双向箭头时，拖动鼠标就可以改变打印区域的大小。将鼠标指针移到分页线上，指针变为双向箭头时，拖曳鼠标就可改变分页符的位置。

单击“视图”→“普通”命令，即可结束分页预览，返回到普通视图显示。

（十）页面设置

工作表制作好后，在打印之前，通常要进行页面设置，主要包括纸张大小、页边距、打印方向、页眉和页脚等设置。

1．设置页面

单击“文件”→“页面设置”命令，弹出如图4-34所示的对话框，在对话框中即可进行页面设置。在“页面设置”对话框中选择“页面”选项卡，如图4-34所示，在该对话框中，各项的含义如下所述。

（1）“方向”栏　用户可设置纸张的打印方向为纵向或者横向。

（2）“缩放”栏　“缩放比例”单选项用于调整打印工作表的大小，可选择10%～400%尺寸的效果打印，100%为正常尺寸；“调整为”单选项表示把工作表拆分为几部分打印，如调整为2页宽、3页高，表示水平方向分为2部分，垂直方向分为3部分，共分6页打印。

（3）“纸张大小”栏　从下拉列表中可以选择所需纸张类型。

（4）“打印质量”栏　设置工作表的打印质量，即表示每英寸打印多少个点。

（5）“起始页码”栏　设置打印工作的起始页码。选择“自动”则打印从工作表的第一页开始，如果打印不是从第一页开始，可输入除1之外的其他起始页码。

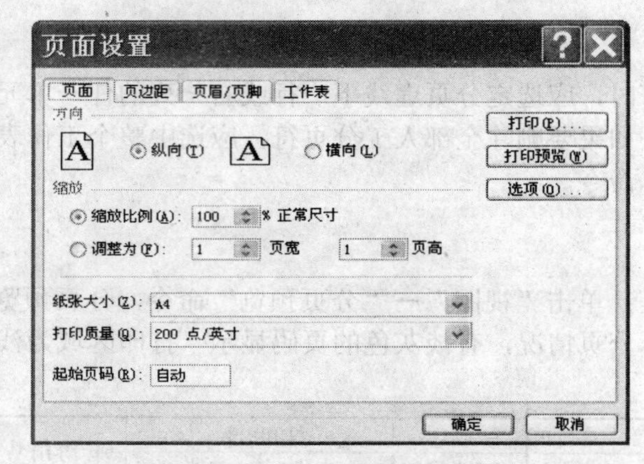

图4-34　“页面设置”对话框中的“页面”选项卡

2．设置页边距

在“页面设置”对话框中选择“页边距”选项卡，如图4-35所示。各控件含义如下所述。

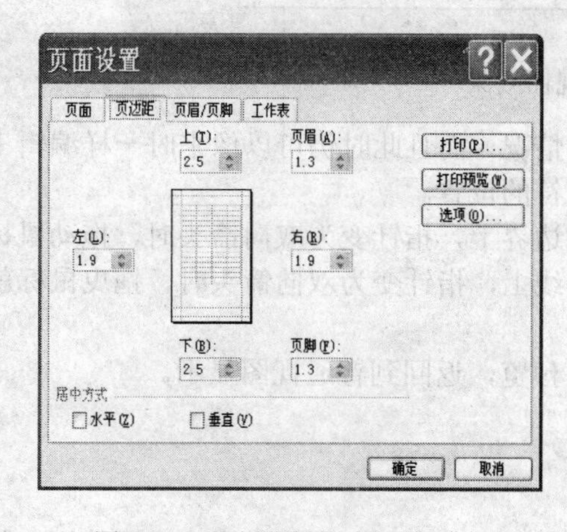

图4-35　“页面设置”对话框中的“页边距”选项卡

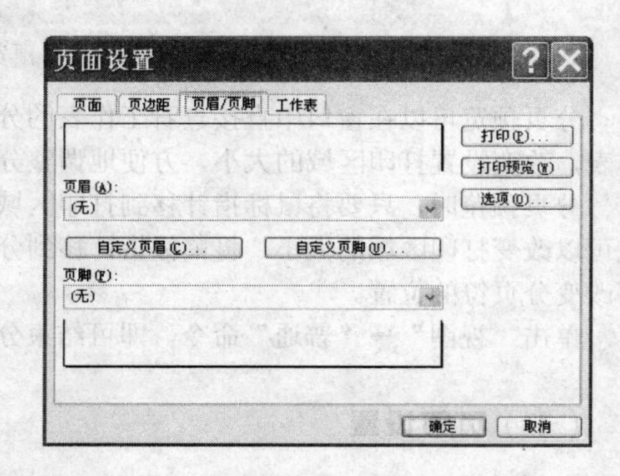

图4-36　“页面设置”对话框中的“页眉/页脚”选项卡

（1）上、下、左、右边框 调整对话框中的“上”、“下”、“左”、“右”框中的尺寸或者在 4 个编辑栏中分别输入数据可设置上、下、左、右的页边距。

（2）“页眉”或“页脚”框 在“页眉”或“页脚”框中输入数字可调整页眉与页面顶端或页脚与页面底端的距离。该距离应小于页边距以避免页眉或页脚与数据重叠。

（3）“居中对齐” 选中“水平”或“垂直”复选框可设置工作表在相应方向上居中打印，若同时选中两个复选框可设置工作表在两个方向上都居中打印。

3．设置页眉和页脚

页眉即是在一页的顶端所显示的内容，页脚即是在一页的底端所显示的内容。页眉和页脚的设置在“页面设置”对话框中的“页眉/页脚”选项卡中完成。如图 4-36 所示。

（1）页眉 在页眉的下拉列表中可选择一个系统已定义好的页眉。如果想设置页眉的格式或编辑该页眉，可单击“自定义页眉”按钮，在打开的“页眉”对话框中进行。如图 4-37 所示。在对话框中有 10 个不同的按钮，用来设置页眉的格式，从左到右分别是字体、插入页码、总页码、当前日期、文件路径、文件名、标签名、插入图片和设置文本格式。在对话框中的“左”表示设置的页眉将显示在工作表的左上角，“右”表示设置的页眉将显示在工作表的右上角，“中”表示设置的页眉将会居中对齐。

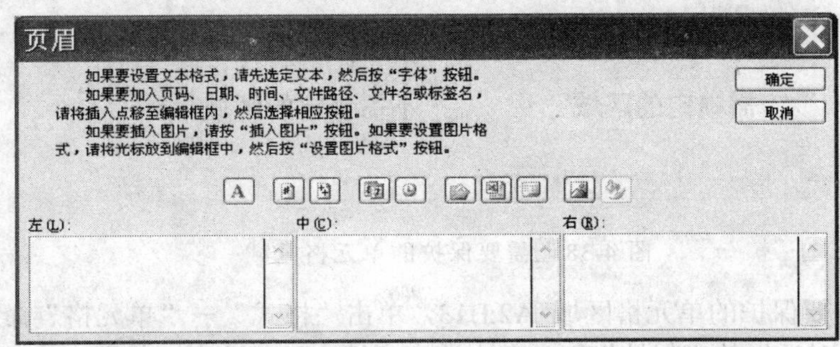

图 4-37 自定义页眉对话框

（2）页脚 页脚的设置与页眉的设置和操作方法完全相同。

（十一）保护数据

在某些情况下需要对 Excel 数据进行保护，对于 Excel 来说，主要就是对工作簿、工作表、单元格、数据、公式等进行保护，而这些对象的保护是各不相同的，下面就对其分别进行介绍。

1．工作簿的保护

其实对工作簿的保护就是要实现下述功能：避免结构被修改、避免工作表被删除、不许新建工作表、拒绝打开隐藏的工作表。要实现这个目标，只要单击“工具”→“保护”→“保护工作簿”命令，然后在弹出的对话框中输入密码，单击“确定”按钮，接着重复输入密码即可。同时，还可以选择“保护并共享工作簿”，可以对工作簿保护的同时共享工作簿。

2．工作表的保护

工作表的保护与工作簿的保护的方法相似，单击“工具”→“保护”→“保护工作表”命令，再两次输入密码即可。保护的范围将只是这个工作表中的内容，包括“内容”、“对象”和“方案”等。

3. 单元格的保护

保护工作表会对工作表中的整个单元格进行保护，而保护部分单元格是将工作表的某一部分单元格进行保护，而其他单元格则可以自由编辑数据，而且允许用户进行修改。如何实现保护部分单元格呢？

下面以实例讲解如何保护部分单元格，要实现的功能如图 4-38 所示，具体操作步骤如下所述。

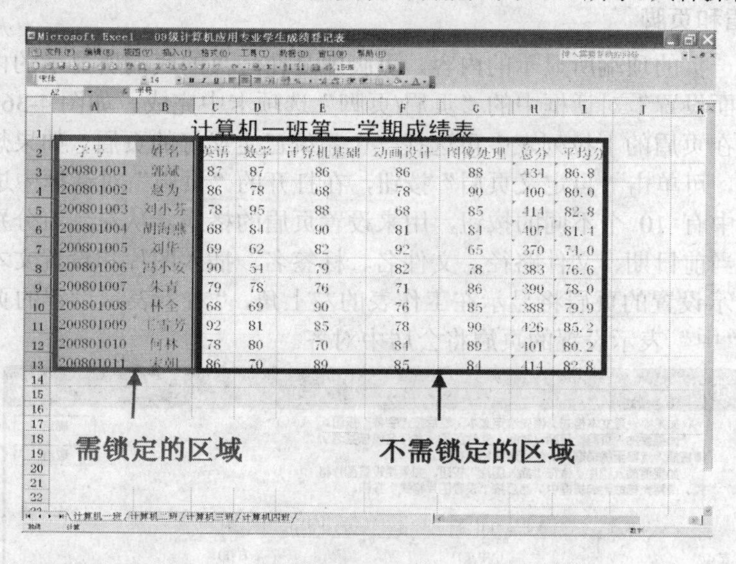

图 4-38　需要保护的单元格区域

（1）选择需要保护的单元格区域 A2:B13，单击“格式”→“单元格”命令，在打开的“单元格格式”对话框的“保护”选项卡中选中“锁定”复选项，如图 4-39 所示。

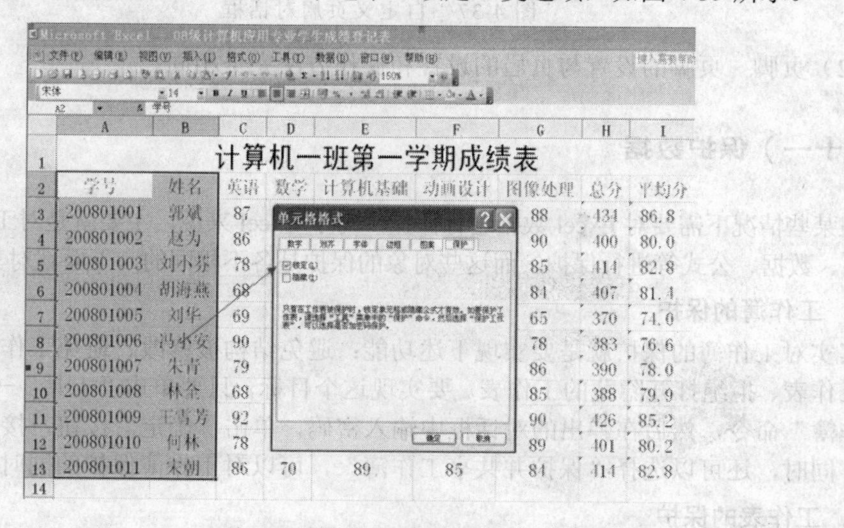

图 4-39　在“单元格格式”对话框中设置“锁定”区域

（2）选择不需要保护的单元格区域 C2:I13（即可以自由编辑的区域），单击“格式”→

“单元格”命令，在打开的“单元格格式”对话框的“保护”选项卡中取消选中“锁定”复选项，如图 4-40 所示。

学号	姓名	英语	数学	计算机基础	动画设计	图像处理	总分	平均分
0				86	86	88	434	86.8
0				68	78	90	400	80.0
0				88	68	85	414	82.8
0				90	81	84	407	81.4
0				82	92	65	370	74.0
0				79	82	78	383	76.6
0				76	71	86	390	78.0
0				90	76	85	388	79.9
0				85	78	90	426	85.2
0				70	84	89	401	80.2
00801011	宋朝	86	70	89	85	84	414	82.8

图 4-40 在“单元格格式”对话框中设置“非锁定”区域

（3）单击“工具”→“保护”→“保护工作表”命令，在打开的“保护工作表”对话框中输入密码来保护工作表，如图 4-41 所示。

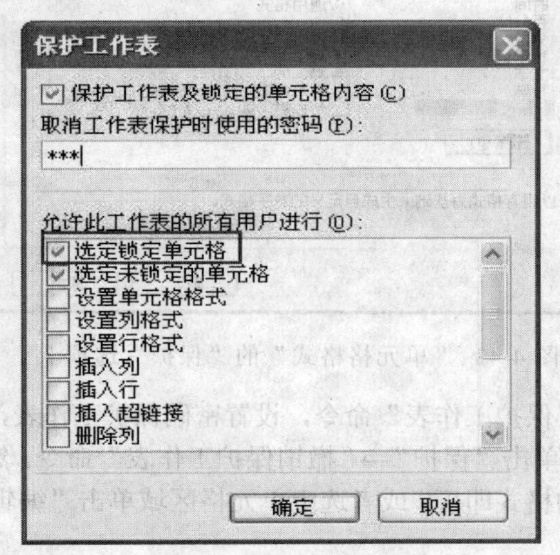

图 4-41 “保护工作表”对话框

完成设置后，在受保护的单元格中编辑时，将弹出如图 4-42 所示的拒绝操作对话框，此时必须输入工作表的保护密码才能继续，而其他单元格区域则可以正常编辑。

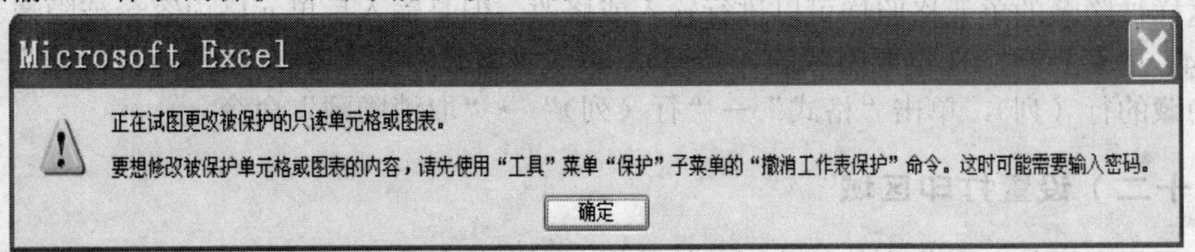

图 4-42 拒绝操作对话框

4. 隐藏保护

（1）隐藏工作簿　打开要隐藏的工作簿，单击“窗口”→“隐藏”命令。要取消隐藏时，单击“窗口”→“取消隐藏”命令。

（2）隐藏工作表　使要隐藏的工作表成为当前工作表，单击“格式”→“工作表”→“隐藏”命令。要取消工作表的隐藏，单击“格式”→“工作表”→“取消隐藏”命令，弹出“取消隐藏”对话框，单击“确定”按钮。

（3）隐藏单元格的内容　选中要隐藏内容的单元格区域，单击鼠标右键，在弹出的快捷键菜单中单击“设置单元格格式”命令，在弹出的“单元格格式”对话框中，单击“数值”选项卡，在“分类”列表中选择“自定义”，在“类型”输入框中输入三个半角的分号“;;;”，如图 4-43 所示，再切换到“保护”选项卡下，选中“隐藏”复选框，单击“确定”按钮后，单元格内容就被隐藏了。

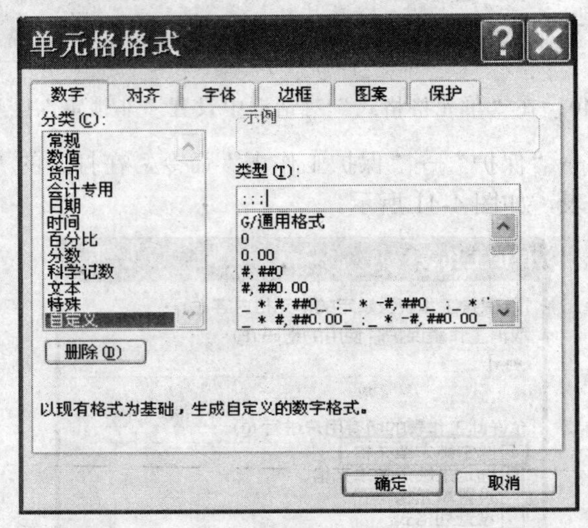

图 4-43 “单元格格式”的“保护”选项卡

再单击“保护”→“保护工作表”命令，设置密码保护工作表，即可彻底隐藏单元格内容。要取消隐藏就需要先单击“保护”→“撤销保护工作表”命令。然后再从“单元格格式”对话框中选择相应数值的格式即可。或者选中单元格区域单击“编辑”→“清除”→“格式”命令即可恢复显示。

值得大家注意的是，保护工作表后单元格是无法修改的。若希望保护后仍可修改单元格内容，可先选中需要输入的单元格，右击该单元格，在弹出的快捷菜单中单击“设置单元格格式”命令，从“保护”选项卡中将“锁定”复选项前的“√”取消，再进行保护工作表设置。这样被隐藏的单元格照样可以进行输入或修改，但是输入后单元格内容会被隐藏。

（4）隐藏行列　选定要隐藏的行（列），单击“格式”→“行（列）”→“隐藏”命令；取消隐藏的行（列），单击“格式”→“行（列）”→“取消隐藏”命令。

（十二）设置打印区域

如果只需要打印工作表的部分区域的数据，则在打印前就需要设置打印的区域，否则就会把整个工作表作为打印区域。设置打印区域的方法如下。

（1）选定需要打印的区域。

（2）单击“文件”→“打印区域”命令，在弹出的菜单中单击“设置打印区域”命令，选定区域的边框上出现虚线，表示把选定区域作为打印的区域。

还可以在选定需要打印的区域后，单击“文件”→“打印”命令，就会出现打印设置对话框，在“打印”对话框的“工作表”框内，选定“选定区域”，那么在打印时只打印指定的区域。

要取消打印区域的设置，可以单击“文件”→“打印区域”命令，在弹出的菜单中单击“取消打印区域”命令即可。另外，设置打印区域也可以在分页预览中直接修改。

（十三）打印预览和打印

1. 打印预览

在打印前，一般都会先进行打印预览，防止没有设置好报表的外观，导致打印结果不符合要求而造成浪费。

打印预览的方法有以下两种方法。

方法一　使用菜单命令，单击“文件→打印预览”命令。

方法二　单击“常用”工具栏中的“打印预览”按钮。

以上两种方法都会显示工作表的打印预览状态，在打印预览状态下，可以单击“缩放”按钮，放大预览的结果；单击“页边距”按钮，观察或修改打印内容在一页中的位置等。

2. 打印

对要打印的文件预览后，如果设置符合要求，即可单击“文件”→“打印”命令，此时会打开“打印”对话框，如图 4-44 所示。

图 4-44 “打印”对话框

（1）“名称”栏　用户可在对话框的“名称”栏中选择打印机类型。

（2）“打印范围”栏　“全部”表示打印整张工作表，“页”可设定需要打印的页码。

（3）“份数”栏　可设定需要量打印的份数。

（4）“打印内容”栏　“选定区域”单选项会打印先前已选定的打印区域；“选定工作表”单选项表示只会打印当前活动的工作表；“整个工作簿”单选项：表示将该工作簿中的所有

工作表按顺序进行打印。

如果不改变系统默认的打印设置，则可直接单击“常用”工具栏上的“打印”按钮，即可直接打印当前工作表。

任务四　用图表显示东胜公司销售情况

Excel 具有强大，使用又灵活的图表功能。利用图表，可以更直观、明了地把工作表中功能既枯燥乏味的数据表现出来。

一、任务与目的

（一）任务

把如图 4-45 所示的销售统计表中的一季度销售额用数据图表的形式表现出来，效果如图 4-46 所示。具体要求如下：图表类型为三维簇状柱形图，图表标题为“某公司 09 年一季度销售统计图”。X 轴上显示城市，其标题为“城市”；Y 轴上显示销量，其标题为“销量”，图例靠右显示。并将图表插入至 A14:F30 区域。

某公司2009年一季度销售表

城市	1月份	2月份	3月份	季销售额
合肥	5510	4756	4627	14893
南京	6004	6102	5410	17516
南昌	5231	4862	4800	14893
长沙	5990	5510	5100	16600
武汉	6010	5841	5600	17451

图 4-45　工作表示例

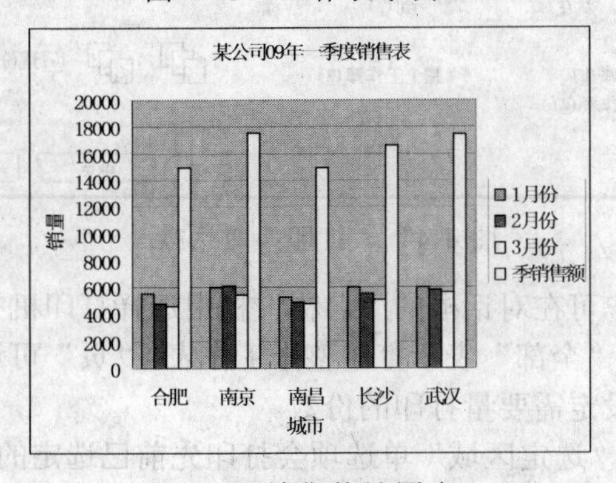

图 4-46　销售统计图表

（二）目的

（1）了解图表的类型及其作用。

（2）掌握图表的创建方法。

（3）掌握图表的编辑方法，能熟练掌握对图表类型、数据源，添加图表项及移动、复制和删除的操作。

（4）掌握图表格式的设置方法。

二、创建图表的操作步骤

单击“插入”→“图表”命令，或者单击“常用”工具栏中的“图表向导”按钮，弹出如图 4-47 所示的“图表向导-4 步骤之 1-图表类型”对话框。

1．选择图表类型

在如图 4-47 所示的“图表向导-4 步骤之 1-图表类型”对话框中，在“图表类型”列表中选择“柱形图”，在“子图表类型”中选择“三维簇状柱形图”，单击“下一步”按钮，弹出如图 4-48 所示“图表向导-4 步骤之 2-图表数据源”对话框。

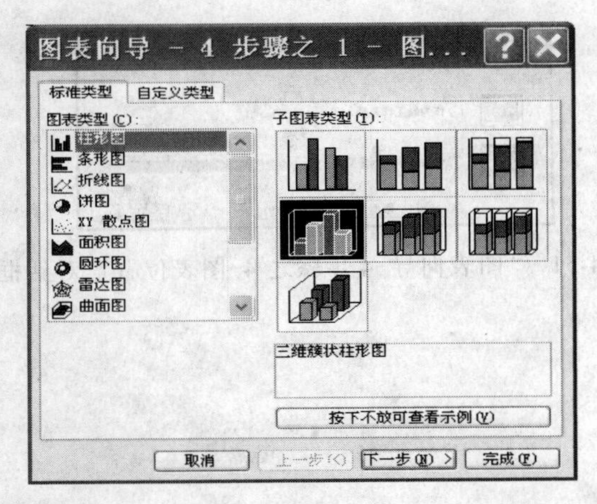

图 4-47 “图表向导-4 步骤之 1-图表类型”对话框

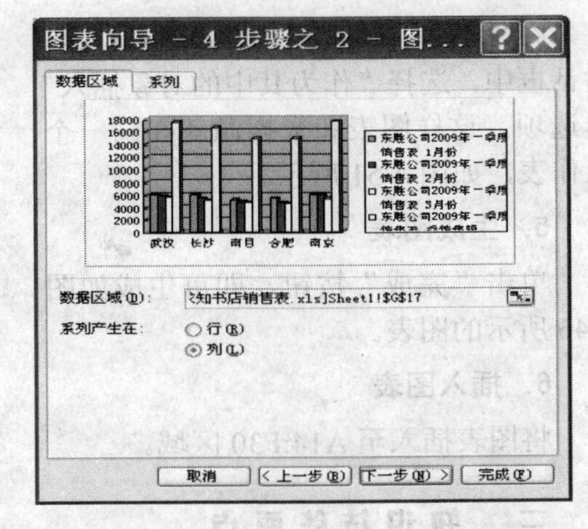

图 4-48 “图表向导-4 步骤之 2-图表数据源”对话框

2．设置图表源数据

在“图表向导-4 步骤之 2-图表数据源”对话框中，单击“数据区域”选项卡，“数据区域”输入框中为默认的数据区，如果区域不正确，可以单击按钮后在工作表中重新选择数据源区域。在“系列产生在”栏中选择“列”单选项。如图 4-48 所示。单击“下一步”按钮，弹出如图 4-49 所示的“图表向导-4 步骤之 3-图表选项”对话框。

3．设置图表选项

在“图表向导-4 步骤之 3-图表选项”对话框中，单击“标题”选项卡，在“图表标题”栏中输入图表的标题“某公司 09 年一季度销售情况统计”，在“分类（X）轴”栏中输入“城市”，在“数值（Y）轴”栏中输入“销量”，如图 4-49 所示。在“图例”选项卡中，选择“右上角”单选项，如图 4-50 所示，单击“下一步”按钮，弹出如图 4-51 所示“图表向导-4 步骤之 4-图表位置”对话框。

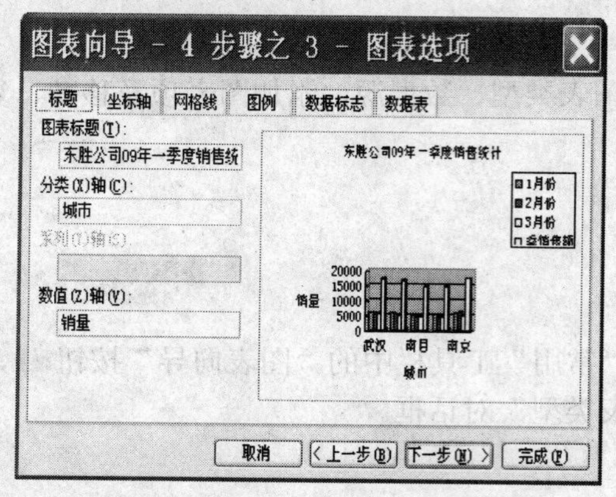

图 4-49 “图表向导-步骤之 3-图表选项”话框中的“标题”选项卡

图 4-50 “图表向导-步骤之 3-图表选项”对话框中“图例”选项卡

4．设置图表位置

在“图表向导-4 步骤之 4-图表位置”对话框中，选择“作为其中的对象插入”单选项，这样图表和数据源就在同一个工作表，如图 4-51 所示。

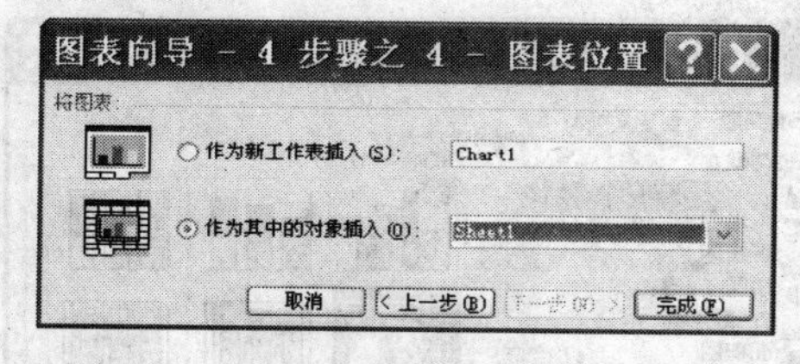

图 4-51 “图表向导-4 步骤之 4-图表位置”对话框

5．生成图表

单击“完成”按钮，即可生成如图 4-46 所示的图表。

6．插入图表

将图表插入至 A14:F30 区域。

三、知识技能要点

（一）Excel 的图表类型

Excel 的图表类型有以下几种。

（1）柱形图　用于显示一段时间内数据的变化，或者显示不同项目之间的对比。

（2）条形图　用于显示各个项目之间的对比。

（3）折线图　按照相同间隔显示数据的趋势。

（4）饼图　用于显示组成数据系列（数据系列：在图表中绘制的相关数据点，这些数据源自数据表的行或列。图表中的每个数据系列具有唯一的颜色或图案并且在图表的图例中表示。可以在图表中绘制一个或多个数据系列。饼图只有一个数据系列）的项目在项目总和中所占的比例。

（5）XY 散点图　用于显示若干数据系列（数据系列：在图表中绘制的相关数据点，这些数据源自数据表的行或列。图表中的每个数据系列具有唯一的颜色或图案并且在图表的图例中表示。可以在图表中绘制一个或多个数据系列。饼图只有一个数据系列）中各数值之间的关系，或者将两组数绘制为 XY 坐标的一个系列。

（6）面积图　用于强调大小随时间发生变化的数据。

（7）圆环图　用于显示部分和整体之间的关系，但是它可以包含多个数据系列。

（8）雷达图　用来显示比较大量数据系列的合计值。

（9）曲面图　用来显示两组数据之间的最佳组合。

（10）气泡图　是一种特殊的 XY 散点图。它以三个数值为一组对数据进行比较，而且可以以三维效果显示。

（11）股份图：用于显示股票价格，但是也可以用于科学数据（如表示温度的变化）。

（二）图表的创建

图表和工作表中的数据是相互关联的，如果改变了工作表中的数据，图表会自动随之发生改变。图表的创建有以下两种方法。

方法一：利用“常用”工具栏中的“图表向导”按钮。

方法二：单击 “插入→图表”命令。

上述两种方法的操作步骤都相同，具体操作见本单元任务四所述。

（三）图表的编辑

图表编辑是指对图表所包含的各个对象、图表类型、图表中的数据与文字、图表布局与外观的编辑和设置。

1．选择图表对象

图表编辑大都是针对图表的某项或某些项进行的，在编辑之前必须首先选定操作对象。在 Excel 中选择图表对象的方法有以下两种。

方法一：选定图表后，单击“图表”工具栏中的“图表区”下拉按钮，在弹出的列表中单击某一项目，如图 4-52 所示。

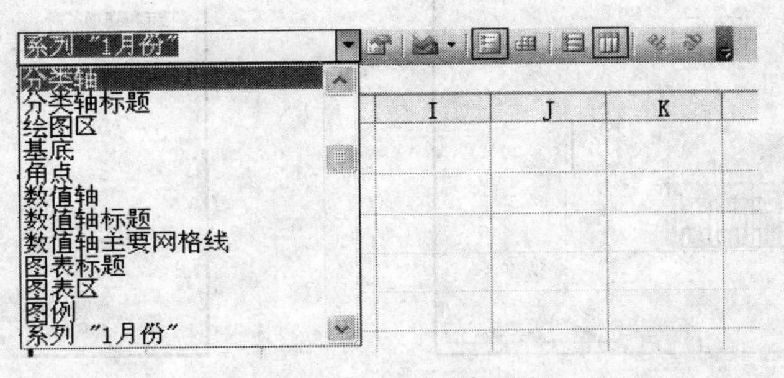

图 4-52 “图表”工具栏的图表对象下拉列表

方法二：直接单击图表中的对象。

2．改变图表类型

对于已建立的图表，还可以根据需要改变其类型，有两种方法可以实现。

方法一：选定该图表，单击“图表→图表类型”命令，在弹出的如图 4-47 所示的对话框中选择需要改变的图表类型及其子类型。

方法二：右击该图表，在弹出的快捷菜单中单击“图表类型”命令，也会弹出如图 4-47 所示的对话框。

3．改变图表中的数据

对于已建立的图表，有时需要增加、删除其中的数据系列或调整系列的次序。

（1）增加数据系列　要在嵌入式的图表中添加数据，只要在工作表中选中要添加的数据，将其拖入图表区即可。而要在图表工作表添加数据时，先单击图表工作表标签，选定图表工作表后，再单击“插入”→“添加数据”命令，显示“添加数据”对话框，单击其中的“折叠对话框”按钮，选中要添加的数据区域即可。

（2）删除数据系列　在图表中选定该数据系列，按 Del 键即可进行删除，这一操作也不会影响到工作表的源数据。

（3）调整系列次序　选中图表中要调整的某一数据系列，单击“格式”→“数据系列”命令，弹出“数据系列格式”对话框，选择其中的“系列次序”选项卡，如图 4-53 所示。在“系列次序”列表框中选中要改变的数据系列名称，单击“上移”或“下移”按钮，调整完毕，最后单击“确定”按钮。

（4）在图表中增加图表项　图表建立好后，还可以根据需要在图表中添加或修改创建时未设置的图表项。添加图表项的方法如下所述。

方法一：选定图表，单击“图表”→“图表选项”命令，打开如图 4-54 所示的对话框。

方法二：选定图表右击，在弹出的快捷菜单中单击“图表选项”命令，也可弹出如图 4-54 所示的对话框。

在如图 4-54 所示对话框中可以添加“标题”、“坐标轴”、“网格线”、“图例”、“数据标志”等图表选项。若要修改或删除已设置好的某一图表项，只需在图表中单击该图表项，直接进行修改或删除即可。

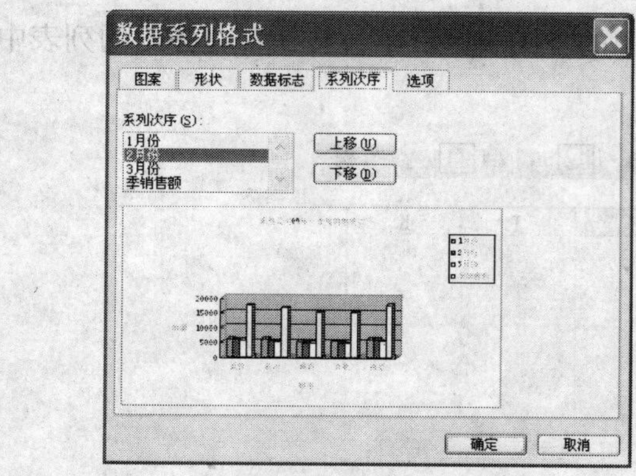

图 4-53　“数据系列格式”对话框中的“系列次序”选项卡

图 4-54　“图表选项”对话框

（四）图表格式化

图表插入完成后，还可对图表所包含的图表项进行格式设置，包括图表项的文字与数字的格式，边框的样式、颜色、粗细，内部填充颜色或图案等。

图表格式化的方法有以下 3 种。

方法一：右击图表区要格式化的对象，在弹出的快捷菜单中选择相应的菜单命令进行格式化。

方法二：双击要格式化的图表项，打开该图表项格式设置的对话框，然后进行格式化。

方法三：在图表中选定要设置格式的图表项，单击“格式”菜单，在其下拉菜单中就会出现相应的图表项格式命令，选择这一命令，即可在打开的对话框中设置格式。

任务五　对销售数据进行分析与管理

Excel 表格不仅能够记录信息，而且能够分析和管理信息。使用 Excel 可以按照要求对工作表中的数据进行排序、汇总、筛选、查询等操作，

一、任务与目的

（一）任务

根据如图 4-55 所示某公司销售统计表的数据清单，在数据清单中添加新的记录；查找出每月销售量都小于 5 500 的城市记录；将表格按季销售额从低到高排序，如果季销售额相同，按 3 月份销售额从高到低排序；利用自动筛选筛选出 1 月份销售额大于 5 500 且小于 6 000 的城市；使用高级筛选，筛选出 1 月份销售额大于 6 000 且 3 月份销售额大于 5 500 的城市；利用分类汇总，求出各地区季销售额的平均值。建立数据透视表，显示各地区各城市 1 月份、2 月份和 3 月份销售额的和以及汇总信息。

某公司2009年一季度销售表

城市	地区	1月份	2月份	3月份	季销售额
合肥	华东地区	5510	4756	4627	14893
南京	华东地区	6004	6102	5410	17516
杭州	华东地区	5950	6005	5874	17829
上海	华东地区	6225	5978	5874	18077
海口	华南地区	5630	5541	4800	15971
南宁	华南地区	5947	5560	5421	16928
广州	华南地区	6240	5987	5864	18091
南昌	华中地区	5231	4862	4800	14893
长沙	华中地区	5990	5510	5100	16600
郑州	华中地区	5820	5641	5320	16781
武汉	华中地区	6010	5841	5600	17451

图 4-55　某公司销售统计表

（二）目的

（1）掌握创建数据清单的方法和在数据清单中添加、删除和查找数据记录的方法。

（2）掌握数据的排序方法。

（3）掌握数据的筛选方法。
（4）掌握数据的分类汇总方法。
（5）掌握合并计算的方法。
（6）掌握超链接的操作。

二、操作步骤

（一）记录单的操作

1. 在数据清单中添加新记录

在图 4-55 中，把光标定位在表中的某一单元格或者选中数据区域，单击“数据”→“记录单”命令，就会打开如图 4-56 所示的对话框。在对话框中单击“新建”按钮，出现一个空白记录，在其中输入对应的信息。数据输入完毕后，按 Enter 键或者单击“新建”按钮继续添加新记录，单击“关闭”按钮完成新记录的添加并关闭记录单对话框。

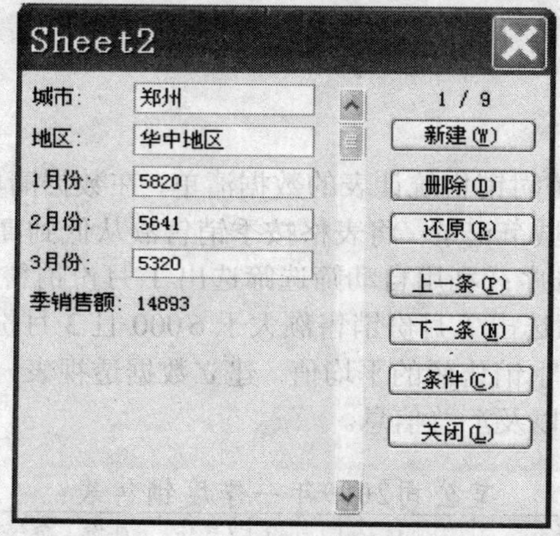

图 4-56 记录单对话框

2. 利用记录单查找满足条件的记录

查找每月销售量都小于 5 500 的记录，在如图 4-56 所示对话框中单击“条件”按钮，即会出现空白记录单，在记录单的 1、2、3 月份的记录框中都输入“<5 500”，然后单击“上一条”或者“下一条”按钮，就可以找出符合 3 个组合条件的第 3 条记录。

（二）将表中的数据按“季销售额”排序

选中表中的所有数据区域 A2:F13，单击“数据”→“排序”命令，打开“排序”对话框。在对话框中设置“主关键字”为“季销售额”，排序方式为“升序”，“次关键字”为“3 月份”，排序方式为“降序”，如图 4-57 所示，单击“确定”按钮。

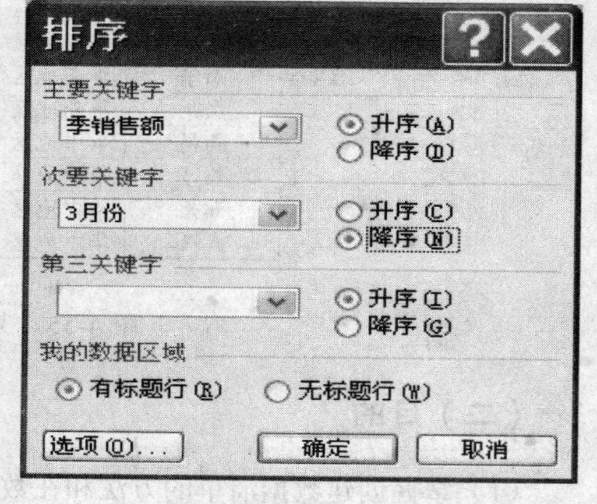

图 4-57 “排序”对话框

结果如图 4-58 所示。

某公司2009年一季度销售表					
城市	地区	1月份	2月份	3月份	季销售额
南昌	华中地区	5231	4862	4800	14893
合肥	华东地区	5510	4756	4627	14893
海口	华南地区	5630	5541	4800	15971
长沙	华中地区	5990	5510	5100	16600
郑州	华中地区	5820	5641	5320	16781
南宁	华南地区	5947	5560	5421	16928
武汉	华中地区	6010	5841	5600	17451
南京	华东地区	6004	6102	5410	17516
杭州	华东地区	5950	6005	5874	17829
上海	华东地区	6225	5978	5874	18077
广州	华南地区	6240	5987	5864	18091

图 4-58　排序后的结果

（三）筛选 1 月份销售额大于 5500 且小于 6000 的城市

将光标定位在数据表中的某一个单元格或者选中整个数据区 A2:F13，单击“数据”→“筛选”→“自动筛选”命令，此时在表中的每个列标题后面都出现一个下拉箭头，如图 4-59 所示。单击“1 月份”列的下拉箭头，在弹出的列表中选择“自定义”，弹出“自定义自动筛选方式”对话框，如图 4-60 所示设置给定的条件，单击“确定”按钮，窗口中即会显示“1 月份”销售额大于 5500 且小于 6000 的城市。如图 4-61 所示。

某公司2009年一季度销售表					
城市	地区	1月份	2月份	3月份	季销售额
南昌	华中地区	5231	4862	4800	14893
合肥	华东地区	5510	4756	4627	14893
海口	华南地区	5630	5541	4800	15971
长沙	华中地区	5990	5510	5100	16600
郑州	华中地区	5820	5641	5320	16781
南宁	华南地区	5947	5560	5421	16928
武汉	华中地区	6010	5841	5600	17451
南京	华东地区	6004	6102	5410	17516
杭州	华东地区	5950	6005	5874	17829
上海	华东地区	6225	5978	5874	18077
广州	华南地区	6240	5987	5864	18091

图 4-59　自 动 筛 选

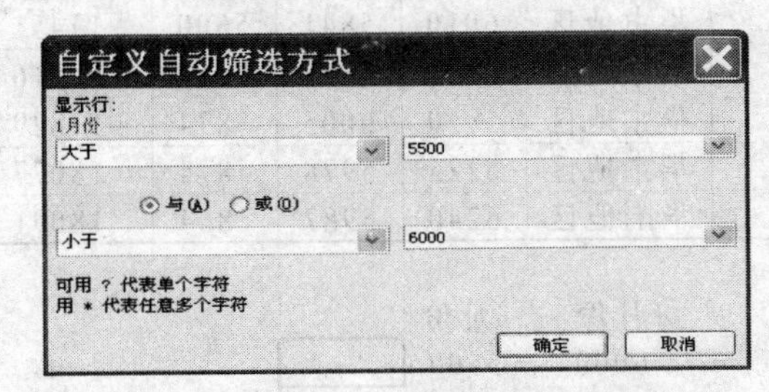

图 4-60　“自定义自动筛选方式”对话框

某公司2009年一季度销售表					
城市	地区	1月份	2月份	3月份	季销售额
南昌	华中地区	5231	4862	4800	14893
合肥	华东地区	5510	4756	4627	14893
海口	华南地区	5630	5541	4800	15971
长沙	华中地区	5990	5510	5100	16600
郑州	华中地区	5820	5641	5320	16781
南宁	华南地区	5947	5560	5421	16928
杭州	华东地区	5950	6005	5874	17829

图 4-61 “自动筛选”结果

（四）筛选 1 月份销售额大于 6000 且 3 月份销售额大于 5500 的城市

先在数据表以外的区域输入筛选条件：1 月份>6000、3 月份>5500（本例的条件区域在 B15:C16），如图 4-62 所示。再将光标定位在数据表中的某一个单元格或者选中整个数据区 A2:F13，单击“数据”→“筛选”→“高级筛选”命令，弹出高级筛选的对话框，如图 4-63 所示，在对话框中的“列表区域”输入单元格区域 A2:F13，在“条件区域”输入条件所在的区域 B15:C16，或者单击“列表区域”后的折叠按钮，在数据表中选定单元格区域 A2:F13，或单击“条件区域”后的折叠按钮，选定条件单元格区域 B15:C16，如图 4-63 所示。

如果想保留原始的数据列表，而将符合条件的记录复制到其他位置，应在如图 4-63 对话框中的“方式”选项中选择“将筛选结果复制到其他位置”，并在“复制到”框中输入欲复制的位置。本例中选择“在原有区域显示筛选结果”。

单击“确定”按钮，就会在原有区域显示如图 4-64 所示的符合条件的记录。

D16

	A	B	C	D	E	F	G
2	城市	地区	1月份	2月份	3月份	季销售额	
3	南昌	华中地区	5231	4862	4800	14893	
4	合肥	华东地区	5510	4756	4627	14893	
5	海口	华南地区	5630	5541	4800	15971	
6	长沙	华中地区	5990	5510	5100	16600	
7	郑州	华中地区	5820	5641	5320	16781	
8	南宁	华南地区	5947	5560	5421	16928	
9	武汉	华中地区	6010	5841	5600	17451	
10	南京	华东地区	6004	6102	5410	17516	
11	杭州	华东地区	5950	6005	5874	17829	
12	上海	华东地区	6225	5978	5874	18077	
13	广州	华南地区	6240	5987	5864	18091	
14							
15		1月份	3月份				
16		>6000	5500				

图 4-62 建立条件区域的工作表

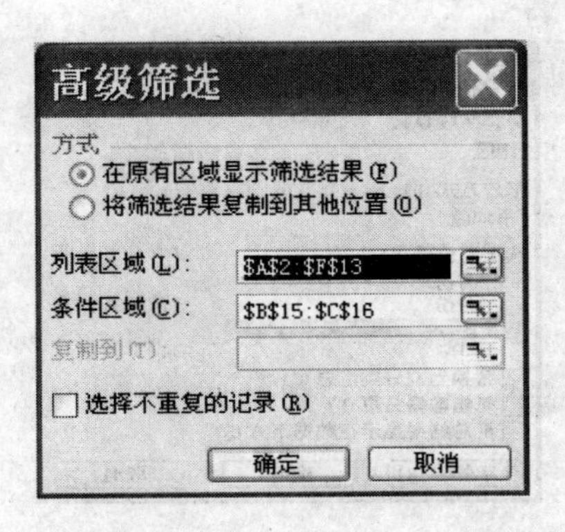

图 4-63　“高级筛选”对话框

如果要取消筛选，则只需选择“数据→筛选→全部显示”的命令即可。

1	某公司2009年一季度销售表					
2	城市	地区	1月份	2月份	3月份	季销售额
9	武汉	华中地区	6010	5841	5600	17451
12	上海	华东地区	6225	5978	5874	18077
13	广州	华南地区	6240	5987	5864	18091
14						
15		1月份	3月份			
16		>6000	>5500			

图 4-64　“高级筛选”的结果

（五）利用分类汇总求出各地区的季销售额的平均值

将光标定位在数据表中的“地区”列中，单击“常用”工具栏中的排序工具按钮 或 ，即先对“地区”字段排序，排序后的数据表如图 4-65 所示。然后单击“数据”→“分类汇总”命令，弹出如图 4-66 所示的“分类汇总”对话框。在对话框中设“分类字段”为“地区”，“汇总方式”为“平均值”，在“选定汇总项”栏中选中“季销售额”复选项，单击“确定”按钮，即可显示如图 4-67 所示的汇总结果。

某公司2009年一季度销售表

城市	地区	1月份	2月份	3月份	季销售额
合肥	华东地区	5510	4756	4627	14893
南京	华东地区	6004	6102	5410	17516
杭州	华东地区	5950	6005	5874	17829
上海	华东地区	6225	5978	5874	18077
海口	华南地区	5630	5541	4800	15971
南宁	华南地区	5947	5560	5421	16928
广州	华南地区	6240	5987	5864	18091
南昌	华中地区	5231	4862	4800	14893
长沙	华中地区	5990	5510	5100	16600
郑州	华中地区	5820	5641	5320	16781
武汉	华中地区	6010	5841	5600	17451

图 4-65　按“地区”排序后的数据表

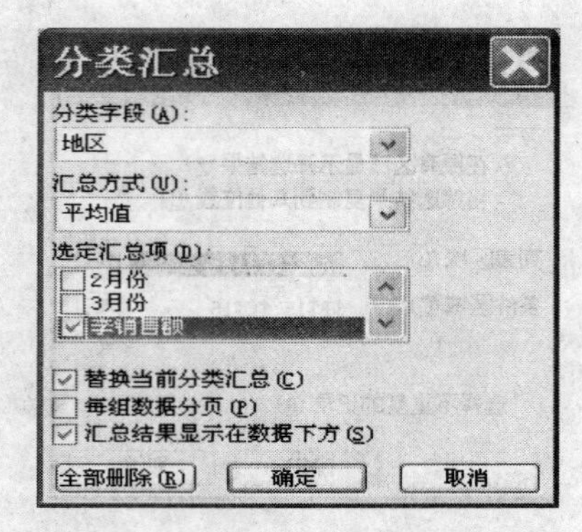

图 4-66 “分类汇总”对话框

	A	B	C	D	E	F
1	某公司2009年一季度销售表					
2	城市	地区	1月份	2月份	3月份	季销售额
3	合肥	华东地区	5510	4756	4627	14893
4	南京	华东地区	6004	6102	5410	17516
5	杭州	华东地区	5950	6005	5874	17829
6	上海	华东地区	6225	5978	5874	18077
7		华东地区 平均值				17078.75
8	海口	华南地区	5630	5541	4800	15971
9	南宁	华南地区	5947	5560	5421	16928
10	广州	华南地区	6240	5987	5864	18091
11		华南地区 平均值				16996.667
12	南昌	华中地区	5231	4862	4800	14893
13	长沙	华中地区	5990	5510	5100	16600
14	郑州	华中地区	5820	5641	5320	16781
15	武汉	华中地区	6010	5841	5600	17451
16		华中地区 平均值				16431.25
17		总计平均值				16820.909

图 4-67 分类汇总结果

（六）建立数据透视表

显示各地区各城市 1 月份、2 月份和 3 月份销售额的以及汇总信息。

（1）单击“数据”→“数据透视表和数据透视图”命令，打开“数据透视表和数据透视图向导-3 步骤之 1”对话框，在对话框中选择默认项，单击“下一步”按钮，如图 4-68 所示。

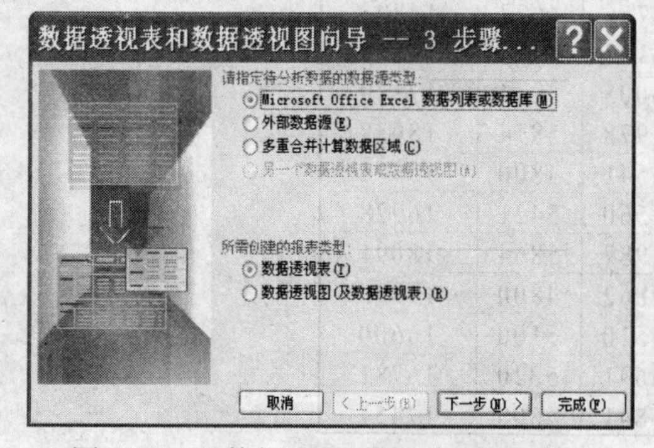

图 4-68 “数据透视表和数据透视图向导-3 步骤之 1”对话框

图 4-69 “数据透视表和数据透视图向导-3 步骤之 2”对话框

（2）在弹出的“数据透视表和数据透视图向导－3 步骤之 2”对话框中，确定数据源区域。单击按钮，用鼠标在原表中选定$A$2:$F$13，如图 4-69 所示。单击“下一步”按钮。

（3）在弹出的“数据透视表和数据透视图向导－3 步骤之 3”对话框中，确定数据透视表位置，单击“布局”按钮，如图 4-70 所示。

（4）在弹出的“数据透视表和数据透视图向导－布局”对话框中，拖动“城市”到“行”区域，拖动“地区”到“列”区域，拖动“季销售额”到“数据”区域，如图 4-71 所示，单击“确定”按钮，建立的数据透视表如图 4-72 所示。

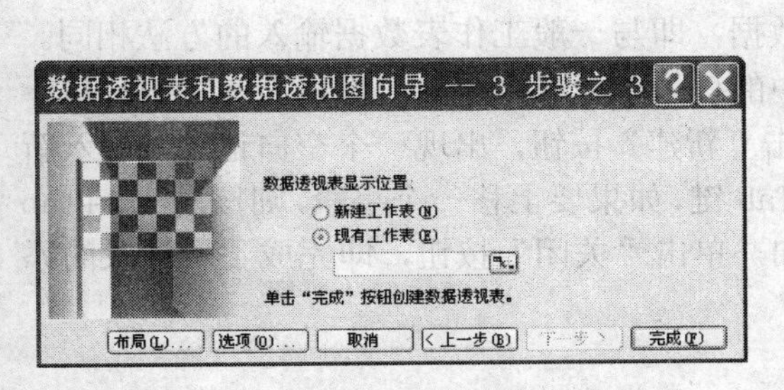

图 4-70　“数据透视表和数据透视图布向导-3 步骤之 3”对话框

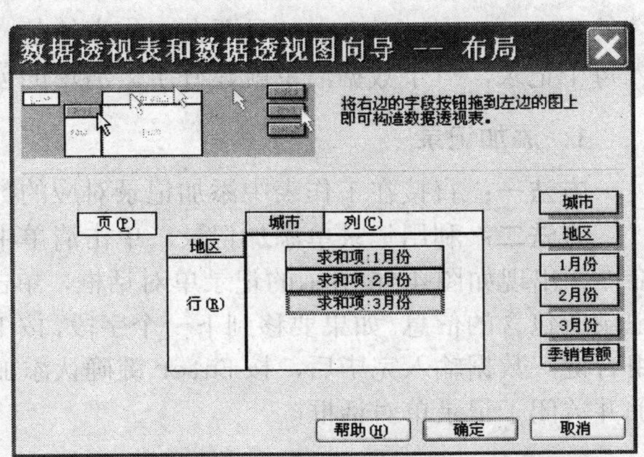

图 4-71　“数据透视表和数据透视图向导-局”对话框

A3　　求和项:季销售额

	A	B	C	D	E
1					
2					
3	求和项:季销售额	地区			
4	城市	华东地区	华南地区	华中地区	总计
5	长沙			16600	16600
6	广州		18091		18091
7	海口		15971		15971
8	杭州	17829			17829
9	合肥	14893			14893
10	南昌			14893	14893
11	南京	17516			17516
12	南宁		16928		16928
13	上海	18077			18077
14	武汉			17451	17451
15	郑州			16781	16781
16	总计	68315	50990	65725	185030

图 4-72　数据透视表

单击数据透视表的行标题和列标题的下拉选项，可以进一步选择在数据透视表中显示的数据，也可以修改和添加数据透视表的数据。双击左上角“求和项：季销售额”，可以在对话框中选择“汇总方式”。

三、知识技能要点

（一）数据清单

Excel 2003 具有以数据库方式管理工作表的功能，这种用数据库方式管理的工作表称之为数据清单。它就是将一条记录中的数据分成几项，分别存储在同一行的几个单元格中，在同一列中则存储所有记录的相似信息，行表示记录，列表示字段。

在创建数据清单时，数据清单中记录的字段名必须放在清单的第 1 行，而且是安排在连续的列中。Excel 2003 中，只要在工作表的某一行键入每列的标题、在列标题的下面逐行输入每个记录，一个数据清单就建好了。清单的创建有以下操作。

1．添加记录

方法一：直接在工作表中添加记录对应的数据，即与一般工作表数据输入的方法相同。

方法二：利用记录单添加记录。单击清单中的任一单元格，单击“数据”→“记录单”命令，出现如图 4-56 所示的记录单对话框，单击“新建”按钮，出现一个空白记录，键入新记录所包含的信息。如果要移到下一个字段，按 Tab 键，如果要上移一个字段，则按 Shift+Tab 组合键。数据输入完毕后，按 Enter 键确认添加，单击“关闭”按钮，即完成了新记录的添加并关闭了记录单对话框。

2．查找、删除、修改和记录

如果要查找符合某些条件的记录，可在如图 4-56 所示的对话框中单击“条件”按钮，在出现的空白记录单中输入相应的查找条件，具体方法与本任务前述的操作步骤中相同。然后单击“上一条”或“下一条”按钮，就可查找到符合组合条件的记录。但根据组合条件查找记录的限制是条件之间的关系只能是“逻辑与”，也就是必须是同时满足所有条件。

在如图 4-56 所示的对话框中，利用“上一条”或者“下一条”按钮，把将要删除的记录查找出来（查找操作在本任务的操作步骤中已介绍），单击“删除”按钮，将从数据清单中删除当前显示的记录。

要修改某一记录的内容，打开如图 4-56 所示的对话框，利用“上一条”或者“下一条”按钮，将要删除的记录显示出来，在相应的显示框中直接进行修改即可。

（二）数据排序

为了方便对数据的观察或者查找，有时需要对数据进行排序。在 Excel 2003 中具有排序功能，用户只要分别指定关键字及升降序，就可进行简单或者复杂的排序操作。

1．单字段排序

如果要对单列的数据排序，可以利用“常用”工具栏中的排序按钮来完成。单击要排序的数据列上的任意单元格，再单击“常用”工具栏中的“升序”按钮 A↓Z 或者“降序”按钮 Z↓A 即可。

2．多字段排序

“常用”工具栏的排序按钮只能根据一列进行排序，如果需要根据两列或者两列以上的数据进行排序，就需要使用“排序”菜单命令。操作步骤如下。

（1）单击数据区的任意单元格或者选定整个数据区。

（2）单击“数据”→“排序”命令，出现如图 4-57 所示的对话框。

（3）根据排序依据的先后次序，在“主要关键字”、“次要关键字”等下拉列表中选择需要排序的字段，再选择相应的排序方式为“升序”或者“降序”。

（4）如数据区有标题行，标题不参加排序，要选择“我的数据区域”的“有标题行”单选按钮。

（5）单击“确定”按钮，就完成了复杂的排序。

（三）数据筛选

对于数据筛选，就是在数据清单中查询满足条件的记录，也就是在数据清单中显示满足条件的数据行，而将不满足条件的数据暂时隐藏起来。它是一种查找数据的快速方法。Excel 中的筛选包括“自动筛选”和“高级筛选”两种方式。

1. 自动筛选

自动筛选适用于简单条件的筛选。一次只能对数据清单的一列使用筛选命令，而且一次对同一列数据最多可以应用两个条件，操作步骤如下。

（1）将光标定位在数据区的任一单元格，或者选中数据区。

（2）单击“数据”→“筛选”→“自动筛选”命令，在数据区的列标题右边会出现自动筛选箭头，如图 4-73 所示。

图 4-73　自 动 筛 选

（3）根据筛选条件单击相应列上端的筛选按钮下拉箭头，选择所需要的内容或者分类。如果要选择显示华东地区的销售情况，可单击“地区”列的筛选箭头，在下拉列表中选择“华东地区”即可。

（4）如果要在筛选结果中再按其他条件进行筛选，可在另一列中重复上一步骤。设定筛选条件后，筛选箭头将变为蓝色。

（5）单击“确定”按钮即可。

有时需要根据一些特定的条件进行筛选，可以在如图 4-73 所示的筛选下拉列表中选择“自定义”选项，例如本任务中完成“筛选 1 月份销售额大于 5500 且小于 6000 的城市”所采用的操作步骤，就用到了自定义的筛选方法。

注意：如图 4-60 所示的“自定义自动筛选方式”对话框中，有上下两个条件，它们之间有一个“与运算”和“或运算”的选择。“与运算”表示上下两个条件必须同时满足，“或运算”表示上下两个条件只需满足其中一个即可。

若要取消自动筛选，显示全部数据，可以在筛选下拉列表中选择“全部”或者单击“数据”→“筛选”→“自动筛选”命令，“自动筛选”命令前的“√”消失，数据区恢复原状。

2. 高级筛选

高级筛选适用于复杂条件，且要执行高级筛选的数据区域必须有列标题，也要有条件区，即放置筛选条件的单元格区域。筛选出来的数据可显示在原数据区也可复制到其他单元格区域。

注意：条件区域的字段名最好从数据区直接复制过来。

条件区和数据区间至少有一行（或一列）以上的空白行（或空白列）。条件区的字段名要显示在同一行的不同单元格中，字段要满足的条件输入到相应的下方，如果条件是“与”关系，则输入在同一行，如果是“或”关系，则输入在不同行。条件中可以使用通配符“*”和“？”。

建立条件区域时，要注意以下几点。

（1）同一条件行，不同单元格的条件互为“与”（AND）的关系，表示筛选出同时满足这些条件的记录。

例：查找在华东地区的城市，且 2 月份销售额大于等于 5 500 的所有记录。

筛选条件为：2 月份>=5 500 AND 地区=“华东地区”，则条件区域表示如图 4-74 所示。

2 月份	地区
>=5500	华东地区

图 4-74 “与”条件的建立

1 月份	2 月份
>6000	
	>6000

图 4-75 “或”条件的建立

（2）不同条件行、不同单元格的条件互为“或”（OR）的关系。表示筛选出满足任何一个条件的记录。

例：查找 1 月份和 2 月份销售额至少有一个月销售额大于 6 000 的记录。

筛选条件为：1 月份>6000 OR 2 月份>6000，则条件区域如图 4-75 所示。

对相同的列（字段）指定一个以上的条件，或条件为一个数据范围，则应重复列标记。

例：查找 3 月份销售额大于等于 5 000，并且小于等于 6 000 的城市中有“州”的记录，条件区域表示如图 4-76 所示。

城市	3 月份	3 月份
*州	>=5000	<=6000

图 4-76 相同列的多个条件的建立

高级筛选的具体操作步骤见本任务中前述的操作步骤。

（四）分类汇总

分类汇总是在数据清单中快速汇总数据的方法。它能够方便地按用户指定的要求进行汇总，并可将汇总后的不同类别的明细数据进行分级显示。应该注意的是：在进行分类汇总之前，必须对数据清单中要分类汇总的字段进行排序，数据清单中第一行必须有列标题。Excel 2003 的分类汇总功能主要有分类求和、计数、求平均值等。

在数据清单中不仅可以插入单个的分类汇总，还可以插入嵌套的分类汇总。

1．插入单个的分类汇总

具体操作过程在本节任务“分类汇总”的操作步骤中已作了描述。

2．插入嵌套的分类汇总

所谓嵌套分类汇总，是指将更小的分类汇总插入现有的分类汇总组中。例如，在如图 4-67 所示的分类汇总的结果中还想得到 1 月份销售额汇总的最大值。具体操作步骤如下。

（1）打开某公司 2009 年一季度销售额清单，单击任意单元格。

（2）对清单中的“地区”和“季销售额”两列字段进行排序。

（3）单击排序后的数据清单中任意单元格，单击“数据”→“分类汇总”命令，在弹出的“分类汇总”对话框中进行如图 4-77 所示的设置。

（4）单击“确定”按钮，效果如图 4-67 所示。

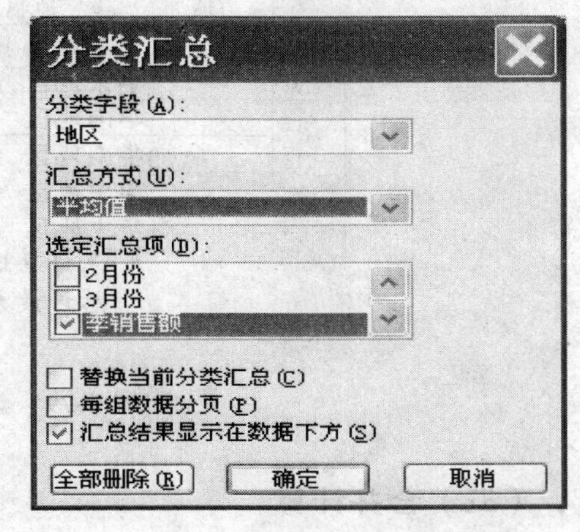

图 4-77　“分类汇总”对话框

（5）进行嵌套分类汇总。单击“数据”→“分类汇总”命令，在“分类字段”下拉列表中选择“地区”选项，在“汇总方式”下拉列表中选择“最大值”选项，在“选定汇总项”下拉列表中选择“1 月份”，并取消对“替换当前分类汇总”复选框的选择。

（6）最后单击“确定”按钮。其结果如图 4-78 所示。

	A	B	C	D	E	F
1	某公司2009年一季度销售表					
2	城市	地区	1月份	2月份	3月份	季销售额
3	合肥	华东地区	5510	4756	4627	14893
4	南京	华东地区	6004	6102	5410	17516
5	杭州	华东地区	5950	6005	5874	17829
6	上海	华东地区	6225	5978	5874	18077
7	华东地区 平均值					17078.75
8	华东地区 最大值					18077
9	海口	华南地区	5630	5541	4800	15971
10	南宁	华南地区	5947	5560	5421	16928
11	广州	华南地区	6240	5987	5864	18091
12	华南地区 平均值					16996.667
13	华南地区 最大值					18091
14	南昌	华中地区	5231	4862	4800	14893
15	长沙	华中地区	5990	5510	5100	16600
16	郑州	华中地区	5820	5641	5320	16781
17	武汉	华中地区	6010	5841	5600	17451
18	华中地区 平均值					16431.25
19	华中地区 最大值					17451
20	总计平均值					16820.909
21	总计最大值					18091

图 4-78　嵌套分类汇总结果

3. 分级显示数据

图 4-78 所示，在分类汇总的左上角有一排数字按钮，其中按钮 1 为第 1 层，代表总的汇总结果范围；按钮 2 为第 2 层，单击它可以显示第 1、2 层的记录；按钮 3 为第 3 层，单击它可以显示前 3 层的记录。其下面的按钮+，用于显示明细数据；按钮-则用于隐藏明细数据。例如，在图 4-78 中单击按钮 2，显示的结果如图 4-79 所示。

	A	B	C	D	E	F
1	某公司2009年一季度销售表					
2	城市	地区	1月份	2月份	3月份	季销售额
7		华东地区 平均值				17078.75
8		华东地区 最大值				18077
12		华南地区 平均值				16996.67
13		华南地区 最大值				18091
18		华中地区 平均值				16431.25
19		华中地区 最大值				17451
20		总计平均值				16820.91
21		总计最大值				18091
22						

图 4-79　显示第 1、2 层记录

（五）合并计算

Excel 中若要汇总和报告多个单独工作表的结果，可以将每个单独工作表中的数据合并计算到一个主工作表中。这些工作表可以与主工作表在同一个工作簿中，也可以位于其他工作簿中。对数据进行合并计算就是组合数据，以便能够更容易地对数据进行定期或不定期的更新和汇总。

例：现有同一工作簿中的某班学生“第一学期成绩登记表”和“第二学期成绩登记表”数据清单，位于工作表“一学期”和“二学期”中，如图 4-80 所示，现需要新建工作表，计算机出两个学期各门课程的平均分。

	A	B	C	D
1	第一学期成绩登记表			
2	姓名	英语	数学	语文
3	郭斌	87	87	86
4	赵为	86	78	68
5	刘小芬	78	95	88
6	胡海燕	68	84	90
7	刘华	69	62	82

一学期 / 二学期 / 平均成绩

	A	B	C	D
1	第二学期成绩登记表			
2	姓名	英语	数学	语文
3	郭斌	80	87	87
4	赵为	75	86	68
5	刘小芬	81	63	78
6	胡海燕	86	67	93
7	刘华	70	85	85

一学期 / 二学期 / 平均成绩

图 4-80　“一学期”工作表和“二学期”工作表

（1）在本工作簿中新建“平均成绩”数据清单，其字段名与源数据清单相同，第一列输入学生姓名，选定用于存放合并计算结果的单元格区域 B3:D7，如图 4-81 所示。

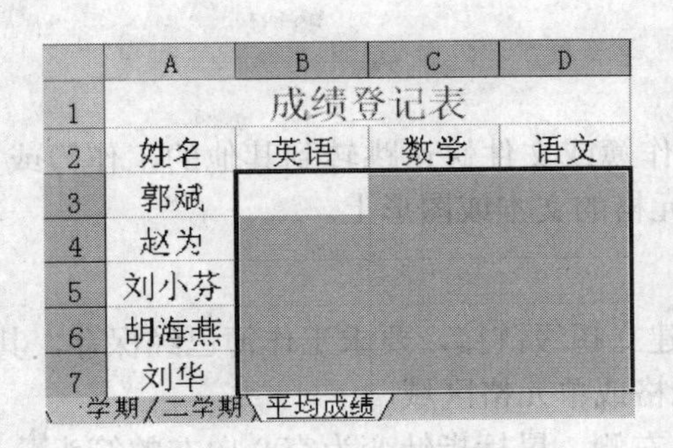

	A	B	C	D
1	成绩登记表			
2	姓名	英语	数学	语文
3	郭斌			
4	赵为			
5	刘小芬			
6	胡海燕			
7	刘华			

图 4-81　选定合并后的工作表的数据区域

（2）单击“数据”→“合并计算”命令，弹出“合并计算”对话框，在“函数”下拉列表中选择“平均值”，单击“引用位置”后的按钮，在“一学期”工作表中选定单元格区域 B3:D7，单击“添加”按钮，用相同的方法选定“二学期”工作表中单元格区域 B3:D7，单击“添加”按钮（此时如果单击“浏览”按钮，可以选取不同工作表或工作簿中的引用区域），选中对话框中“创建连至源数据的连接”复选框（当源数据变化时，合并计算结果也会随之变化），如图 4-82 所示，计算结果如图 4-83 所示。

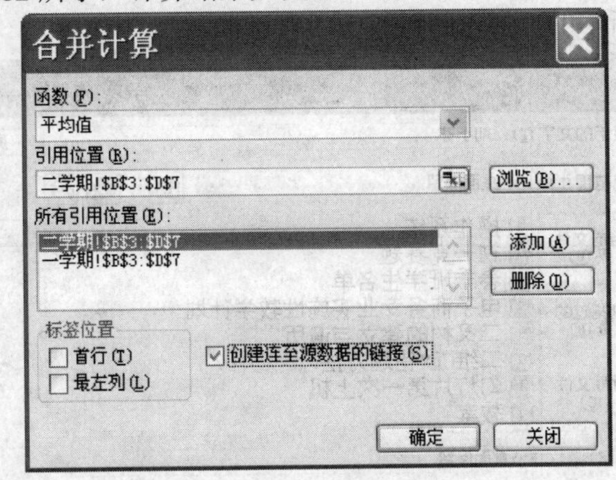

图 4-82　“合并计算”对话框

	A	B	C	D
1	成绩登记表			
2	姓名	英语	数学	语文
5	郭斌	83.5	87	86.5
8	赵为	80.5	82	68
11	刘小芬	79.5	79	83
14	胡海燕	77	75.5	91.5
17	刘华	69.5	73.5	83.5

一学期 / 二学期 / 平均成绩

图 4-83　合并计算后的工作表

合并计算结果以分类汇总方式显示结果，单击左侧的“+”号，可以显示原数据源的信息。

（六）超链接

超链接可以从一个工作簿或文件快速跳转到其他的工作簿或文件，甚至跳转到某个网页。超链接可以建立在单元格的文本或图形上。

1．建立超链接

（1）在同一工作表中建立超级链接，要求工作簿已经保存，其操作步骤如下：

1）选定要链接的单元格或单元格区域。

2）将鼠标移至单元格右侧，鼠标指针变为空心向左的箭头 时，按住鼠标右键并拖动鼠标至超链接显示的单元格位置。

3）松开鼠标右键，在弹出的快捷菜单中选择“在此创建超链接”命令即可。此时作为超链接的单元格中的内容变为蓝色，鼠标移至此单元格时，鼠标指针变为手形，单击即可链接到相关位置。

（2）在当前工作簿或其他工作簿中创建超链接

1）选定要链接的单元格或单元格区域。

2）单击“插入”→“超链接”命令，或单击“常用”工具栏中的“插入超级链接”按钮，出现如图 4-84 所示的“插入超链接”的对话框。

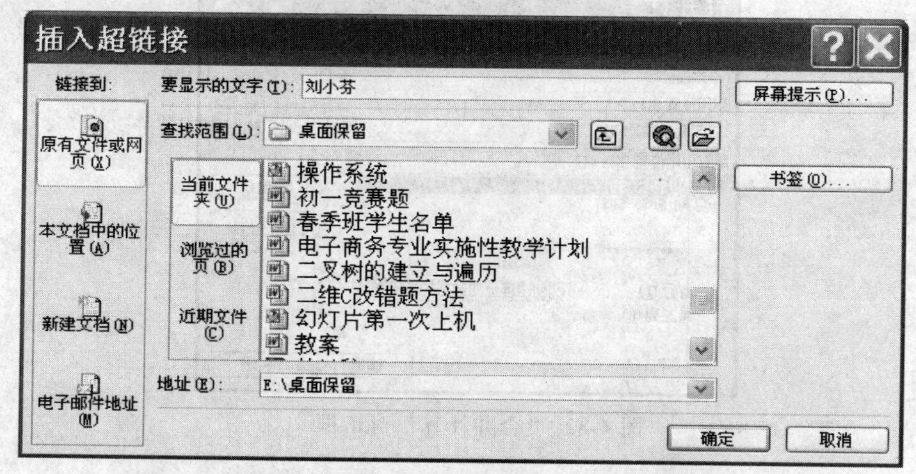

图 4-84 “插入超链接”对话框

3）在对话框中，确定超级链接目标文件的地址 。

4）单击“确定”按钮即可，在建立超链接的单元格内容下有下划线出现，同时用蓝色显示。

2．修改超级链接的目标

1）选定包含文本超级链接的单元格，单击超级链接旁边的单元格，然后使用方向键移动到包含超级链接的单元格上。

2）单击工具栏中“插入超级链接”按钮，出现如图 4-84 所示的对话框。

3）在对话框中输入新的目标地址。

4）单击“确定”按钮即可。

3．复制或移动超级链接

（1）如果要选定包含文本超级链接的单元格，单击超级链接旁边的单元格。然后使用方向键移动到包含超级链接的单元格上。

（2）如果要复制超级链接，单击“复制”按钮。如果要移动超级链接，单击“剪贴”按钮。

（3）单击希望包含复制或移动的超级链接的单元格。

（4）单击“粘贴”按钮即可。

4．取消超链接

选定包含超链接的单元格或图形，单击鼠标右键，在弹出的快捷菜单中单击“取消超链接”命令即可。

习　题　四

1．新建一个如图 4-85 所示工作表，在表中输入数据，然后以文件名“工资表.xls”保存。

	A	B	C	D	E	F	G	H	I	J	K
1	生产班工资表										
2	姓名	职称	基本工资	全勤奖	绩效奖	车贴	应发工资	所得税	公积金	实发工资	所占比例
3	毛海东	高级工	1800	300	300	400					
4	李斌	高级工	1850	300	200	350					
5	王林	初级工	1200	100	300	400					
6	陈玲	中级工	1600	200	100	300					
7	刘芳华	初级工	1300	300	200	200					
8	黄安明	中级工	1500	200	300	400					
9	赵明	中级工	1650	300	300	200					
10	合计										

Sheet1 / Sheet2 / Sheet3 /

图 4-85　生产班工资表

2．打开上题中建立的工作簿文件“工资表.xls”，对工资表进行如下操作。

（1）在“姓名”列后增加“性别”列，并把“李斌”、“王林”、“陈玲”、“刘芳华”的性别设为“女”，其他均为“男”。

（2）将“所得税”列和“公积金”列对调。

（3）计算所有员工的“应发工资”、“所得税”、“公积金”和“实发工资”。其中：

应发工资=基本工资+全勤奖+绩效奖+车贴；所得税=（应发工资−1500）×10%；公积金=基本工资×20%；实发工资=应发工资−所得税−公积金。

（4）计算表中实发工资的总和，置于 K10 单元格中；在 L2 单元格中输入“比例”，求出每个员工的实发工资占所有实发工资总和的比例（百分比类型，保留小数点后两位），分别置于 L3:L9 单元格区域中。

3．将第 1 题中的表格作以下格式设置。

（1）将表格标题字体设置为黑体、字号为 18、加粗，将标题所在的单元格区域 A1：L1 设置为“跨列居中”。

（2）合并 B10：J10 单元格区域；表中的数据为 12 号宋体。表格的所有框线是细线；设置 A2:L10 单元格区域内容水平居中。

（3）将 Sheet1 改名为“生产班工资表”。

4．为习题 3 完成的工作表建立图表，选取“姓名”列和“实发工资”列建立“三维饼图”，图表标题为：“实发工资统计图”，图例位置在右侧，将图表插入到工作表的 A11:K24 区域。

5．对“工资表.xls”工作簿中的数据进行统计分析。

（1）按主要关键字“职称”的递增次序和次要关键字“实发工资”递减排序。

（2）对排序后的工作表进行分类汇总，按“职称”汇总各级职称基本工资的平均值。

（3）在习题 3 所完成的工作表自动筛选出“基本工资”大于等于 1500 元且小于 1700 元的员工数据。

（4）在习题 3 所完成的工作表高级筛选中，筛选出“职称”是“中级工”且“基本工资”大于 1600 元的员工信息；筛选姓“王”的员工或者“职称”是“高级工”的员工信息。

（5）建立数据透视表，显示各职称各性别基本工资的平均值。

单元五　演示文稿软件 POWERPOINT 2003 的使用

PowerPoint 2003 是专门用于制作演示文稿的软件，广泛用于学术报告、论文答辩、辅助教学、产品展示、工作汇报等多媒体演示。它由若干张幻灯片组成，在幻灯片中可以方便地插入图形（包括组织结构图）、图像、艺术字、表格、声音以及视频剪辑等多媒体对象，能把所要表达的信息组织在一组图文并茂的画面中，让观众能够清楚直观地了解要介绍的内容。用 PowerPoint 制作的演示文稿既可以直接播放，也可通过 Internet 传播。

本单元通过 2 个实例的操作介绍 PowerPoint 2003 的基本概念与基本操作方法，主要介绍幻灯片的制作、编辑、格式设置、动画效果和放映设置等。

任务一　制作一个以“感恩”为主题的主题班会的演示文稿

一、任务与目的

（一）任务

使用 PowerPoint 2003 演示文稿软件创建一个文件名为“主题班会.ppt”的演示文稿，包含的 5 张幻灯片如图 5-1 所示，并将演示文稿保存。

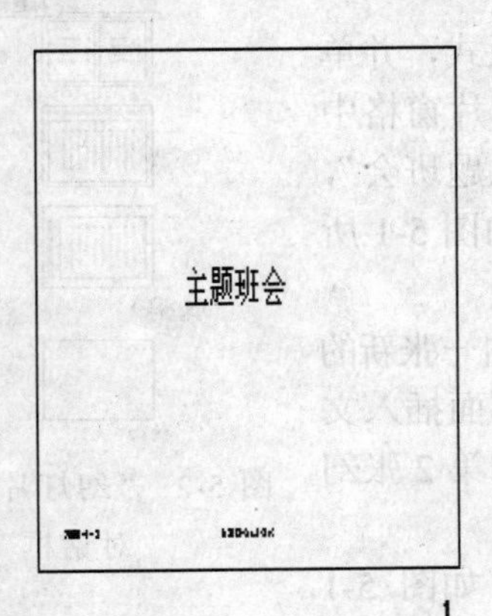

1

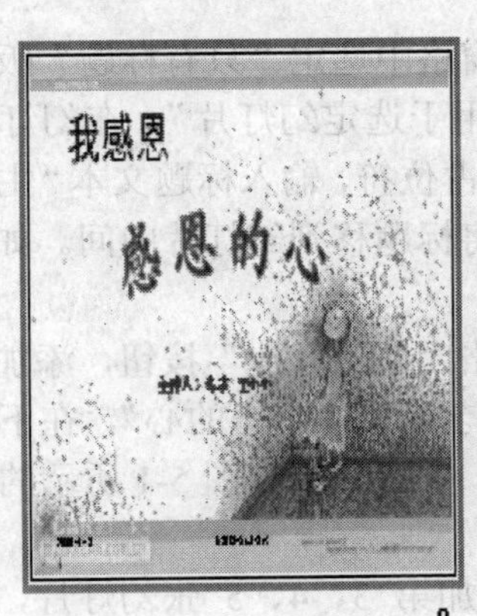

2

3

图 5-1 “主题班会”.ppt 的演示文稿

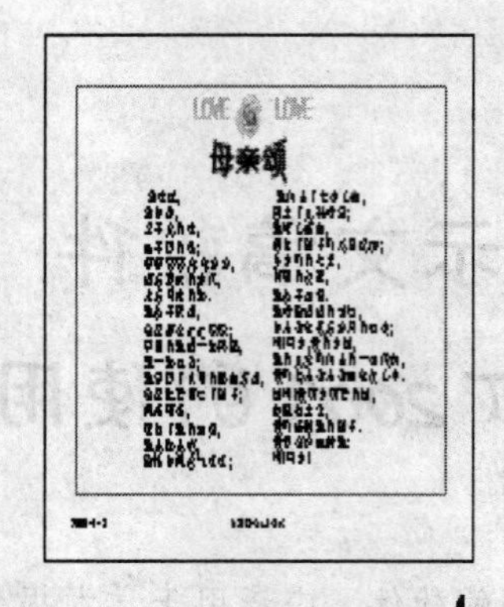

4

5

图 5-1 “主题班会”.ppt 的演示文稿（续）

（二）目的

（1）熟练掌握 PowerPoint 2003 的启动与退出，并熟悉 PowerPoint 2003 窗口。

（2）掌握演示文稿的创建、打开和保存方法。

（3）掌握在幻灯片中插入和编辑文本、图形、表格、图片、艺术字、声音及视频剪辑等对象的操作方法。

（4）掌握幻灯片的选取、插入、复制、删除、更改幻灯片顺序的方法。

（5）掌握幻灯片背景的设置方法。

（6）掌握利用幻灯片配色方案、幻灯片母版及应用设计模板设置演示文稿外观的操作方法。

二、操作步骤

（一）创建演示文稿

（1）启动 PowerPoint 2003。单击“开始”按钮，单击“程序”→Office 2003→PowerPoint 2003 选项，在窗口右侧打开“幻灯片版式”对话框，如图 5-2 所示。

（2）在“幻灯片版式”任务窗格中选定“只有标题”版式，并单击其右边的下拉箭头，选定“应用于选定幻灯片”。在幻灯片窗格中单击“单击此处添加标题”文本框占位符，输入标题文本“主题班会”，得到第 1 张“标题”幻灯片，并将标题移到幻灯片中间。如图 5-1 所示的第 1 张幻灯片。

（3）在“格式”工具栏中单击“新幻灯片”按钮，添加一张新的幻灯片，选择“空白”版式，插入艺术字“感恩的心”，在下面插入文本框，并在文本框中输入“主持：×××”。如图 5-1 所示的第 2 张幻灯片。

（4）重复第（3）步，分别添加第 3、4、5 张幻灯片，如图 5-1 所示。

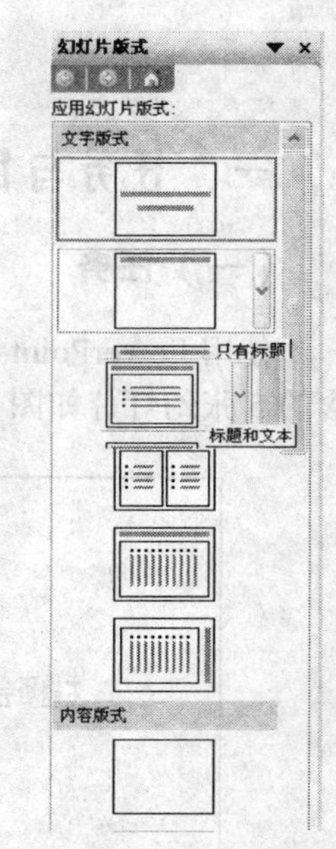

图 5-2 “幻灯片版式”对话框

（5）选定第 3 张幻灯片，在“幻灯片版式”任务窗格中选定“标题和文本”版式，并单击其右边的下拉箭头，选定“应用于选定幻灯片”。删除标题占位符，在标题占位符的位置插入艺术字“第一部曲”和“感恩父母”。在“文本”占位符位置输入指定的文本。

（6）选定第 4 张幻灯片，在“幻灯片版式”任务窗格中选定“标题和两栏文本”版式，并单击其右边的下拉箭头，选定“应用于选定幻灯片”。分别在幻灯片窗格中的两个“文本”占位符中输入文字。删除标题占位符，在标题占位符的位置插入两个文本框，并输入字符 LOVE；再在两个插入的文本框中间插入一张玫瑰图片；在下面插入艺术字“母亲颂”。

（7）选定第 5 张幻灯片，单击“插入”→“影片和声音”→“文件中的声音”命令，则在该幻灯片上显示有小喇叭形状的图标。单击“插入”→“影片和声音”→“文件中的影片”命令，即可插入视频剪辑对象。如图 5-1 所示。

（二）修改幻灯片的背景

事先准备好几张适合主题的背景图片，保存在磁盘中。

（1）选择第二张幻灯片，单击“格式”→“背景”命令，5-3 所示的对话框。

（2）单击下拉箭头，选择“填充效果”选项，在出现的“填充效果”对话框中选择“图片”选项卡，如图 5-4 所示。

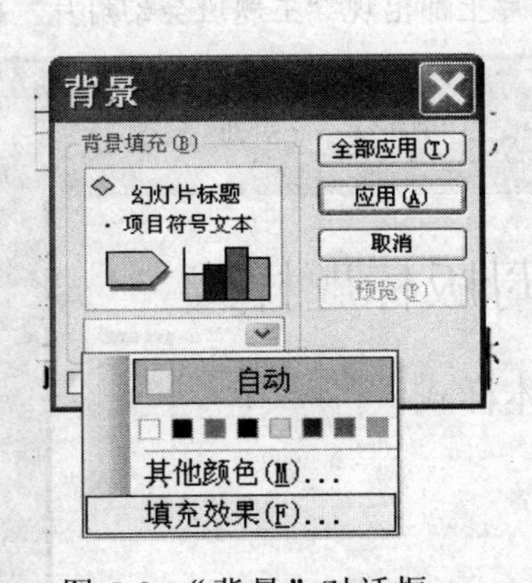

图 5-3　“背景”对话框

图 5-4　“填充效果”对话框中的“图片”选项卡

（3）单击“选择图片”按钮，在弹出“选择图片”对话框中找到所准备的背景图片文件，如图 5-5 所示。单击“插入”按钮，在“填充效果”对话框的“图片”选项卡中就显示出了所选的图片，如图 5-4 所示。

（4）在如图 5-4 所示对话框单击“确定”按钮，返回到如图 5-3 所示的“背景”对话框，此时背景填充已变为所选择的图片，单击“应用”按钮，则此图片为当前幻灯片的背景。如果单击“全部应用”，则演示文稿中的所有幻灯片都将以该图片作为背景。

（5）其他幻灯片的背景可按照上述步骤进行设置。

图 5-5 “选择图片”对话框

（三）在所有幻灯片中插入页脚

给幻灯片插入页脚有以下两种方法。

方法一： 单击“视图”→“母版”→“幻灯片母版”命令，打开“母版视图”窗口以及“幻灯片母版视图”工具栏。在如图 5-6 所示的“页脚区” 输入“主题班会幻灯片”， 单击“幻灯片母版视图”工具栏的“关闭母版”按钮，即在每张幻灯片上都出现“主题班会幻灯片”的页脚。

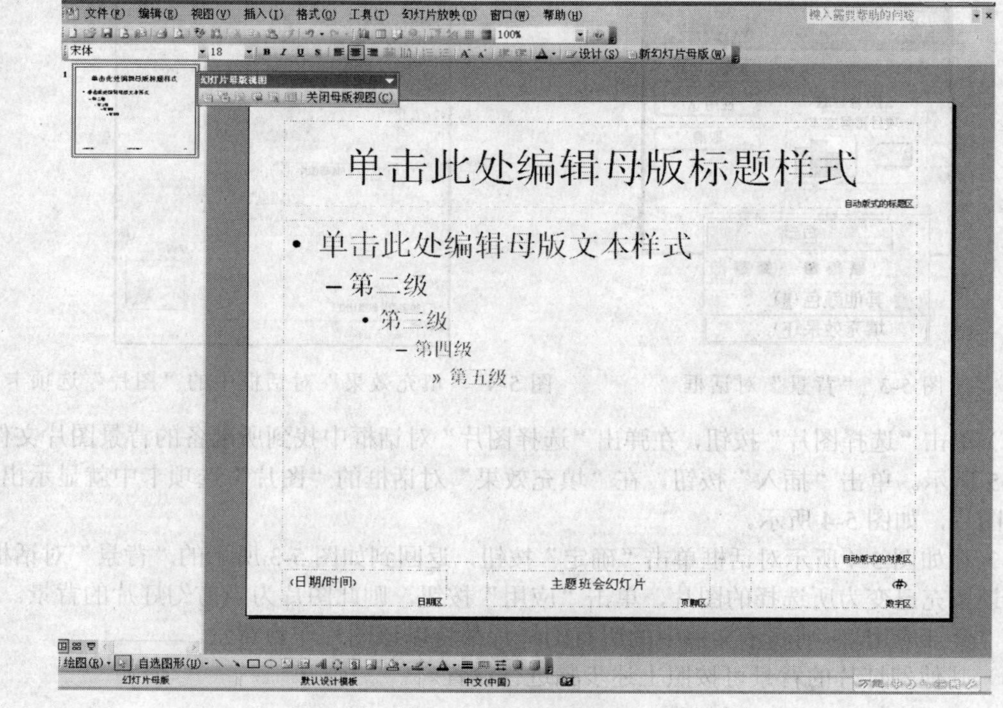

图 5-6 幻灯片母版

方法二：单击“视图”→“页眉页脚”命令，打开“页眉和页脚”对话框，如图 5-7 所示，选中“页脚”复选框，在页脚区输入“主题班会幻灯片”，单击“全部应用”按钮。也可给每张幻灯片设置页脚，如图 5-1 所示。另外在对话框中还可根据需要设置日期和幻灯片编号等。

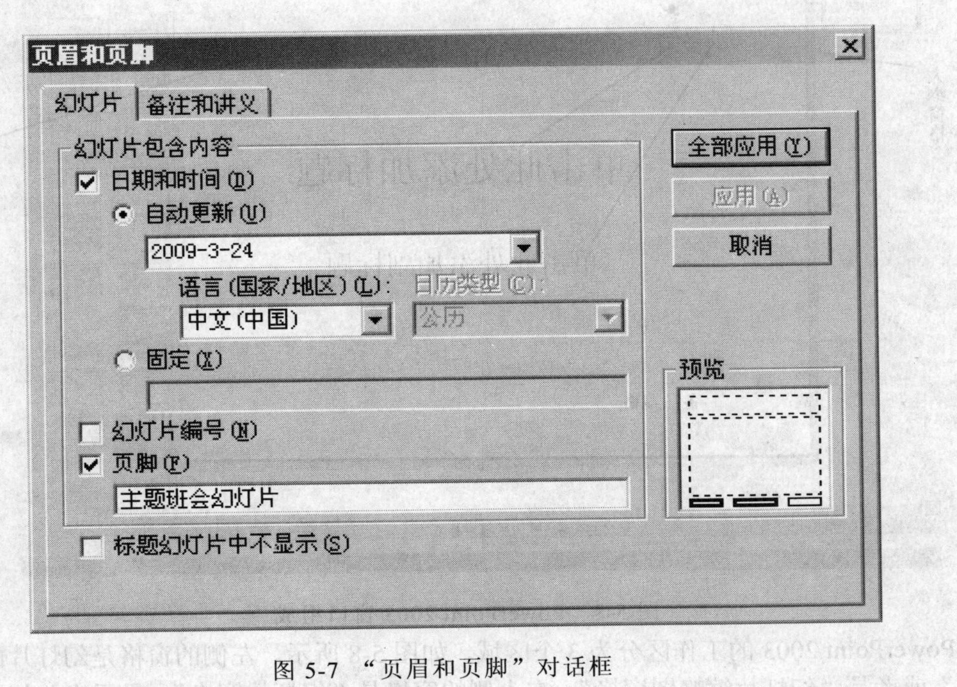

图 5-7 “页眉和页脚”对话框

（四）保存演示文稿

三、知识技能要点

（一）启动 PowerPoint 2003

启动 PowerPoint 2003 主要有以下两种方法。

方法一　标准启动方式。本任务中已作介绍。

方法二　快捷启动方式。双击桌面上的快捷方式图标。

（二）PowerPoint 2003 窗口的组成

启动 PowerPoint 2003 后，显示的窗口如图 5-8 所示，其中的标题栏、菜单栏、工具栏、滚动条、状态栏、任务窗格等元素与 Word 窗口的组成部分基本相同。主要元素如下所述。

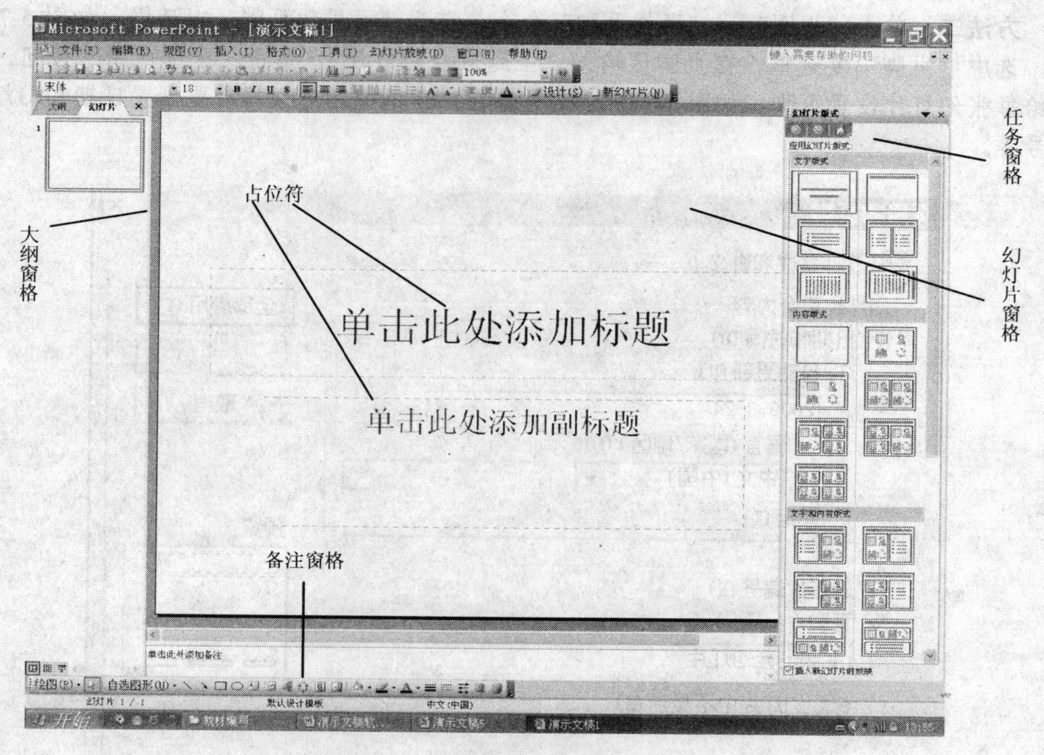

图 5-8　PowerPoint 2003 窗口组成

PowerPoint 2003 的工作区分为 3 个区域，如图 5-8 所示。左侧的窗格是幻灯片的“大纲窗格”或者是“幻灯片缩略图窗格”；右上侧的窗格是“幻灯片窗格”，显示当前幻灯片中的所有内容和设计对象，如占位符等。下侧窗格是“备注窗格”，显示的是当前幻灯片的备注。另外“任务窗格”与 Word 中的功能相似。

（三）PowerPoint 中的基本概念

1. 演示文稿

PowerPoint 生成的文件称为演示文稿，其扩展名为“.ppt”。一个演示文稿中包含了若干张幻灯片，每一张幻灯片都是由一些对象及其版式组成的。

2. 对象

对象是指 PowerPoint 幻灯片的组成元素，包括幻灯片中的文字、图像、组织结构图、表格、声音、视频等。

3. 占位符

占位符是指一种带有虚线边缘的矩形框，这些矩形框内可以容纳标题、正文、图、表、图片等对象。

4. 幻灯片版式

幻灯片版式指各对象在幻灯片上的布局。PowerPoint 提供了文字版式、内容版式、文字和内容版式及其他版式 4 类共 31 种版式。在“幻灯片版式”任务窗格中显示所有的版式。

5. 模板

模板：包含演示文稿样式的文件，包括项目符号及字体的类型和大小、占位符大小和位置、背景设计和填充、配色方案以及幻灯片母版和可选的标题母版。

6. 母版

母版是存储关于模板信息的设计模板的一个元素，这些模板信息包括字形、占位符大小和位置、背景设计和配色方案。在 PowerPoint 中有 3 种母版：幻灯片母版、讲义母版、备注母版。幻灯片母版用于设置幻灯片的样式，可供用户设定各种标题文字、背景、属性等，只需更改一项内容就可更改所有幻灯片的设计。幻灯片母版包含标题样式和文本样式。

（四）演示文稿的建立

启动 PowerPoint 2003 后，PowerPoint 2003 自动建立一个空白演示文稿，并建立一张幻灯片。另外还有 3 种方法可以新建演示文稿。

（1）单击“常用”工具栏中的“新建”按钮，可以建立一个空白的演示文稿。

（2）根据“内容提示向导”新建演示文稿，具体步骤如下。

1）单击“文件”→“新建”命令，在任务窗格上单击“根据内容提示向导”选项，打开“内容提示向导”第一步，如图 5-9 所示。

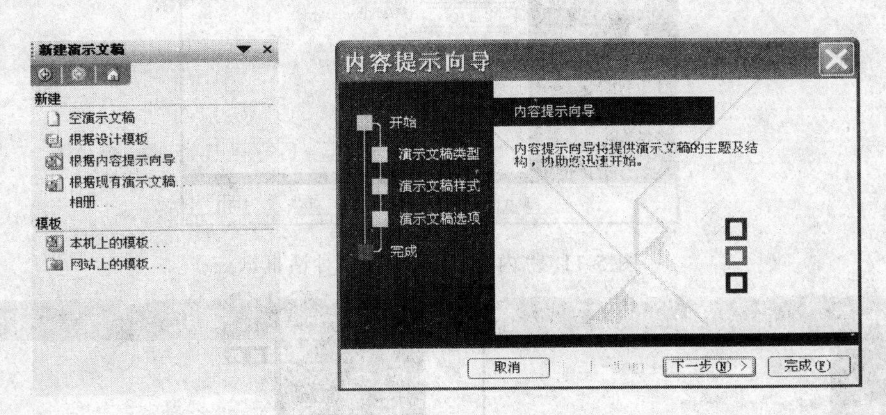

图 5-9 启动“内容提示向导”对话框（一）

2）单击“下一步”按钮，弹出如图 5-10 所示的“内容提示向导”对话框（二），在此对话框中选择演示文稿的输出类型，向导将为幻灯片选择最佳的本色方案。一般选择“屏幕演示文稿”。

3）单击“下一步”按钮，弹出如图 5-11 所示的对话框，进入到“内容提示向导”对话框（三），其中有 7 种类型可在“将使用的演示文稿类型”中进行选择，分别是全部、常规、企业、项目、销售/市场、成功指南、出版物，同时在右侧列表框中还显示了某种类型可供选择的模板。

4）单击“下一步”按钮，打开“内容提示向导”对话框（四），如图 5-12 所示。在“演示文稿标题”文本框中输入标题。由于演示文稿一般包含多张幻灯片，如果想使每张幻灯片都显示相同的内容，可以在“每张幻灯片都包含的对象”部分选择每张幻灯片上都显示的内容。

- 在“页脚”文本框中输入在每张幻灯片页脚显示的内容。
- 如果想在每张幻灯片都显示上次修改的时间，则选中“上次更新日期”复选项。
- 如果想为每张幻灯片加上编号，则选中“幻灯片编号”复选项。

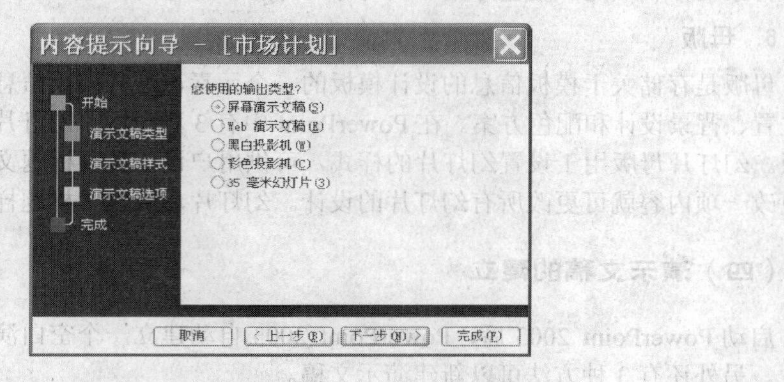

图 5-10 “内容提示向导”对话框（二）

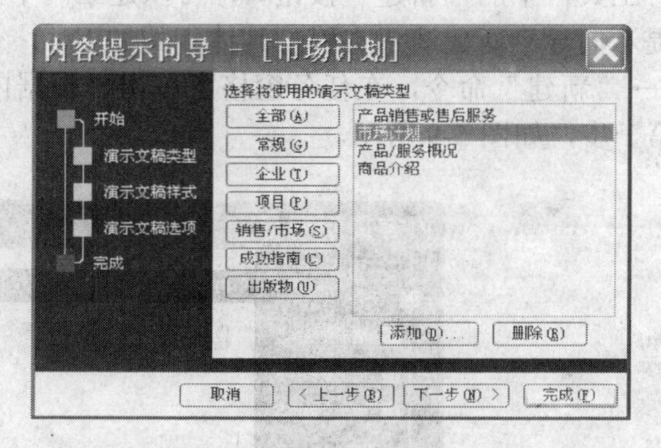

图 5-11 “内容提示向导”对话框（三）

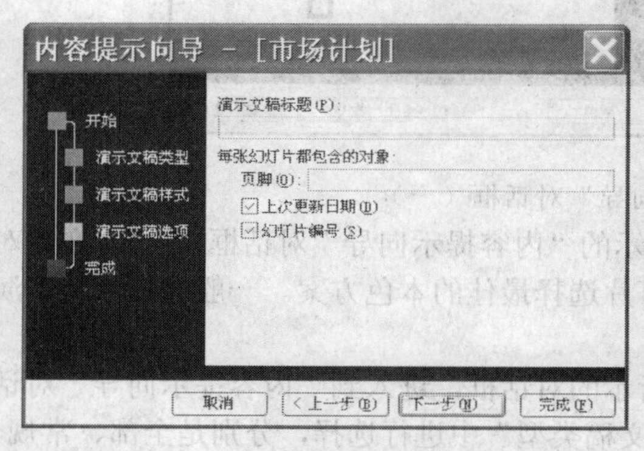

图 5-12 “内容提示向导”对话框（四）

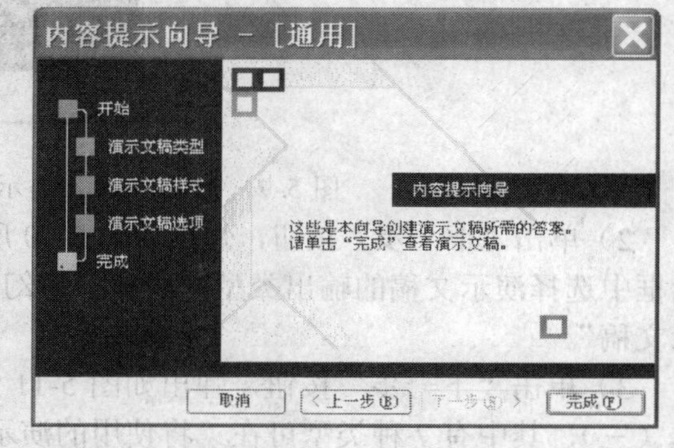

图 5-13 “内容提示向导”对话框（五）

5）单击“下一步”按钮，显示向导的最后一个对话框，如图 5-13 所示。

6）单击“完成”按钮，即可建立一个演示文稿。

（3）使用设计模板建立演示文稿，操作步骤如下。

1）单击“文件”→“新建”菜单命令，弹出“新建演示文稿”任务窗格，在“新建”下面列表中选择“根据设计模板”选项，打开如图 5-14 所示的“幻灯片设计”任务窗格。

2）在“幻灯片设计”任务窗格的“应用设计模板”栏中选中一个模板，即可应用该模板。

在“幻灯片设计”任务窗格的应用设计模板中，可供使用的模板有 30 个，每一种模板都包含配色方案、具有自定义格式的幻灯片和标题母板，及可生成特殊“外观”字体样式，它们都是经过色彩专家精心设计的，用户可根据需要任意选择。

当鼠标指向某一模板时，就会显示该模板的名称，在模板上右击或者单击模板右侧的下拉箭头，可以从出现的菜单中选择把模板“应用于所有幻灯片”或者是“应用于选定的幻灯片”、“应用于所有新的演示文稿”，还可以用“显示大型预览”选项来观看模板的细节。

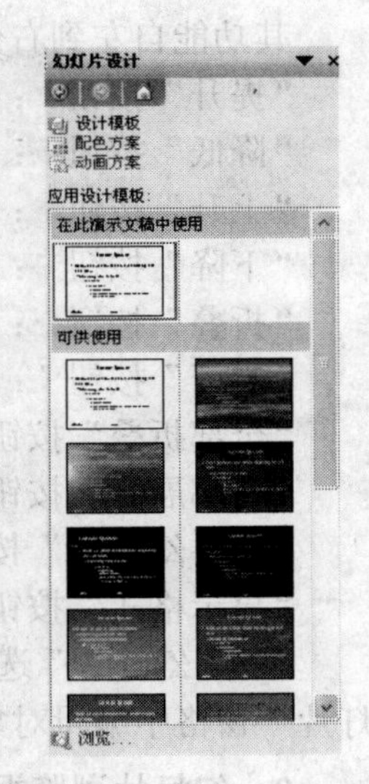

图 5-14　“幻灯片设计”任务窗格

（五）PowerPoint 2003 的视图

PowerPoint 2003 的演示文稿主要有 3 种视图方式，分别是普通视图、幻灯片浏览视图、幻灯片放映视图。在工作窗口的下方、水平滚动条左侧，有 3 个视图切换按钮，可以分别切换这 3 种视图。如图 5-15 所示。

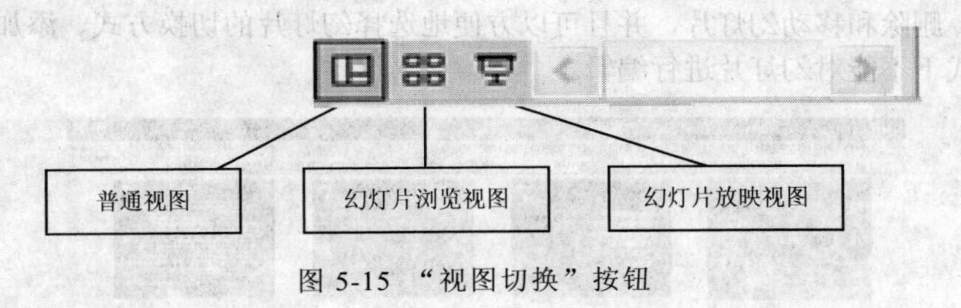

图 5-15　“视图切换”按钮

1. 普通视图

单击“普通视图”切换按钮，即可显示普通视图。这种视图是幻灯片默认的显示方式，也是编辑演示文稿时经常采用的视图。该视图由大纲窗格、幻灯片窗格和备注窗格 3 个窗格组成。如图 5-8 所示。在大纲窗格中又包含了“大纲”选项卡和“幻灯片”选项卡。用户可以在这两种方式下编辑幻灯片。

（1）“大纲”选项卡　单击“大纲”选项卡，即可在大纲栏中编辑、修改幻灯片中的对象，大纲由每张幻灯片的标题和正文组成，每张幻灯片都带有编号，大纲栏中的每一级标题都是左对齐，下一级标题是自动缩进，最多可缩进 5 层。用户还可以单击“视图”→“工具栏”→“大纲”命令，将“大纲”工具栏显示在窗口，用“大纲”工具栏来调整幻灯片的标题、正文的布局和内容、展开或折叠幻灯片的内容、移动幻灯片的位置等。“大纲”工具栏如图 5-16 所示。

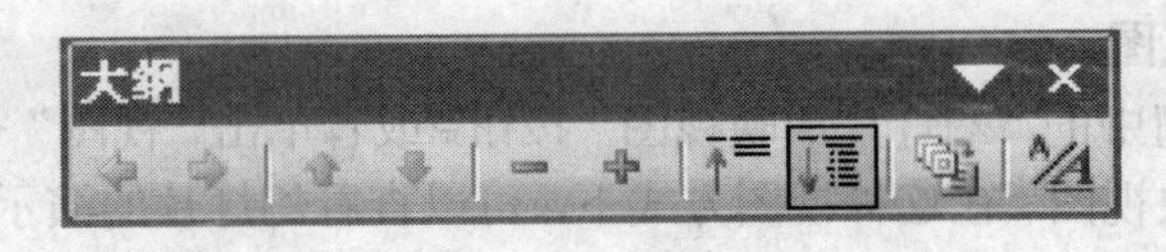

图 5-16　“大纲”工具栏

其功能自左到右分别如下所述。

“提升”按钮：提升选定标题的级别。

“降低”按钮：降低选定标题的级别。

“上升”按钮：将选定的标题前移。

“下降”按钮：将选定的标题后移。

“折叠”按钮：将选定幻灯片中的标题折叠。

“展开”按钮：将选定幻灯片中的标题展开。

“全部折叠”按钮：把每张幻灯片中的内容全部折叠，视图中只显示幻灯片的标题。

“全部展开”按钮：显示每张幻灯片中所包含的所有内容。

“摘要幻灯片”按钮：在选定幻灯片位置插入一张摘要幻灯片。

“显示格式”按钮：显示格式。

(2)“幻灯片”选项卡　单击“幻灯片”选项卡，即显示幻灯片缩略图。此时只能在“幻灯片”窗格中编辑对象。

2．幻灯片浏览视图

单击视图切换按钮中的“幻灯片浏览视图”按钮或者单击“视图”→“幻灯片浏览”命令，即可切换至幻灯片浏览视图。在这种视图方式下，演示文稿的所有幻灯片都以缩略图的形式显示，如图 5-17 所示。由于在屏幕上同时显示多张幻灯片，因此可以很容易地在幻灯片之间添加、删除和移动幻灯片，并且可以方便地选择幻灯片的切换方式、添加动画效果。但是在此方式下不能对幻灯片进行编辑。

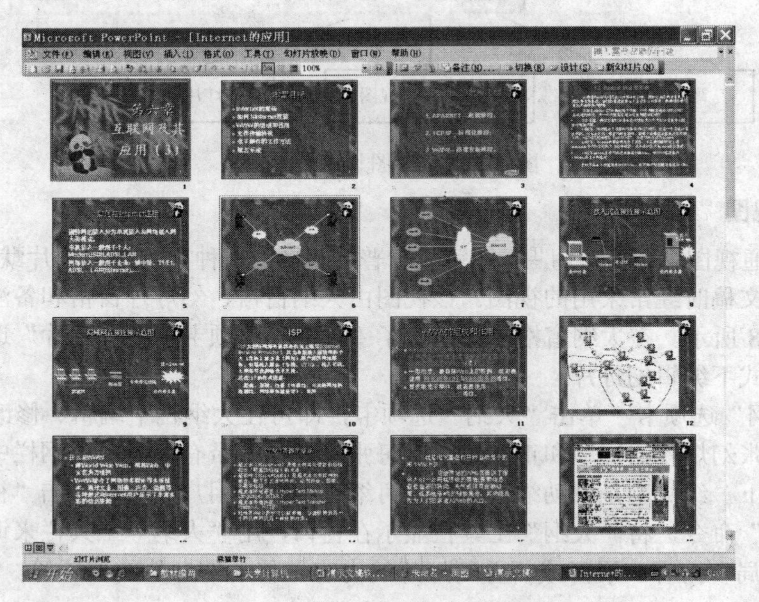

图 5-17　幻灯片浏览视图

3．幻灯片放映视图

单击视图切换按钮中的“幻灯片放映视图”按钮或者单击“视图”→“幻灯片放映”命令，即可切换至幻灯片放映视图。在这种视图方式下，可以查看幻灯片的演示文稿的放映效果。前一种方式是查看当前幻灯片，而后一种方式是从第一张幻灯片开始查看。如图 5-18 所示。

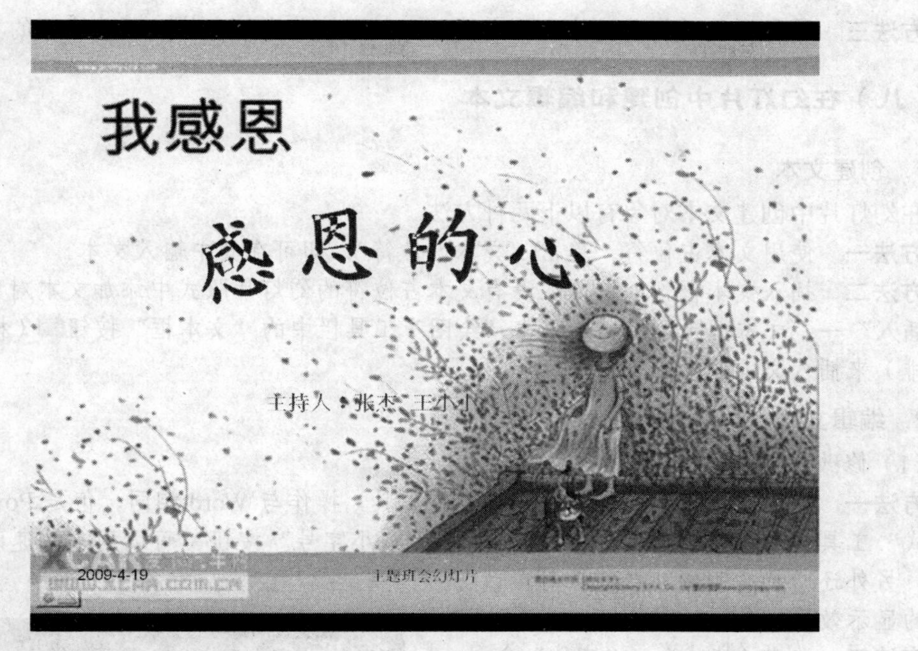

图 5-18 幻灯片放映视图

（六）保存演示文稿

演示文稿制作好后应将其保存到磁盘上，以方便今后使用。保存演示文稿时，默认的文件扩展名为“.ppt”。一个演示文稿文件就是一个 PowerPoint 文件，一个演示文稿由多张幻灯片组成，幻灯片是演示文稿的基本工作单元。保存演示文稿的方法有如下 3 种。

方法一 单击“文件”→“保存”命令。

方法二 在常用工具栏上单击“保存”按钮。

方法三 使用快捷键 Ctrl+S。

用这 3 种方法保存演示文稿时，如果是第一次保存，都会打开“另存为”对话框。在此对话框中确定“保存位置”、“文件名”及“文件类型”。

方法四 单击“文件”→“另存为”命令，这种方法常用于为当前演示文稿保存副本，即把一个已经保存过的文档另取一个文件名保存，或更换原来的保存位置。保存后，原来的文件被关闭，当前的文件变为另存后的文件。

（七）打开演示文稿

在 PowerPoint 中打开已经存在的演示文稿的方法如下所述。

方法一 单击“文件”→“打开”命令。

方法二 单击“常用”工具栏上的“打开”按钮。

以上两种方法都会打开一个“打开”对话框，在对话框中选择演示文稿所在的驱动器、文件夹及文件名，然后单击“打开”按钮即可。这样打开演示文稿时，是默认的可读写的打开方式，如果单击“打开”按钮右侧的下拉箭头，还可以选择“以只读方式”打开、“以副本方式”打开等打开方式（操作过程基本同于 Word 和 Excel）。

方法三 要打开最近使用过的演示文稿，可以直接单击“文件”菜单底部的文件名。

（八）在幻灯片中创建和编辑文本

1．创建文本

在幻灯片中创建文本对象有以下两种方法。

方法一 使用文本占位符。单击“文本占位符”，即可在其中输入文本。

方法二 插入文本框。如果要在没有文本占位符的幻灯片版式中添加文本对象，可以单击“插入”→“文本框”命令或者单击“绘图”工具栏中的“文本框”按钮（横排）或（竖排）来插入文本。

2．编辑文本

（1）修改字体

方法一 利用“格式”工具栏中字体设置工具，操作与 Word 相同。但是 PowerPoint 的“格式”工具栏增加了“增大字号”按钮、“减小字号”按钮可以用来快速改变字符的大小。另外还增加“阴影”按钮可以改变字符的显示效果。

方法二 单击“格式”→“字体”命令，打开“字体”对话框，根据需要改变文本的字体、字形、字号、颜色、效果等，设置完成后单击“确定”按钮关闭对话框。

（2）调整行距 首先选中要调整行距的文本，单击“格式”→“行距”命令，打开“行距”对话框，如图 5-19 所示。修改“行距”、“段前”或“段后”框中的数值，单击“预览”按钮，如果符合要求，单击“确定”按钮。在调整行距时，可以在数值框右侧下位列表中选择输入数值的单位“行”或者是“磅”。

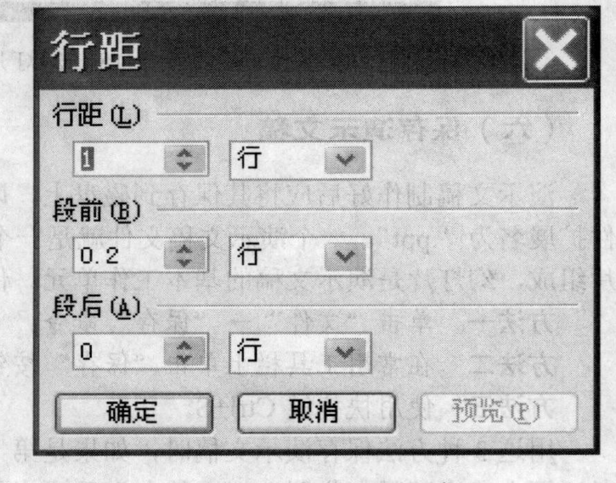

图 5-19 “行距”对话框

文本的其他编辑与 Word 操作相同，在此不再叙述。

（九）插入及编辑图表

有时在幻灯片中需要插入一些图表和数据以增加说服力和演示效果。其插入方法主要有以下 3 种。

方法一 选择一种需要的幻灯片版式，单击“插入”→“图表”命令。

方法二 选择一种需要的幻灯片版式，单击“常用”工具栏中的插入图表按钮。

方法三 选择并应用一个包含内容占位符的幻灯片版式，单击其中的插入图表按钮。

以上 3 种方法都会出现一个系统预制的数据表和柱形图，如图 5-20 所示。在预制数据表对应的行、列中输入自己所需的文字及数字，图表就会依据修改后的数据发生相应的变化，如图 5-20 所示。参照 Excel 中图表的方法，利用“数据”及“图表”菜单或工具栏按钮对图表进行设置。编辑好图表后，在幻灯片的空白处单击，关闭数据表，调整图表的大小和位置即可。

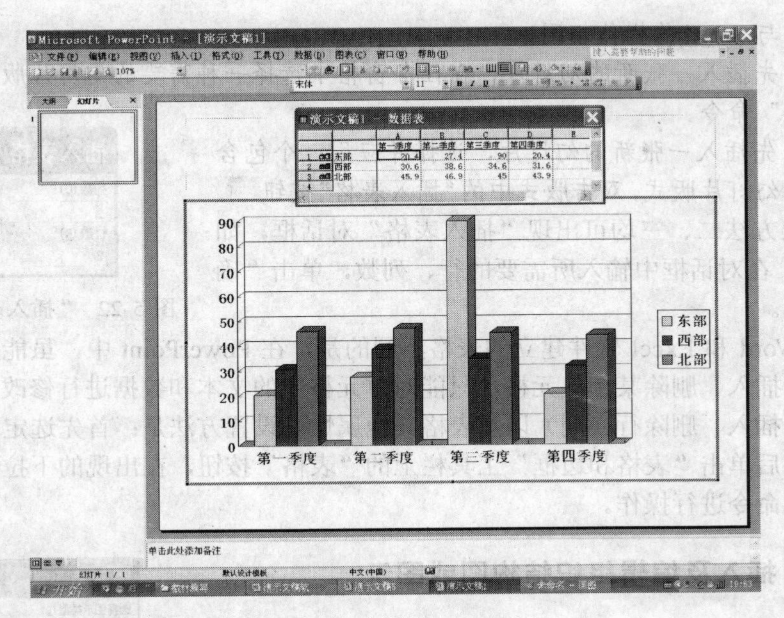

图 5-20　插入图表的预制数据

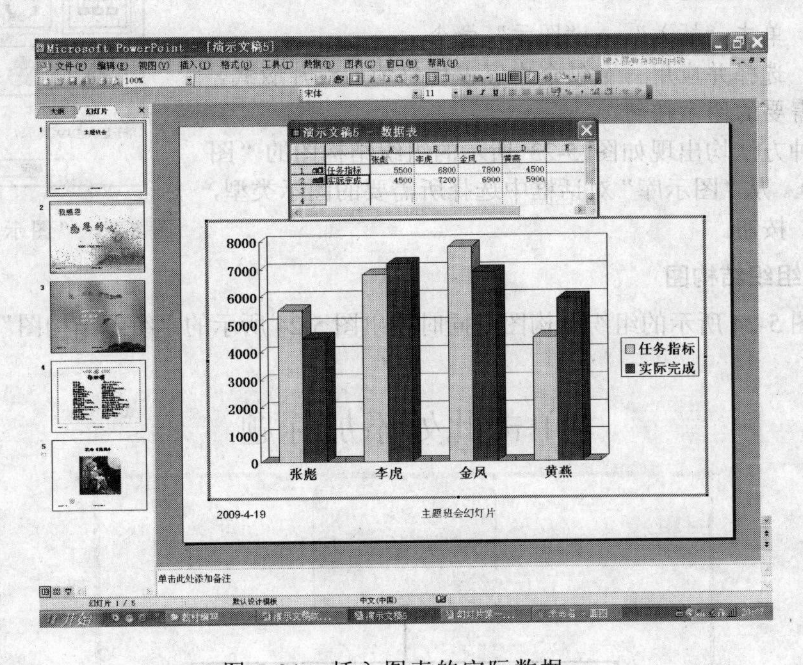

图 5-21　插入图表的实际数据

（十）插入及编辑表格

PowerPoint 2003 表格是以表格对象的形式插入在幻灯片中的，在 PowerPoint 2003 中插入表格的方法有多种，具体如下所述。

方法一　先插入一张新的幻灯片，在任务窗格中选择一种需要的幻灯片版式，单击“常用”工具栏中的“插入表格”按钮，用鼠标拖动“表格”框，直到获得需要的行、列数为止。具体操作与 Word 的操作相同。

方法二 先插入一张新的幻灯片，在任务窗格中选择一种需要的幻灯片版式，单击“插入”→“表格”命令。

方法三 先插入一张新的幻灯片，选择并应用一个包含表格占位符的幻灯片版式，双击版式中的“插入表格”按钮。

使用以上方法二、三均可出现“插入表格”对话框，如图 5-22 所示。在对话框中输入所需要的行、列数，单击“确定”按钮即可。

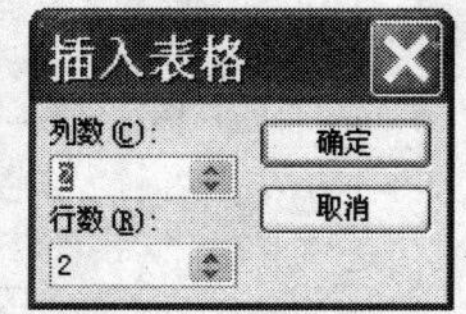

图 5-22 “插入表格”对话框

与使用 Word 和 Excel 软件建立的表格不同的是，在 PowerPoint 中，虽能插入、删除行和列，但不能插入、删除某个单元格，只能对单元格中的文本和数据进行修改。

在表格中插入、删除行（列）以及表格其他属性的设置方法是：首先选定要插入或删除的单元格，然后单击“表格和边框”工具栏上的“表格”按钮，在出现的下拉菜单中根据需要选择相应的命令进行操作。

（十一）插入及编辑组织结构图或图示

1. 插入组织结构图或图示的方法

方法一 单击“插入”→“图示”命令。

方法二 选择并应用一个包含内容占位符的幻灯片版式，单击其中所需要的图示按钮。

以上两种方法均出现如图 5-23 所示的组织结构图的“图示库”对话框。从“图示库”对话框中选择所需要的图示类型，单击“确定”按钮。

图 5-23 “图示库”对话框

2. 编辑组织结构图

插入如图 5-24 所示的组织结构图，同时弹出图 5-24 所示的“组织结构图”工具栏。

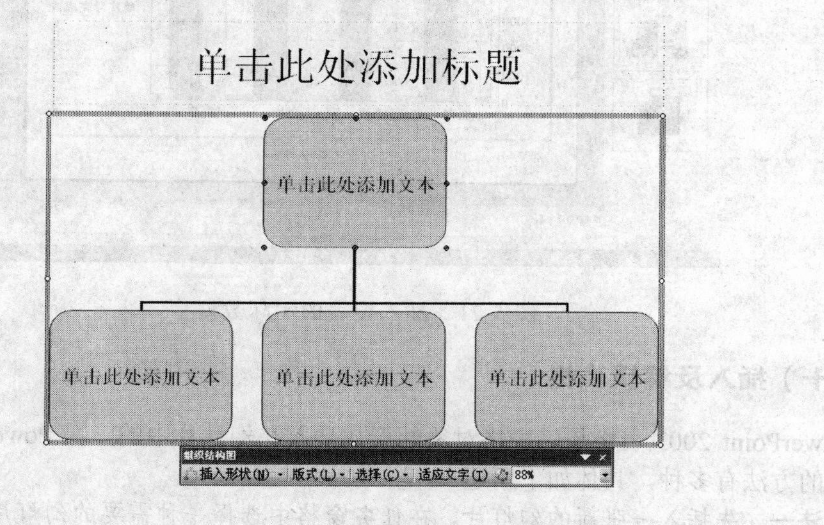

图 5-24 “组织结构图”及其工具栏

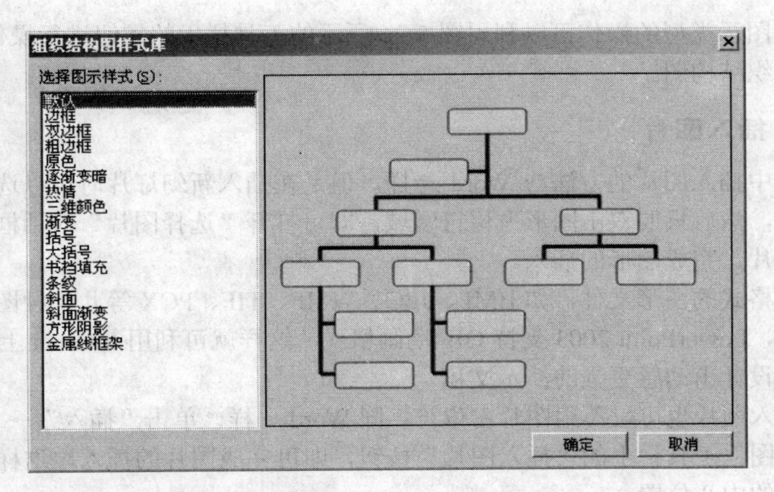

图 5-25 “组织结构图样式库”对话框

（1）输入标题　在图 5-24 中“单击此处添加标题”占位符中输入标题。

（2）在图框中输入文字　单击图框键入文字或者右击该图框，在弹出的快捷菜单中，单击“编辑文字”命令并键入文字。

（3）添加图框　选择相关的图框，单击“组织结构图”工具栏上的“插入形状”按钮，从出现的下拉菜单中选择需要的形状。其形状主要有 3 种。

1）“同事”：将形状放置在所选图框的旁边并连接到同一个上级图框上。

2）“下属”：将新的图框放置在下一层并将其连接到所选图框上。

3）“助手”：将新的助手图框放置在所选图框之下。

若要删除一个图框，请选择该项图框并按 Del 键。

（4）图框属性的设置　选取所要选定的图框后双击，打开“设置自选图形格式”对话框，可以设置图框线的颜色和线型、填充、纹理、图案或图片。

（5）改变组织结构图的样式　单击“组织结构图”工具栏上的“自动套用版式”按钮，在打开的“组织结构图样式库”对话框中，从中选取一种样式，单击“确定”按钮即可，如图 5-25 所示。

3．插入和编辑图示

除了组织结构图之外，图示库中还有其他 5 种类型的图示，分别如下所述。

（1）循环图　用于显示具有循环过程的图表。

（2）射线图　用于显示元素与核心元素的关系。

（3）棱锥图▲　用于显示基于基础的关系。

（4）维恩图　用于显示元素之间重叠区域的图示。

（5）目标图　用于说明为实现目标而采取步骤的图表。

在如图 5-23 所示图中选择循环图、射线图、棱锥图、维恩图、目标图 5 种图示类型之一，单击“确定”按钮，就插入一个图示，同时显示如图 5-26 所示的“图示”工具栏。

图 5-26 “图示”工具栏

上述 5 种图示类型的操作可以利用图 5-26 所示的工具栏上的按钮进行操作，其操作方法基本类似于组织结构图。

（十二）插入图片

在幻灯片中插入图片的方法与 Word 一样，但是在插入新幻灯片时可以选择有图片占位符的自动版式，然后只要双击图形占位符区域，即可打开“选择图片”对话框，从中查找到所要插入的图片，完成图形的插入。

支持多种格式的图形文件，如 BMP、JPG、WMF、TIF、PCX 等几十种图形格式。特别值得一提的是，PowerPoint 2003 支持 GIF 动画格式，这样就可利用 Internet 上大量的 GIF 动画图片资源，设计出动感更强的演示文稿。

另外，插入图片也可以不用图片占位符，同 Word 一样，单击“插入”→“图片”命令，或者单击“绘图”工具栏上的“插入图片”按钮，即可完成图片的插入，这样插入的图片自动放在幻灯片的中心位置。

如果需要在幻灯片中插入艺术字，其操作方法与 Word 相同。

（十三）插入声音

为了制作集文、图、声、像于一体的多媒体演示文稿，在幻灯片上插入声音是经常使用的一种操作，声音对象可以是音乐、解说等。声音对象插入后，在幻灯片上只是出现一个代表声音、音乐对象的小喇叭图标。插入声音的操作过程在本任务中已作过描述。

在幻灯片中插入一个声音文件之后，会出现一个声音图标，这个声音图标虽不算太大，但在放映过程中还是会影响美观，因此有时需要放映时把这个声音图标隐藏起来，同时还能对这个声音文件进行编辑，而在编辑时，这个声音图标是不需要隐藏的，只需要在放映状态下看不到这个声音图标即可。其操作方法如下所述。

单击声音图标，单击“幻灯片放映”→“自定义动画”命令，单击动画方式后的下拉箭头，如图 5-27 所示，在菜单中选择“效果选项”，打开如图 5-28 所示的“播放　声音”对话框，在“声音设置”选项卡下选中“幻灯片放映时隐藏声音图标”复选项。单击“确定”按钮回到编辑状态，此时声音图标可见，可以对其进行编辑，但在放映时，声音图标就自动隐藏了。这样，声音图标不会对放映造成影响，同时也不影响对幻灯片的编辑。

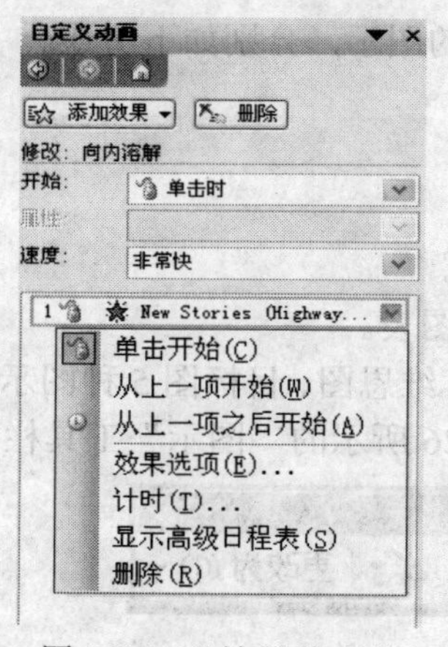

图 5-27　“效果选项”

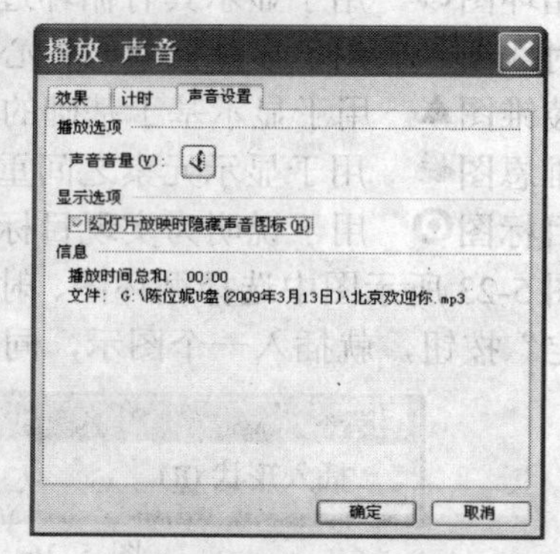

图 5-28　“播放　声音”对话框

（十四）幻灯片的编辑

幻灯片的编辑是指对幻灯片的选择、插入、移动、复制和删除等操作，一般在幻灯片的普通视图和幻灯片浏览视图中进行。

1．选取幻灯片

在进行幻灯片的移动、复制和删除操作之前，首先要选择幻灯片。选择一张幻灯片时，用鼠标单击它即可，选中的幻灯片周围会出现一个黑色边框。

如果要选取多张连续的幻灯片，可先选取第一张幻灯片，按下 Shift 键后再单击最后一张幻灯片。如果要选取多张不连续的幻灯片，可按下 Ctrl 键后分别单击需要的幻灯片。按 Ctrl＋A 键或者单击“编辑”→“全选”命令可以选择所有的幻灯片。

2．删除幻灯片

选定要删除的幻灯片，按 Del 键或单击“编辑”→“删除幻灯片”命令即可。

3．复制、移动幻灯片

复制、移动幻灯片的方法有如下两种。

方法一　利用菜单命令。

（1）选定要移动或复制的幻灯片，单击“编辑”→“剪切（复制）”命令。

（2）将插入点移至移动（或复制）的目标位置，单击“编辑”→“粘贴”命令即可。

方法二　利用鼠标拖动。

选定要移动的幻灯片，按住鼠标左键拖动至目标位置。如果要复制幻灯片，在拖动的过程中按住 Ctrl 键不放。

4．插入幻灯片

在演示文稿中插入一张新幻灯片，方法有以下两种。

方法一　单击“格式”工具栏中的“新幻灯片”按钮。

方法二　单击“插入”→“新幻灯片”命令或按（Ctrl+M）键。

在 PowerPoint 2003 中也可以把一个演示文稿中的幻灯片插入到另一个演示文稿中，其步骤如下所述。

打开要插入幻灯片的演示文稿，选定一张幻灯片，那么新插入的幻灯片就插入到该幻灯片之后。单击“插入”→“幻灯片（从文件）”命令，打开如图 5-29 所示的“幻灯片搜索器”对话框，通过浏览找到所需的演示文稿，然后选择要插入的幻灯片，单击“插入”按钮，即把该幻灯片插入到当前演示文稿中选定的幻灯片之后。如果要插入演示文稿中所有的幻灯片，可以单击“全部插入”按钮，选中“保留源格式”复选框，可以选择插入的幻灯片是否使用当前演示文稿的格式设置。

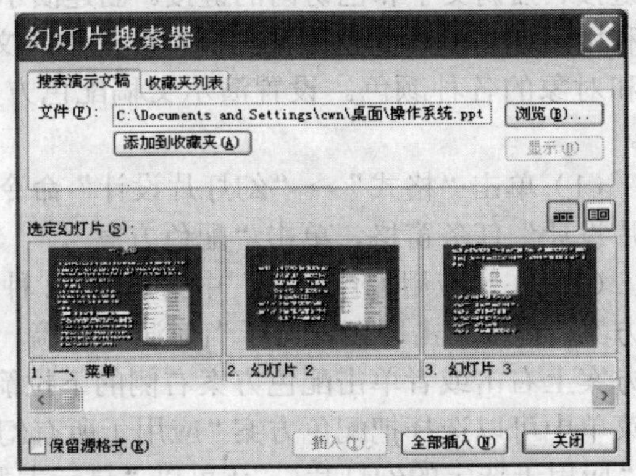

图 5-29　“幻灯片搜索器”对话框

5. 隐藏/显示幻灯片

有时在放映幻灯片时并不希望所有的幻灯片都放映出来，某些幻灯片只在需要的时候才会显示给观众，这些幻灯片在放映时就需要进行隐藏。其操作方法是：选中要隐藏的幻灯片，单击“幻灯片放映”→“隐藏幻灯片”命令，或在幻灯片浏览视图下单击“幻灯片浏览”工具栏中的“隐藏幻灯片”按钮。

（十五）设置幻灯片背景

幻灯片背景的设置在本任务的操作步骤中已作详细介绍，在此不再描述。

（十六）幻灯片母版

母版是 PowerPoint 中一类特殊的幻灯片。母版控制了某些文本特征，如字体、字号、字体颜色等，还控制背景和一些特殊效果。母版类似于其他一般幻灯片，用户可在其上面添加文本、图形、边框等对象，也可以设置背景对象。在母版中添加对象后，该对象将出现在演示文稿的每一张幻灯片中，但是在母版的占位符中输入的文本内容不会影响到幻灯片中对应的文本占位符的内容，只会影响到幻灯片对应占位符的格式。使用母版的步骤如下所述。

单击“视图”→“母版”→“幻灯片母版”命令，则显示“幻灯片母版视图”工具栏，如图 5-6 所示，它包括标题、文本、日期、页脚和数字 5 个占位符，可以用来分别确定幻灯片母版的版式。

要设置幻灯片母版中的文本格式，先选择相应的文本占位符，同样利用“格式”菜单或工具栏按钮设置字体、项目符号和编号、对齐方式、行距等内容。

向“幻灯片母版”中插入对象的操作类似于在普通幻灯片中插入对象，并调整其所在的位置，最后单击“幻灯片母版视图”工具栏上的“关闭母版视图”按钮，退出母版编辑即可。

（十七）配色方案

幻灯片的每个设计模板都有一套配色方案，每种配色方案由 8 种比较协调的颜色组成，这 8 种颜色分别是背景、文本和线条、阴影、标题文本、填充、强调、强调文字和超链接、强调文字和已访问的链接。创建演示文稿时，还可利用演示文稿的配色方案定义幻灯片中的文本、项目符号和对象的各种颜色。设置演示文稿配色方案的步骤如下。

（1）单击“格式”→“幻灯片设计”命令，打开“幻灯片设计”任务窗格，单击“配色方案”。

（2）在“应用配色方案”中给出了 12 种预定义的配色方案，直接单击即可应用于当前演示文稿。在某一种配色方案上右击或者单击配色方案右侧的下拉箭头，从出现的菜单中可以选择把配色方案“应用于所有幻灯片”或者是“应用于选定的幻灯片”，还可以“显示大型预览”，如图 5-30 所示。

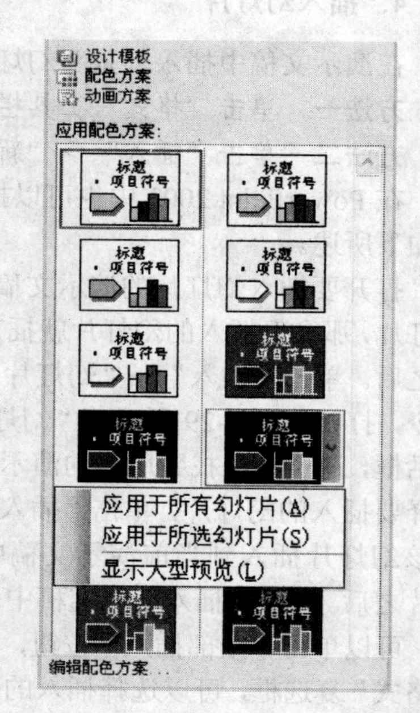

图 5-30 “配色方案”任务窗格

（3）如果要改变某种配色方案中的颜色，单击任务窗格底部的“编辑配色方案”，打开图 5-31 所示的“编辑配色方案”对话框。在其中选择要修改的项目，单击“更改颜色”按钮，从弹出的颜色对话框中选取合适的颜色，单击“确定”按钮，即可以在对话框的右下角的预览窗口看到修改后的效果。

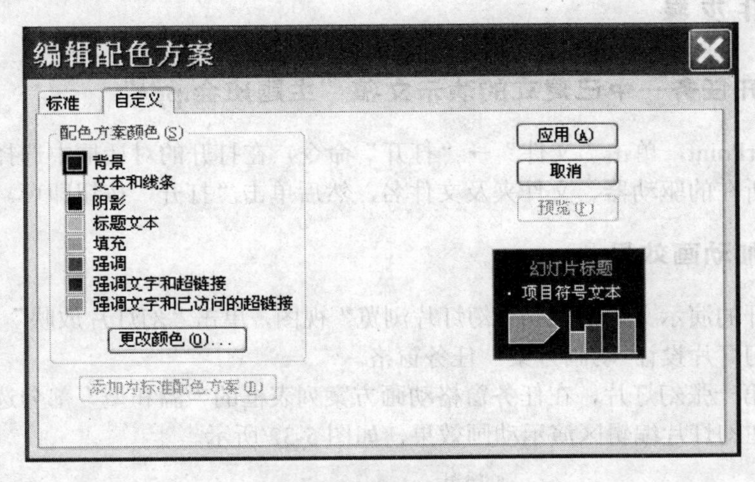

图 5-31 “编辑配色方案”对话框

（4）需要更改颜色的对象更改完成后，可以单击“应用”按钮将其应用于幻灯片，也可以单击“添加为标准配色方案”按钮，将其作为新的配色方案保存。

任务二 制作有交互功能和动画效果的演示文稿并放映

幻灯片中的对象，如文本、图形等都可设置动画效果。在幻灯片放映过程中，幻灯片之间相互切换时，也可采用动画方式，这样可以使演示更加生动。

演示文稿中的幻灯片在放映过程中，还需要有一定的交互功能，这样在放映过程中可以根据需要进行跳转到指定的位置，如本文档中的其他幻灯片、其他演示文稿、某个网址等。使演示文稿的放映更加灵活。这些交互功能可以通过超级链接来实现。

一、任务与目的

（一）任务

为对任务一中制作的演示文稿添加交互功能和动画效果，完成后在放映演示文稿时可以按照指定的项目进行，然后返回到目录幻灯片，同时在放映及切换幻灯片时显示动画效果。

（二）目的

（1）掌握幻灯片的切换设置。

（2）掌握使用“动画方案”和“自定义动画”给幻灯片添加动画效果的方法。
（3）掌握使用超链接、动作设置或动作按钮制作有交互功能的幻灯片。
（4）掌握幻灯片的放映设置及各种放映方式。

二、操作步骤

（一）打开任务一中已建立的演示文稿“主题班会.ppt”

启动 PowerPoint，单击“文件”→“打开”命令，在打开的对话框中选择在任务一中创建的演示文稿所在的驱动器、文件夹及文件名，然后单击“打开”按钮即可。

（二）添加动画效果

（1）将打开的演示文稿切换到“幻灯片浏览”视图，单击“幻灯片放映”→“动画方案”命令，弹出“幻灯片设计-动画方案”任务窗格。

（2）选中第一张幻灯片，在任务窗格动画方案列表框的“温和型”部分选择“压缩”方案，系统自动在幻灯片编辑区演示动画效果，如图 5-32 所示。

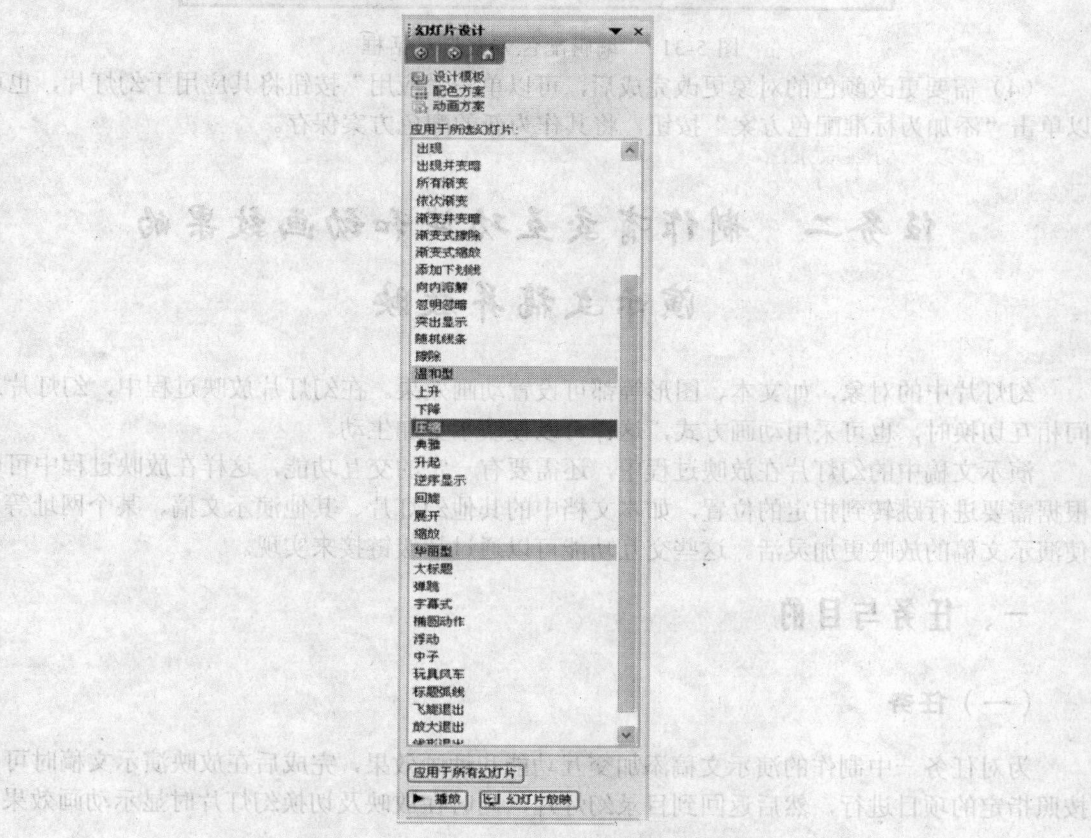

图 5-32　为第 1 张幻灯片设置动画效果

（3）将幻灯片切换到普通视图，单击“幻灯片放映”→“自定义动画”命令，打开“自定义动画”窗格。

（4）将第 2 张幻灯片设置为当前幻灯片，选中右上角的“感恩”图片，单击任务窗格中的“添加效果”按钮，并单击“进入”→“盒状”命令，如图 5-33 所示。

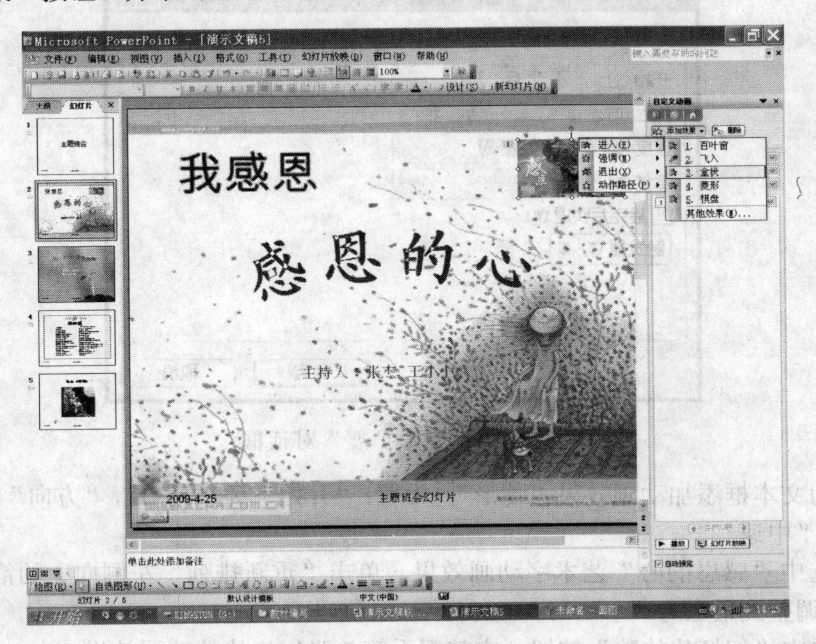

图 5-33　设置对象动画效果

在“修改”动画效果区域中，打开“开始”下拉列表中，选择“之后”激活动画方式，即在动画序列中上一动画开始后激活动画，将“方向”选择为“外”，速度选择为“快速”，如图 5-34 所示。

（5）选中艺术字“感恩的心”，为其添加动画效果，单击“进入”→“其他效果”命令，打开“添加效果”对话框，在其中“基本型”部分选择“十字形扩展”方案，单击“确定”按钮，如图 5-35 所示，打开“十字形扩展”动画效果调整对话框，打开“计时”选项卡，调整效果如图 5-36 所示。

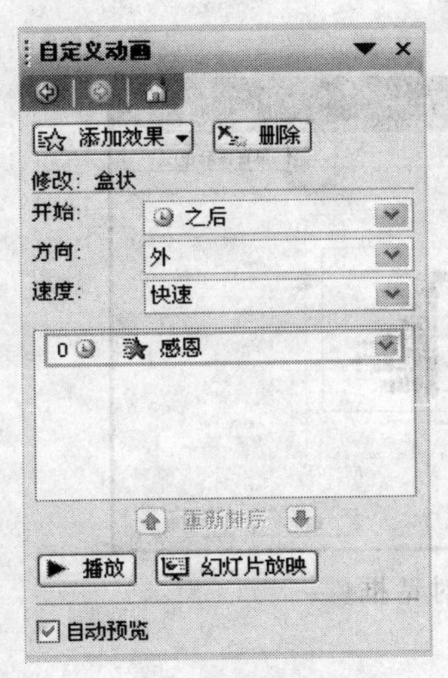

图 5-34　设置动画激活方式

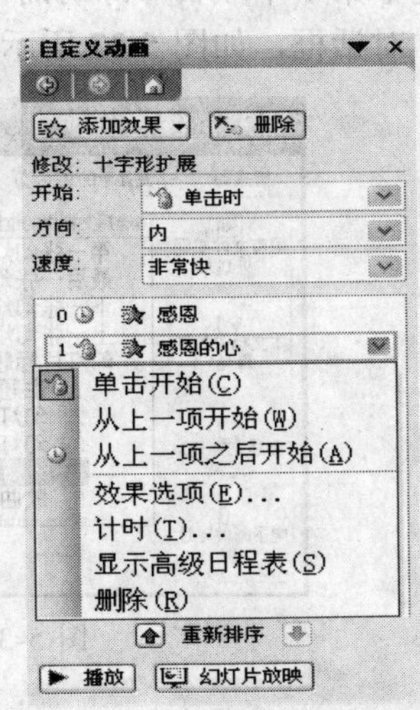

图 5-35　调整动画效果下拉列表

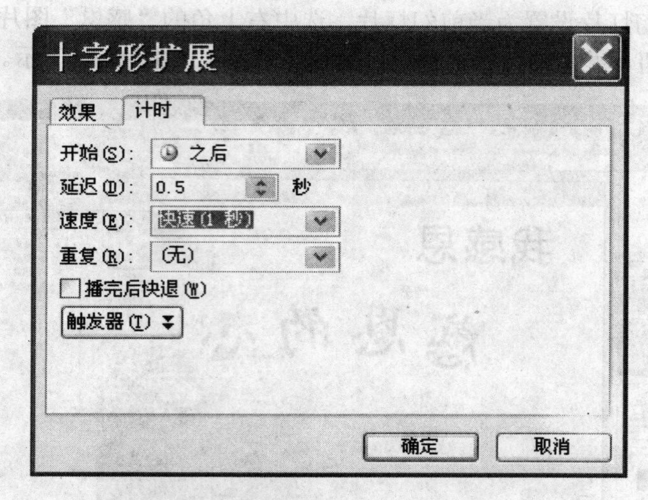

图 5-36 “十字形扩展”对话框

（6）为文本框添加动画效果“菱形”，设置：“开始”为“之后”，“方向”为“向外”，“速度”为“中速”。

（7）选中“感恩的心”艺术字动画效果，单击“重新排列”左侧向上的箭头，将艺术字动画效果调整到最上方。

（8）单击“幻灯片放映”按钮，完整观看第 2 张幻灯片的动画效果。

（9）与上述操作类似，完成其他幻灯片中各对象的动画设置。

（三）设置英似交互功能

为第 3 张幻灯片的各项目插入超链接，并在各项目幻灯片上添加返回第 3 张幻灯片的控制按钮。

（1）将演示文稿切换到普通视图，选中第 3 张幻灯片，使之成为当前幻灯片。

（2）选中第 1 个项目“诗朗诵《母亲颂》㊀”，单击“插入”→“超链接”命令，弹出“插入超链接”对话框，如图 5-37 所示。

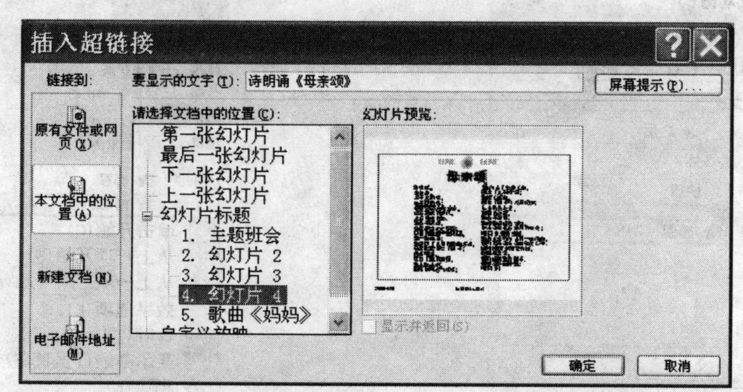

图 5-37 “插入超链接”对话框

㊀ 选自天涯诗会。

在“链接到”列表区选择“本文档中的位置”，在“请选择文档中的位置”列表中选择第 4 张幻灯片，单击“确定”按钮返回，幻灯片中带有超链接的文本下面有下划线的标记。

(3)继续为第 2 个项目插入超链接，对应的幻灯片是第 5 张幻灯片。效果如图 5-38 所示。

图 5-38 文本超链接

(4) 为第 4 张幻灯片添加返回控制按钮。先将第 4 张幻灯片设为当前幻灯片，单击“幻灯片放映”→“动作按钮”命令，系统自动打开级联菜单，选中“自定义”动作按钮，则鼠标变为“+”字形，在幻灯片右下方画一个矩形，弹出“动作设置”对话框，如图 5-39 所示。在“单击鼠标”选项卡中将“单击鼠标时的动作”选择为“超链接到”，并在下拉列表中选择“幻灯片”，打开“超链接到幻灯片”对话框。在“幻灯片标题”列表框中选择“3．幻灯片 3”，如图 5-40 所示，单击“确定”按钮返回“动作设置”对话框，并单击“确定”按钮返回至主窗口。

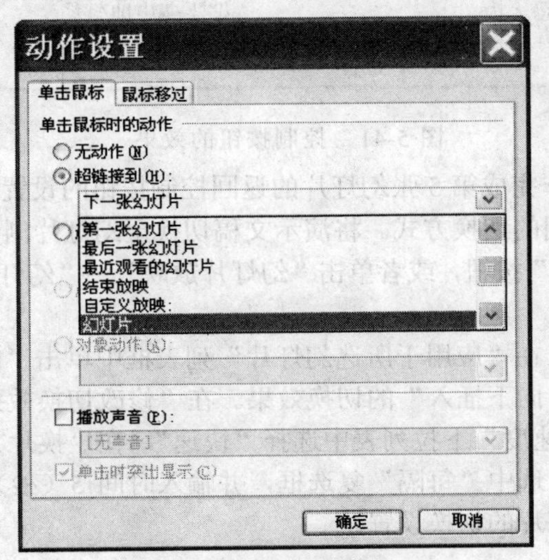

图 5-39 “动作设置”对话框

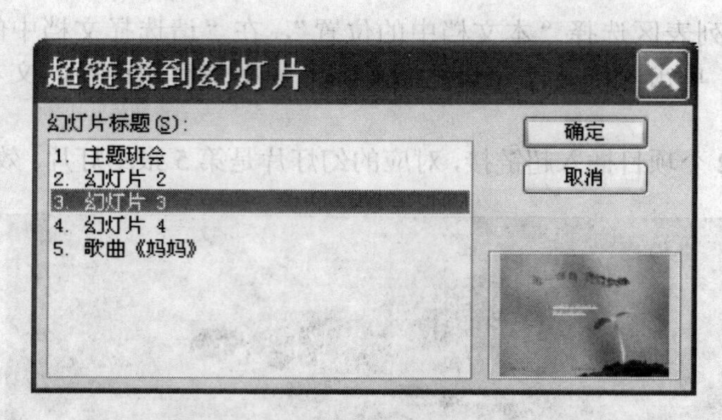

图 5-40 “超链接到幻灯片”对话框

右击动作按钮，在弹出的快捷菜单中单击“添加文本”命令，为控制按钮添加“返回”文本，调整好文本的字体、字号、字体颜色等。效果如图 5-41 右下图所示。

图 5-41 控制按钮的效果

（5）类似于上述操作完成第 5 张幻灯片的返回控制按钮的设置。

（6）设置幻灯片之间的切换方式。将演示文稿切换至幻灯片浏览视图下，在“幻灯片浏览”工具栏上单击“切换”按钮，或者单击“幻灯片放映”→“幻灯片切换”命令，打开“幻灯片切换”任务窗格。

选中第 1 张幻灯片，在“应用于所选幻灯片”列表框中单击“向下插入”选项，此时，第 1 张幻灯片立即演示“向下插入”的切换效果。在“修改切换效果”的“声音”下拉列表中选择“照相机”，在“速度”下拉列表中选择“快速”，在“换片方式”的选项中取消选中“单击鼠标时”复选框，选中“每隔”复选框，并输入时间 5（秒），如图 5-42 所示。类似于上述操作完成其他幻灯片的切换设置。

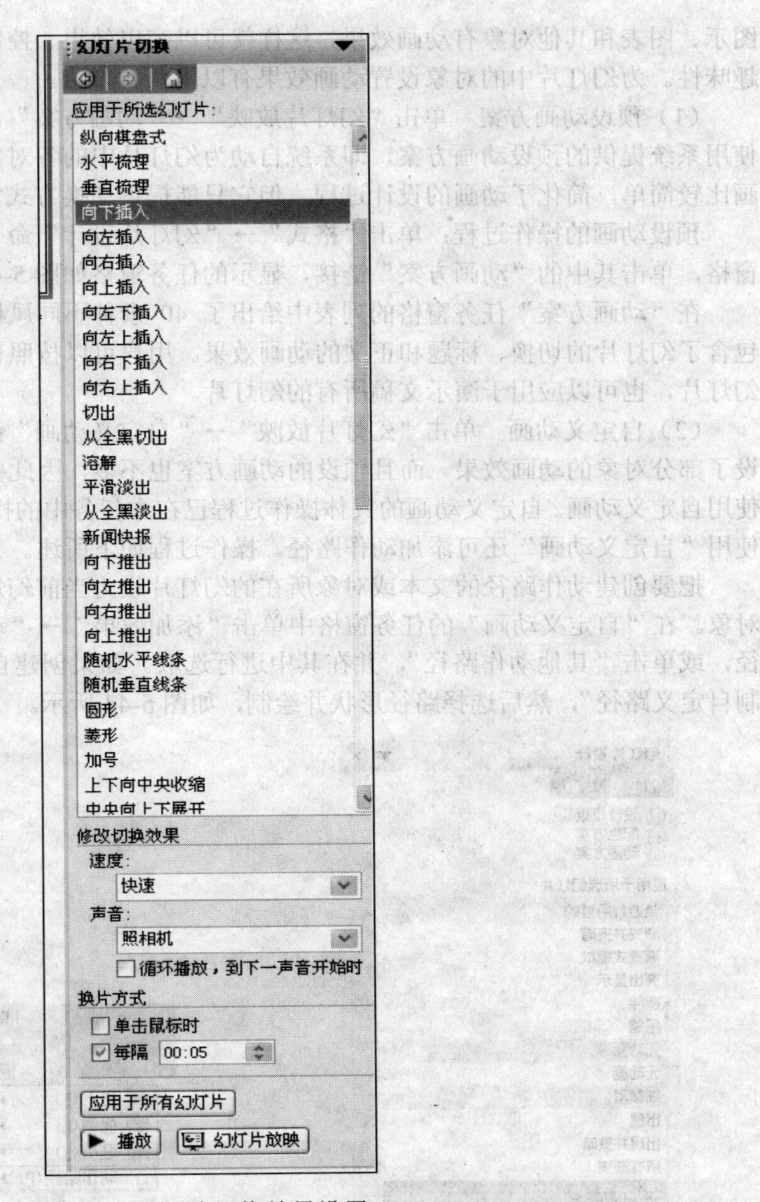

图 5-42　幻灯片切换效果设置

（四）放映幻灯片

按下 F5 键或者单击“幻灯片放映”→“观看放映”命令，观看动画效果及各张幻灯片的切换，测试为实现交互式功能所设置的各个链接是否正确。按 Esc 键可随时中断播放。检查无误时保存演示文稿。

三、知识技能要点

（一）动画设置

“动画”是指给文本或对象添加特殊视觉或声音效果。它可以使幻灯片上的文本、图形、图示、图表和其他对象有动画效果，这样就可以突出效果、控制信息流，并增加演示文稿的趣味性。为幻灯片中的对象设置动画效果有以下两种方法。

（1）预设动画方案　单击“幻灯片放映”→“动画方案”命令。预设的动画方案实质是使用系统提供的预设动画方案，即系统自动为幻灯片中的各对象分配动画效果。所以设置动画比较简单，简化了动画的设计过程。但它只能提供切换方式、标题和正文的动画效果。

预设动画的操作过程：单击“格式”→“幻灯片设计”命令，打开“幻灯片设计”任务窗格，单击其中的“动画方案”链接，显示的任务窗格如图 5-43 所示。

在“动画方案”任务窗格的列表中给出了 40 余种不同风格的动画方案，每一个方案都包含了幻灯片的切换、标题和正文的动画效果。用户可以按照自己的意愿选择应用于待定的幻灯片，也可以应用于演示文稿所有的幻灯片。

（2）自定义动画　单击“幻灯片放映”→“自定义动画”命令。由于预设动画方案只预设了部分对象的动画效果，而且预设的动画方案也不多，因此要想设置丰富的动画效果就要使用自定义动画。自定义动画的具体操作过程已在本任务中的操作步骤中详细介绍过。另外，使用“自定义动画”还可添加动作路径，操作过程如下所述。

把要创建动作路径的文本或对象所在的幻灯片设为当前幻灯片，选定要创建动作路径的对象。在“自定义动画”的任务窗格中单击“添加效果”→“动作路径”命令，单击预设路径，或单击“其他动作路径”，并在其中进行选取。如果创建自定义动作路径，可指向“绘制自定义路径”，然后选择路径形状并绘制，如图 5-44 所示。

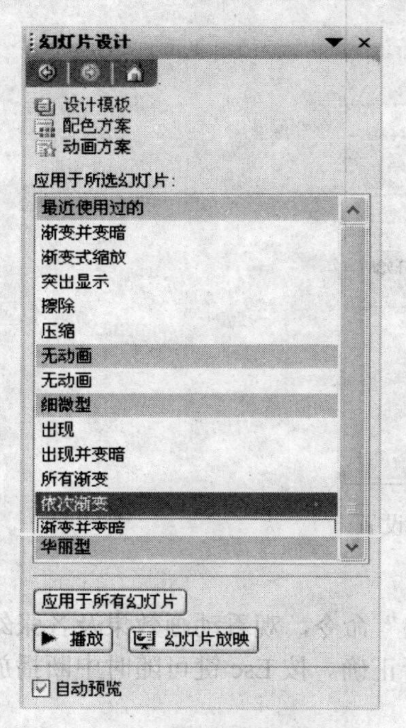

图 5-43　“幻灯片设计”任务窗格

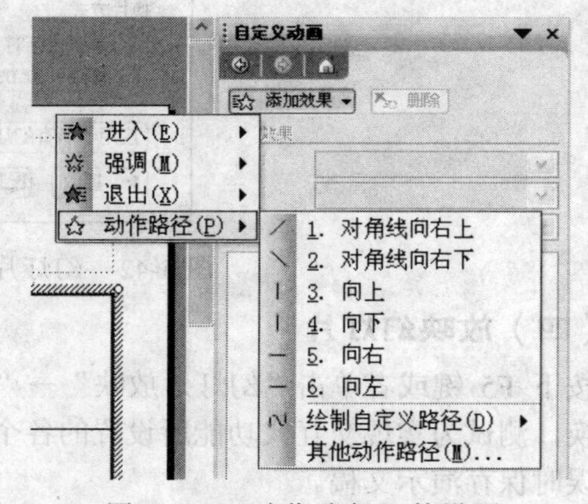

图 5-44　“动作路径”的设置

（二）使用超链接

使用超链接除了可从当前幻灯片转到当前演示文稿的其他幻灯片或某个网页外，还可以转到其他的演示文稿。因此，一个较大的演示文稿可以分开做成多个小的演示文稿，通过超链接来实现关联播放。另外在“链接到”列表区单击选中“电子邮件地址”，表示为所选对象设置一个电子邮件地址。如果单击该对象时，就会自动启动邮件编辑器，用户可在其中编辑并发送邮件。

如果要删除超链接时，可将鼠标指向要删除超链接的对象右击，在弹出的快捷菜单中选择“删除超链接”命令。

（三）幻灯片切换

幻灯片间的切换效果，是指移走屏幕上已有的幻灯片并显示新幻灯片之间如何变换。例如，水平百叶窗、溶解、盒状展开、随机等。

设置幻灯片切换效果一般多在“幻灯片浏览”视图方式下进行，也可在“普通视图”方式下进行，操作步骤如下所述。

（1）选择要进行切换的幻灯片，若选择多张幻灯片请按住 Shift 键再逐个单击所需幻灯片。

（2）单击“幻灯片放映”→“幻灯片切换”命令，打开如图 5-42 所示的“幻灯片切换”任务窗格，其中的各个元素叙述如下。

1）“速度”列表框列出切换速度，“慢速”、“中速”、“快速”可设置 3 档切换速度。

2）在“换片方式”框中，系统默认的是“单击鼠标时”，实现用户自己控制放映。

有时候为了演示的必要，比如某单位在展台上摆出几台计算机，向过往的客户展示其产品。每页幻灯片停留两秒钟，自动翻页，就可以输入幻灯片放映的间隔时间自动放映；如图 5-42 所示，当选择了这个选项后，PowerPoint 会自动设置放映，使其不停地循环运行。

3）“声音”下拉列表框，可从中选择切换时伴随的声音，如“风铃”。

4）“全部应用”命令按钮作用于演示文稿的全部幻灯片。

5）“应用”命令按钮作用于选中的幻灯片。

取消切换的方法是：在“幻灯片浏览”视图方式或者在“普通视图”方式下，选取要取消切换效果的幻灯片，在“幻灯片切换”任务窗格的列表中，单击“无切换”命令即可。

（四）幻灯片的放映设置

放映幻灯片是制作演示文稿的最终目的，针对不同的应用目的，幻灯片往往要设置不同的放映方式。

1．设置放映方式的方法

单击“幻灯片放映”→“设置放映方式”命令，出现“设置放映方式”的对话框，如图 5-45 所示，其中各个元素叙述如下。

（1）“演讲者放映（全屏幕）”单选项：此种方式是常规的放映方式，在放映过程中既可以人工控制幻灯片的片放映，也可以使用“幻灯片放映”菜单上的“排练计时”命令实现自动放映。

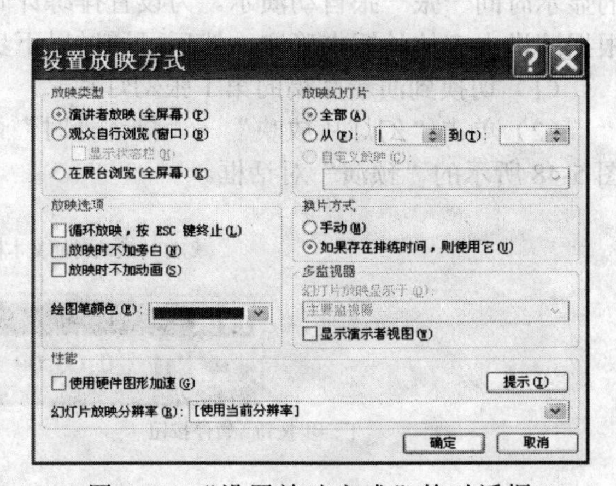

图 5-45 “设置放映方式”的对话框

（2）“观众自行浏览”单选项：允许观众自己动手操作放映。

（3）“在展台浏览（全屏幕）”单选项：如果幻灯片展示的位置无人看管，可以选择此方式。此时，PowerPoint 会自动选中“循环放映，按 Esc 键终止”复选框，不过在放映之前，需要单击“幻灯片放映”→“排练计时”命令将每张幻灯片的播放时间定义好。

（4）如果是选择性地放映演示文稿中的几张幻灯片，可以在“放映幻灯片”栏中设置相应的范围。

（5）“换片方式”栏：确定采用手动还是自动方式切换幻灯片。

2．自定义放映

用户可以把演示文稿分成几个部分，并为各部分设置自定义演示，以针对不同的观众。其设置方法如下。

（1）单击“幻灯片放映”→“自定义放映”命令，打开“自定义放映”对话框，如图 5-46 所示。

（2）单击“新建”按钮，弹出“定义自定义放映”对话框，图 5-47 所示，从左侧列表中选取要添加到自定义放映中的幻灯片，每选择一张幻灯片，就单击一次“添加”按钮，在“定义自定义放映”中的幻灯片列表中就增加一项，利用对话框右侧的上下箭头按钮还可以调整自定义放映幻灯片的播放顺序。

图 5-46 “自定义放映”对话框

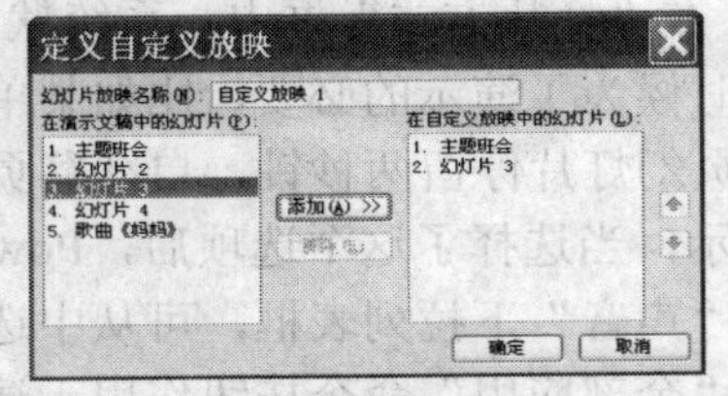

图 5-47 “定义自定义放映”对话框

（3）在“幻灯片放映名称”文本框中输入自定义放映的演示文稿的名称。

（4）单击“确定”按钮返回“自定义放映”对话框，单击“放映”按钮即可放映。

3．排练计时

对于非交互式演示文稿，在放映时，可为其设置自动演示功能，即幻灯片根据预先设置的显示时间一张一张自动演示。为设置排练计时，首先应确定每张幻灯片需要停留的时间，根据演讲内容的长短来确定，然后可通过以下步骤来设置排练计时。

（1）切换到演示文稿的第 1 张幻灯片。

（2）单击“幻灯片放映”→“排练计时”命令，进入演示文稿的放映视图，同时弹出，图 5-48 所示的“预演”对话框。

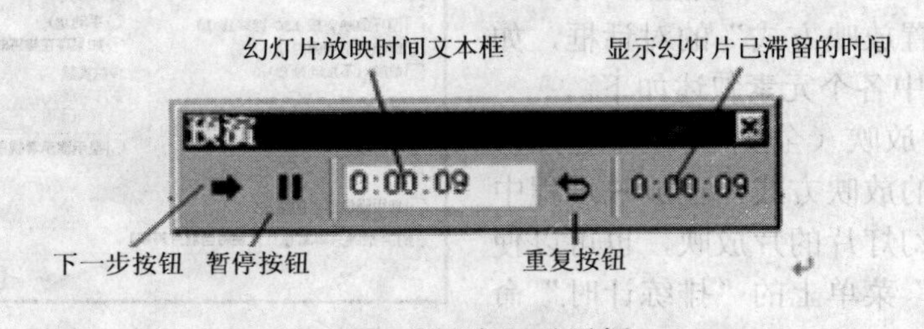

图 5-48 “预演”对话框

（3）完成该幻灯片内容的放映后，单击“下一步”按钮进行人工进片，继续设置下一张幻灯片的停留时间。

（4）当设置完最后一张幻灯片后，会出现如图 5-49 所示的关于是否保留排练时间的对话框。该对话框显示了放映完整个演示文稿共需要多少时间，并询问用户是否使用这个时间。

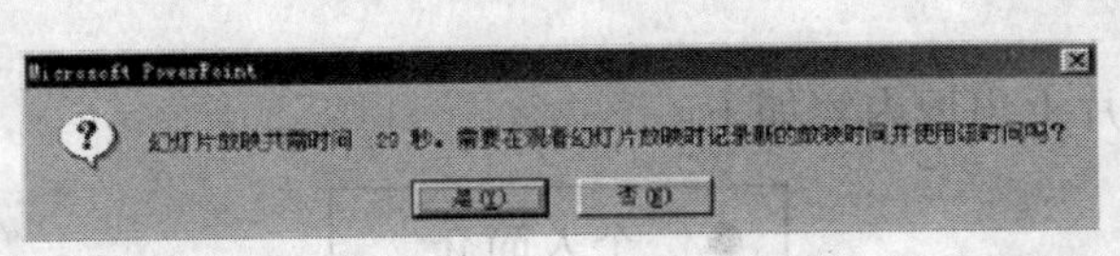

图 5-49　关于是否保留排练时间对话框

（5）单击“是”按钮完成排练计时，单击“否”按钮退出排练计时。

4．放映演示文稿

一个演示文稿创作完成后，就可以放映了。演示文稿的放映有 3 种方式：一是在 PowerPoint 工作窗口中启动放映设置来播放幻灯片；二是从 Windows 资源管理器中直接启动；三是将演示文稿存为“PowerPoint 放映”类型，然后在 Windows 中直接使用。

（1）在 PowerPoint 中放映幻灯片　在 PowerPoint 中放映幻灯片，有以下 3 种方法。

方法一　单击演示文稿窗口左下角的“幻灯片放映”按钮。

方法二　单击“幻灯片放映”→“观看放映”命令或者按 F5 键。

方法三　单击“视图”→“幻灯片放映”命令。

（2）从 Windows 资源管理器中启动后放映　在 Windows 资源管理器中找到要放映的演示文稿名，在文件名上右击，从弹出的菜单中选择“显示”命令，系统将会首先启动 PowerPoint，然后自动放映该演示文稿。

（3）直接放映　如果未启动 PowerPoint 而想直接放映，需要将演示文稿保存为“PowerPoint 放映”类型，操作步骤如下所述。

1）单击“文件”→“保存（另存为）”命令，在“另存为”对话框的“保存类型”下拉列表选择“PowerPoint 放映”类型，文件扩展名为“.pps”。

2）打开存储该演示文稿的文件夹，然后将其打开即可放映。

如果在放映过程中想要中断幻灯片的放映，可以单击鼠标右键并在出现的菜单中选择“结束放映”命令或按 Esc 键。

习　题　五

1．设计一个只有一张幻灯片的演示文稿，在其中包含有标题、正文、声音、GIF 动画图片对象，各对象按以下要求设计其动画效果。

（1）幻灯片的切换方式为中速“顺时针回旋，4 根车轮幅”。

（2）对象出场的顺序依次是：声音、GIF 格式动画图片、标题、文本。

（3）声音：单击开始自动播放，放映幻灯片时隐藏声音图标，重复直到幻灯片末尾。

（4）GIF 格式图片：单击开始自动播放，“十字形扩展”，方向是“内”，动画播放后不变暗。

（5）标题：单击开始自动播放，“螺旋”效果。

（6）文本：单击开始自动播放，“颜色打字机”效果。

2．制作一个个人简历的演示文稿：包含6张幻灯片，每张幻灯片必须有切换效果（“中间向上展开”）及背景设置，并在每张幻灯片上出现“电子信息工程系”的页脚。

（1）第1张幻灯片上出现标题：“个人简历”，字体为楷体，54磅，黑色。背景为一张卡通图片。

（2）第2张幻灯片上出现内容如下。

- 个人简介
- 毕业学校
- 个人特长
- 联系方式

项目符号为导入的动画。字体为黑体，24磅，深蓝色。背景设置为“雨后初晴”，并插入一个动画小图片。

“个人简介”和第3张幻灯片超级链接。

“毕业学校”和第4张幻灯片超级链接。

“个人特长”和第5张幻灯片超级链接。

“联系方式”和第6张幻灯片超级链接。

（3）第3张幻灯片标题为“个人简介”，字体为黑体，24磅，红色。在幻灯片内容中插入具有个性的文字动画，并给本张幻灯片设置个性的背景。

（4）第4、5、6张幻灯片：设置标题、字体为黑体，24磅，红色。背景填充纹理都设置为：“绿色大理石”，标题分别为“毕业学校”、“个人特长”和“联系方式”。在每张幻灯片中插入所需文字。文字动画自行设计，每张幻灯片都设置一个“返回”第2张幻灯片的按钮。

单元六　计算机网络基础

简单地说计算机网络就是两台或多台计算机通过网线或无线方式连在一起，使得它们之间可以交换信息。在没有网络的时代，计算机之间用其他方式交换信息。大多数人都使用过一种最原始的“手工网络”。那就是将文件复制到软盘上，然后将软盘插到别人的计算机上实现信息交换。“手工网络”的问题在于太慢而且无法实现信息的远程交换。

有了网络，用户就可以把办公室或家庭里所有的计算机都连上网。在每个计算机里都装一块网卡，把网线插到计算机上的网卡接口中，安装和配制网络软件，就有了可运行的计算机网络。

因此，计算机网络可以描述为用通信设备和线路，将处在不同地方和空间位置、操作相对独立的多个计算机连接起来，再配置一定的系统和应用软件，使原本独立的计算机之间实现软硬件的资源共享和信息传递。

任务一　组建小型局域网

一、任务与目的

（一）任务

组建一个小型局域网，网络模型为对等网。使网络中的所有计算机共享一个Internet，处理存储在网络中其他计算机上的文件，与所有计算机共享打印机，运行多人游戏等。组建好的网络如图6-1所示。

（二）目的

（1）了解计算机网络的概念和分类。
（2）了解计算机通信的简单概念。

二、操作步骤

组建小型局域网的具体步骤如下所述。

图6-1　小型局域网方案示意图

（1）准备组建小型局域网需要用到的硬件设备：3 台计算机（本任务提到的计算机都是指台式计算机）、网卡、网线和交换机（Switch）。网卡可以选择接口为 RJ-45 的，传输速率 10Mbps/100Mbps 的自适应网卡；网线通常使用五类双绞线；交换机可以保证计算机间的同时访问并使网络中的计算机保证同样的网络带宽。

（2）如果计算机中没有网卡，在确认机箱电源关闭的状态下，将 PCI 网卡插入主板上随意一个空闲的 PCI 扩展槽中。

（3）安装网卡驱动。

（4）使用 RJ-45 接头（水晶头）按一定的线序（T568B 或 T568A）制作 3 条双绞线（也可购买成品连接双绞线）。

（5）把双绞线两端的 RJ-45 接头分别连接到交换机与计算机网卡接口上。如果交换机接口对应的显示灯亮了，说明连接成功。最后把 Internet 接入方式的端口与交换机的 Internet 接口（WAN 口）相连，同样显示灯亮了，说明连接成功。

（6）在每台计算机上完成 TCP/IP 协议的设置。在桌面上右击“网上邻居”，单击“属性”命令，再用鼠标右击“本地连接”，单击“属性”→“选中 Internet 协议（TCP/IP）”→“属性”命令，打开“Internet 协议（TCP/IP）属性”窗口。根据统一的网段进行 IP 配置。

（7）单击“确定”按钮并按提示重新启动计算机后，打开桌面上的“网上邻居”就能看到所有的计算机名，表示各计算机之间的连接成功。

三、知识技能要点

（一）网络的定义

一般来说，将分散的多台计算机、终端和外部设备用通信线路互连起来，实现彼此间通信，并且计算机的软件、硬件和数据资源大家都可以共同使用，这样一个实现了资源共享的整个体系叫做计算机网络。计算机网络必须具备以下 3 个要素。

（1）多台具有独立操作系统的计算机相互间有共享的资源部分。

（2）多台计算机之间要有通信手段将其互连。

（3）遵循解释、协调和管理计算机之间通信和相互操作间的网络协议。

（二）网络的分类

根据采用的通信介质、通信距离、拓扑结构等方面的不同，通常将计算机网络按以下不同的分类方式分为不同的类型。

1. 局域网和广域网

网络中计算机设备之间的距离可远可近，网络覆盖地域面积可大可小。按照联网计算机之间的距离和网络覆盖面的不同，一般分为局域网（Local Area Network，LAN）和广域网（Wide Area Network，WAN）。在广域网中又有城域网（Metropolitan Area Network，MAN）和因特网（Internet）两类。LAN 相当于学校和机关的内部电话网，WAN 像电话网，MAN 像市话电话网，Internet 则类似于国际长途电话网。

局域网（LAN）是由某种类型的电缆把计算机直接连在一起的网络。应当指出的是，

Intranet（企业内部网）在局域网的应用中起着重要作用：Intranet 是企业建立的独立内部网络，以 TCP/IP 协议为基础，以 Web 为核心应用，提高了企业的内部通信能力和信息交换能力，并可以实现与 Internet 的互连。

把局域网连在一起就组成了广域网（WAN）。大多数的广域网是通过电话线路连接的，少数也采用其他类型的技术，如卫星通信。Internet 中大多数广域网联接是通过通信企业提供的通信系统，如 DDN、帧中继、ADSL、ISDN 和电话等。

当用户在学校的机房里使用一台连网的计算机时，计算机就通过机房的局域网与机房中其他计算机相连。在学校里除了各个院系有自己的计算机网络，还有很多的局域网。这些局域网都连在校园网的主干上，构成一个校园的广域网。

局域网之间的连接是通过一种叫做路由器（Router）的专门设备来实现的。路由器的作用是提供从一个网络到另一个网络的通路。通常用路由器来连接局域网构成广域网，用路由器来连接广域网构成更大的广域网。换句话说，可以认为：大量的局域网和广域网通过路由器就形成了 Internet。

2．有线网和无线网

常见的通信介质可以分为两大类，即有线介质和无线介质。有线介质一般有粗缆、细缆、双绞线、电话线和光纤等，无线介质有红外线、微波、激光等。同样，计算机网络也可以分为有线网络和无线网络。有线网络有双绞线网或光纤网等，而微波网则属于无线网络。

无线局域网（WLAN，Wireless LAN），也被称为 Wi-Fi（Wireless Fidelity，无线高传真），指的是采用无线传输媒介的计算机网络，结合了最新的计算机网络技术和无线通信技术。无线局域网是有线局域网的延伸，使用无线技术来发送和接收数据，减少了用户的连线麻烦。

支持 WLAN 的无线网络标准是 IEEEE802.11a，其数据传输速率可达到 54Mb/s；另一标准 IEEE802.11b 的数据传输速率可达到 11Mb/s。802.11a 能够同时支持更多的无线用户和增强的移动多媒体应用，如数据流视频。此外，802.11a 标准在无阻塞的 5GHz 频带上运行，从而减少了与无绳电话之间的干扰。

与有线局域网相比较，无线局域网具有开发运营成本低，时间短，投资回报快，易扩展，受自然环境、地形及灾害影响小以及组网灵活快捷等优点，可实现“任何人在任何时间、任何地点以及任何方式与任何人通信”，弥补了传统有线局域网的不足。无线局域网除能传输语音信息外，还能顺利地进行图形、图像及数字影像等多钟媒体的传输。

有线、无线间的无缝连接，让手机轻松上网、视频信号在个人计算机与电视间顺畅传输，这种可能性已经成为现实的应用。随着技术的发展，未来的网络将是普遍适用和无线的，电视、计算机与手机的区别可能只是屏幕的尺寸不同罢了。

（三）不同的拓扑结构

计算机连接的方式叫做“网络拓扑结构”（Topology）。网络拓扑结构是指用传输媒体互连各种设备的物理布局，特别是计算机分布的位置以及电缆的布局。设计一个网络的时候，应根据自己的实际情况选择正确的拓扑方式。每种拓扑都有其自身的优点和缺点。计算机网络的拓扑结构一般有总线型、星形、环形、树形和网状结构。

目前使用最普遍的是以太网星形结构。如图 6-2 所示为典型的扩展星形网络拓扑结构。

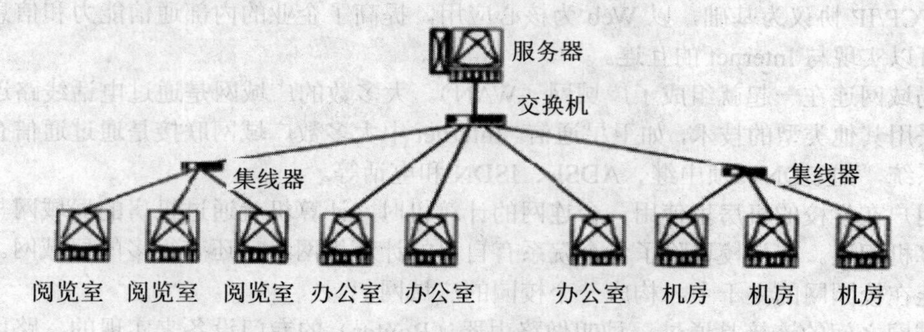

图 6-2　扩展星形网络拓扑结构

（四）对等网和非对等网

按网络中计算机的地位可以将网络分为基于服务器的网络和对等网。在计算机网络中，倘若每台计算机的地位平等，都可以平等地使用其他计算机内部的资源，每台计算机磁盘上可供共享的空间和文件都成为公共资源，这种网就称为对等局域网（Peer to Peer LAN），简称对等网。在对等网上计算机资源的共享方式会导致计算机的速度比平时慢，但对等网非常适合小型的、任务轻的局域网，例如，在普通办公室、家庭或宿舍内常见对等网。对等网一般采用总线型和星形的网络拓扑结构。

如果网络所连接的计算机较多，数量在 10 台以上且共享资源较多时，就需要考虑专门设立一台计算机来存储和管理需要共享的资源，这台计算机被称为服务器，其他的计算机称为工作站，工作站里硬盘的资源就不必与他人共享。如果想与某人共享一份文件，就必须先把文件从工作站复制到文件服务器上，或者一开始就把文件放在服务器上，这样其他工作站上的用户才能访问到这份文件。这种网络就是非对等网，称为客户机/服务器（Client/Server）网络。

（五）网络协议

大家知道，在高速公路上必须要遵守交通规则。交通规则是交通管理部门人为制定的，是所有的车辆及行人必须遵守的统一规则。计算机网络中也要遵守“交通规则”，这个规则就是计算机网络协议（Protocol）。

通过网络连接的计算机系统之间的通信必须遵守一定的约定和规程，才能保证能够相互连接和正确交换信息。这些约定和规程是事先制定的，并以标准的形式固定下来。计算机网络协议与人的会话原理很相似，要想顺利地进行会话，会话双方必须用同一规则发音、连词造句，否则如同只懂英语的人和只懂汉语的两个人不能直接对话。

简单来说，计算机网络协议就是网络的“建筑标准”，用来规范网络怎样打地基，怎样建第 1 层，怎样建第 2 层，怎样建第 3 层，上一层建筑和下一层建筑之间如何协调。这就是所谓的网络体系结构的层次化概念。对于采用这种概念设计的网络体系结构，在用户要求追加或更改通信程序的功能时，不用改变整个结构，只需拆换一部分，改变一下有关层次的程序模块即可。

在不同类型的网络中，应用的网络通信协议也是不一样的。虽然这些协议各不相同，各有优点，但是所有协议的基本功能或者目的都是一样的，即保证网络上信息能畅通无阻、准确无误地传输到目的地。

网络协议所规定的基本要素是语法（数据与控制信息的结构或格式）、语义（需要发出何种控制信息，完成何种动作以及作出何种应答）和时序（事件实现顺序的详细说明）或同步。下面以甲乙两个人打电话为例来说明协议的概念。

甲要打电话给乙，首先甲拨通乙的电话号码，对方电话振铃，乙拿起电话，然后甲乙开始通话，通话完毕后，双方挂断电话。

在这个过程中，甲乙双方都遵循了打电话的协议。

电话号码就是“语法”的一个例子，规定一般电话号码由 5～8 位阿拉伯数字组成，如果是长途要加拨区号，国际长途还有国家代码等。

甲拨通乙的电话后，乙的电话振铃，振铃是个信号，表示有电话打进，乙选择接电话、讲话，这一系列的动作包括了控制信号、响应动作、讲话内容等，就是“语义”的例子。

时序的概念更好理解，因为甲拨了电话，乙的电话才会响，乙听到铃响后才会考虑要不要接。这一系列动作的因果关系十分明确：不可能没有人拨乙的电话而乙的电话会响；也不可能在电话铃没响的情况下，乙拿起电话却从听筒里传出甲的声音。

（六）TCP/IP 协议

TCP/IP（Transfer Control Protocol/Internet Protocol）是 Internet 上遵循的协议。IP 从字面上理解是一个把网络互连起来的规范。正是有了 TCP/IP 协议这个开放的规范，人们才有了今天遍布全球，由各种不同系统构成的 Internet。TCP/IP 协议的主要任务有两个方面：一是将不同类型的网络连接成一个网络；二是在网络的某条链路失效时，原来通过这条链路的通信能不受影响地继续进行，网络控制系统自动将通信转移到连接两端的另外一条链路上去。

在应用计算机网络时，人们会开发出各种各样的应用程序，达到各自的目的。在这种情况下，对应用进行标准化时，不可能用一种或几种协议来囊括所有的应用，但可以针对一些普遍使用的应用制定协议标准，于是就产生了基于 TCP/IP 的一系列应用层协议，例如，人们常用的电子邮件、WWW 服务等。常用的应用层协议有：Telnet 协议、FTP、SMTP、POP3 协议、HTTP、SNMP 和 NNTP 等。

（七）网络的组成

人们通常使用的计算机网络包含从物理层到应用层的各种设备和软件。计算机网络使用的物理介质分为有线介质和无线介质。各种介质有其性能指标和适用场合，具体应用要根据建设网络时采取的技术方案、连接距离、通信速度和通信质量指标来确定。如在广域网中，连接几千公里的网络，就不能采用双绞线或激光这样的介质，而必须采用信号衰减小，抗干扰能力强的光纤或微波。当连接距离超过一定数值时，还必须使用一些物理层的连接设备，如中继器等，来补偿经过长距离传输而衰减的信号。当信息需要通过一个模拟通信网传输时，还需要数模/模数转换设备。下面从网络设备、传输介质两个方面来介绍网络的互连。

1．网络设备

（1）网卡　网卡（Net Interface Card，NIC）是将计算机连接到局域网的主要硬件部件。

网卡是一块小电路板，它把连网计算机的数据通过网络送出，并且为计算机收集进入的数据。台式机的网卡插入计算机主板的一个扩展槽中，而笔记本计算机的网卡通常是一块内置的PCMCIA卡。如图6-3所示为台式机和笔记本计算机的网卡。

图6-3　台式机和笔记本计算机的网卡

（2）网线和无线网络　网络结点必须通过电缆连接，大多数的网络是通过网线把服务器、工作站以及打印机连接在一起。现在的网线通常使用双绞线。双绞线看起来像电话线，线端是俗称“水晶头”的方型塑料头，称为RJ-45连接器。另外一种常见的网线是同轴电缆，看起来很像有线电视电缆，并且线端是BNC连接器。如图6-4所示。

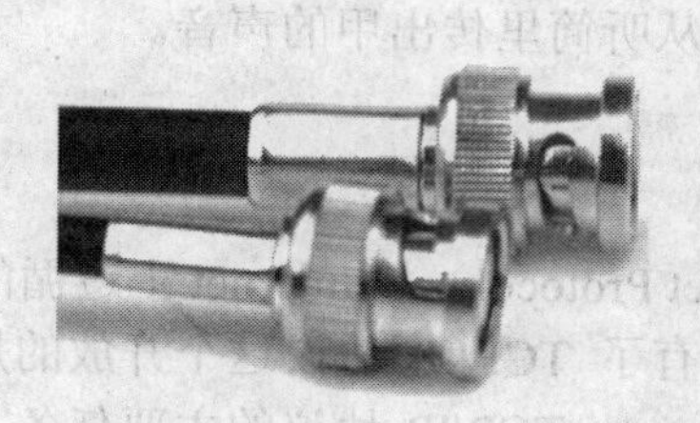

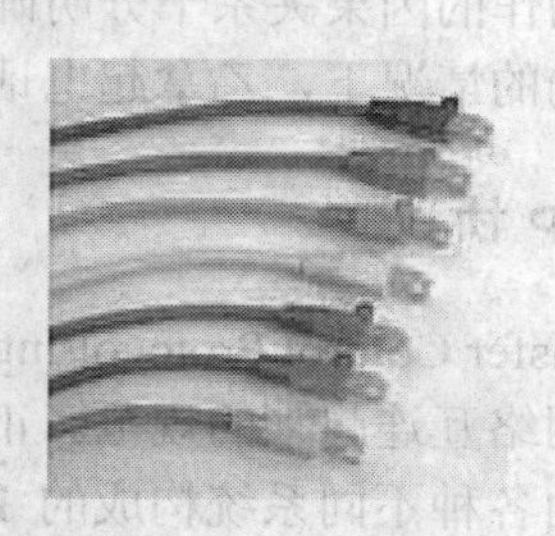

图6-4　RJ-45连接器和BNC连接器

使用RJ-45“水晶头”接头要按T568B或T568A的线序来制作双绞线。T568B的颜色顺序是：白橙、橙、白绿、蓝、白蓝、绿、白棕、棕，通常用于接交换机或集线器（Hub）等设备；T568A的顺序是白绿、绿、白橙、蓝、白蓝、橙、白棕、棕，通常用于双机互连。

除了使用网线，无线网络还能通过无线电或者红外信号把数据从一个网络设备传送到其他网络设备。无线网络一般用于不易安装网线的环境，例如，古代建筑等。

（3）网络集线器　计算机实际上并不是直接连接到服务器的。大多数网络中，是将来自计算机网卡的网线连接到网络集线器（Hub）上。网络集线器是把通信线路集成到一起的设备。在通常的网络配置中，是将来自于一个或多个工作站的网线连接到网络集线器，然后使用单个电缆把网络集线器连接到服务器，网络集线器如图6-5所示。

图6-5　网络集线器

（4）网络服务器　当使用独立的计算机时，所有数据都是被该独立计算机处理的。当计算机连网时，处理数据的设备取决于网络中服务器的类型。服务器类型包括专用服务器、非专用服务器、打印服务器、应用服务器以及主机等。专用服务器是专门用来为工作站发送程序和数据文件的。打印服务器将本网中的打印作业保存并形成一个打印队列。如果打印服务器收到多个打印作业，这些文件就被追加到打印队列的末尾，并按照文件到达的顺序逐次进行打印。应用运行服务器是指运行特定应用程序的软件包，并且把处理结果送到请求工作站的计算机，常见的有数据库服务器。应用服务器的使用使处理任务被分配到工作站客户机和网络服务器上。图 6-6 所示，演示了搜索存储在网络服务器数据库中的 10 000 个记录中的某项记录的过程。

图 6-6　网络数据库工作演示

2．传输介质

传输介质就是承载一个或多个通信信道，并且在发送和接收设备之间提供的一个链接。如今通信系统所使用的传输介质有：双绞线、同轴电缆、光纤缆线、无线电、红外线、微波和卫星等。

（八）Internet 的术语和概念

在英语中 Inter 的含义是“交互的”，net 是指“网络”。简单地讲，Internet 是一个全球性的巨大的计算机网络体系，把全球数以万计的计算机网络、数千万台主机连接起来，包含了难以计数的信息资源，向全世界提供信息服务。

从网络通信的角度来看，Internet 是一个以 TCP/IP 网络协议连接各个国家、各个地区、各个机构的计算机网络的数据通信网；从信息资源的角度来看，Internet 是一个集各部门、各领域的各种信息资源为一体，供网上用户共享的信息资源网。今天的 Internet 已经远远超过了一个网络的含义，Internet 是信息社会的缩影。虽然至今还没有一个准确的定义来概括 Internet，但是这个定义应从通信协议、物理链接、资源共享、相互联系、相互通信等角度来综合加以考虑。

一般认为，Internet 的定义至少包含以下 3 个方面的内容。

（1）Internet 是一个基于 TCP/IP 协议簇的国际互联网络。

（2）Internet 是一个网络用户的团体，用户使用网络资源，同时也为该网络的发展壮大贡献力量。

（3）Internet 是所有可被访问和利用的信息资源的集合。总之，Internet 具有开放性、共享性、平等性、低廉性和交互性的特点。

1. 统一资源定位符

统一资源定位符（Uniform Resource Locator，URL）是 WWW（万维网）上标识网络资源的标准方法。URL 是 Internet 上主机中某文件的地址，而域名对应的是计算机的 IP 地址。URL 的组成部分包括 Web 协议、Web 服务器名、页面所在的文件夹及页面的文件名，如中华人民共和国工业和信息化部—信息服务—人事教育网页的 URL：http://www.miit.gov.cn/n11293472/n11293832/n11294432/index.html。URL 的组成部分如下。Web 协议部分：http://；Web 服务器名：www.miit.gov.cn；页面所在文件夹：/n11293472/n11293832/n11294432/；页面：index.html。

网页的 URL 以 http://开头。超文本传输协议 HTTP 是允许 Web 浏览器与 Web 服务器进行通信的协议。IE 等常用的浏览器都默认网站地址是以 http://开头的，因而在使用浏览器访问网站时通常都可以省略 http://。

2. IP 地址

所有 Internet 上的计算机都必须有一个 Internet 上唯一的编号作为其在 Internet 的标识，这个编号称为 IP 地址。通过 IP 地址就可以访问到每一台主机。

由 NIC（Internet Network Information Center，因特网网络互联中心，网址为 http://www.nic.com）统一分配全世界的 IP 地址；同时由 InterNIC、APNIC、RIPE 等网络信息中心具体负责美国及全球其他地区的 IP 地址分配。

APNIC（亚洲与太平洋地区网络信息中心）负责亚太地区的 IP 地址分配，CNNIC（中国互联网络信息中心）负责中国（除教育网外）的 IP 地址分配，CERNIC（中国教育与科研计算机网络信息中心）负责中国教育网内的 IP 地址分配。

中国的《互联网 IP 地址备案管理办法》已经于 2005 年 1 月 28 日在中华人民共和国原信息产业部第十二次部务会议上审议通过，自 2005 年 3 月 20 日起施行。

IP 地址由 4 部分数字组成，每部分数字对应于 8 位二进制数字，各部分之间用小数点分开，如 11001010.01110010.01011000.00010100 即为一个 IP 地址。为了便于记忆，IP 地址通常用更直观的、以小数点分隔的 4 个十进制数字表示，每个十进制数的取值范围是 0～255，如前面的这个 IP 地址就可用十进制数表示为 202.114.88.20。

（1）IP 地址分类　IP 地址分为固定 IP 地址和动态 IP 地址。固定 IP 地址也称为静态 IP 地址，是长期固定分配给一台计算机使用的 IP 地址，一般是特殊的服务器才能拥有固定 IP 地址。

动态 IP 地址是因为 IP 地址资源非常短缺，通过电话拨号上网或普通宽带上网的用户一般不具备固定 IP 地址，而是由 Internet 服务提供商（Internet Service Prouider，ISP）动态分配给上网用户的一个暂时 IP 地址。动态 IP 地址是计算机系统自动分配完成的。

IP 地址分为公有 IP 地址和私有 IP 地址。

公有地址（Public Address，也可称为公网地址）属于上述的注册地址，可以直接访问Internet，是广域网范畴内的地址。

私有地址（Private Address，也可称为专网地址）属于非注册地址，专门为组织机构内部使用，是局域网范畴内的地址，可以访问所在局域网，但无法访问 Internet 的。

按照网络规模和使用范畴，IP 地址共分为 A、B、C、D、E 五类，见表 6-1。

表 6-1 网络地址范围

A	1.0.0.0 到 126.0.0.0 有效，0.0.0.0 和 127.0.0.0 保留
B	128.1.0.0 到 191.254.0.0 有效，128.0.0.0 和 191.255.0.0 保留
C	192.0.1.0 到 223.255.254.0 有效，192.0.0.0 和 223.255.255.0 保留
D	224.0.0.0 到 239.255.255.255，用于多点广播
E	240.0.0.0 到 255.255.255.254，保留 255.255.255.255 用于广播

IP 地址的 32 个二进制位被分为两个部分，即网络地址和主机地址。网络地址就像电话的区号，表明主机所连接的网络；主机地址则标识了该网络上特定的那台主机。A 类地址前 8 位为网络地址，后 24 位为主机地址；B 类地址前 16 位为网络地址，后 16 位为主机地址；C 类地址前 24 位为网络地址，后 8 位为主机地址。例如，对于 C 类地址 202.114.88.20，其中的 202.114.88 是网络地址，20 是主机地址。

有些 IP 地址具有特定的含义，因而不能分配给主机，见 6-2。

表 6-2 特殊 IP 地址

名 称	定 义	功 能	举 例
回送地址	形如 127.X.X.X	保留作回路测试	127.0.0.1
子网地址	主机地址全为 0 的 IP 地址为子网地址	代表整个子网	128.103.0.0
广播地址	主机地址全为 1 的 IP 地址为广播地址	向广播地址子网中的每个地址发送信息	202.114.64.255

（2）子网掩码 子网掩码（Subnet Mask）和 IP 地址相似，也是一个 32 位二进制串。如果一个 IP 地址的前 n 位为网络地址，则其对应的子网掩码的前 n 位就为 1，后 32–n 位对应 IP 地址中的主机地址部分就为 0。因此，通过子网掩码就可以判断 IP 地址中真正的网络地址和主机地址。

在校园中设置一台主机 IP 地址时要用到子网掩码。子网掩码的作用是区分 IP 地址的网络地址和主机地址，IP 地址和子网掩码进行相与运算即得到网络地址，如图 6-7 所示。

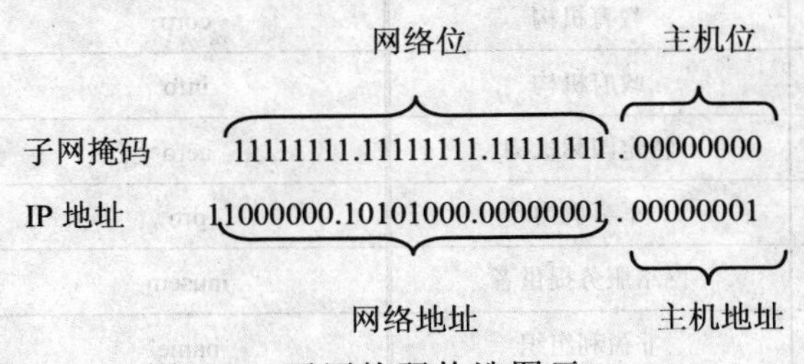

图 6-7 子网掩码构造图示

有了 IP 地址的 A、B、C 类划分，为什么还需要子网掩码呢？这是因为在实际的网络设计中，通常需要根据实际情况规划一个网络的大小。有时需要将一个 A、B、C 类的网段划分为更小的几个子网，而有时候需要将几个子网合并为一个大的网段。

例如，某机构有两个部门，每个部门有 100 台计算机，各个部门的网络根据管理上的需要应成为一个独立的子网。在申请 IP 地址时，ISP 根据其网络规模提供了一个 C 类网段，如 192.1.1.0，它的子网掩码应该是 11111111 11111111 11111111 00000000，十进制数表示为 255.255.255.0。这时该单位的网络管理员就需要将这个 C 类网段划分为两个子网。

按 C 类地址的定义，IP 地址的最后一个字节为主机地址。现在要将这个地址空间划分为两个空间，可以仿照 A、B、C 类地址的区分方式，认为这个字节最高位为 0 标识一个区间划分，最高位为 1 标识另一个区间划分，这样这个网段中的 256 个地址就被分成了两部分。由于最后一个字节的最高位被用来标识子网范围，也就是说这个 C 类子网的网络地址从前 3 个字节向后扩展了 1 位，变成了 11111111 11111111 11111111 10000000，十进制表示为 255.255.255.128。相应地，这两个子网的广播地址分别是 192.1.1.127 和 192.1.1.255。

3. 域名

域名可以简单地认为是接入 Internet 的用户在 Internet 上的名称，它也是接入的用户在网络上的地址。域名的使用，解决了 IP 地址不便于记忆也不能反映主机用途的问题。

Internet 国际特别委员会把域名定义为国际顶级域名（如：www.ibm.com）与国家顶级域名（如 www.sina.com.cn）两类。域名的构成有两类比较特殊的部分，一类是由 3 个字母组成，它表明机构的类型，如 com 表示商业；另一类是由两个字母组成，它表示国家或地区名称代码，如 cn 表示中国。在我国，中国互联网络信息中心（CNNIC）是国务院信息办授权管理中国域名 cn 的唯一机构。

在 Internet 上，机器的名字按“域”的划分进行管理。下面对两个域名地址进行分析。域名地址：www.miit.gov.cn 代表在 Internet 上中国（cn）域中的政府机构（gov）域中的工业和信息化部（miit）域内的 web 服务器。

域名地址 www.ibm.com 代表商业公司（com）域中的 IBM 公司（ibm）域中的 www 服务器。

最高级域名被称为顶级域名。顶级域名分为两类：通用域名和国家与地区域名。通用域名用于表示主机提供服务的性质，见表 6-3。

表 6-3　通用域名

域　名	类　别	域　名	类　别
com	商业机构	biz	商业
edu	教育机构	corp	公司
gov	政府机构	info	信息行业
int	特定国际机构	aero	航空业
mil	军事机构	pro	专业人士
net	网络服务提供者	musem	博物馆行业
org	非盈利组织	name	个人网站

国家与地区域名是为了区分主机所在的国别（地区），国别（地区）代码由 ISO3166 定

义，表 6-4 给出了部分国别（地区）域名，大多数美国以外的域名地址中都有国别（地区）代码。由于 Internet 发源于美国，因此美国的网络用户都直接使用通用域名作为顶级域名。

表 6-4 部分国别（地区）域名

代码	国家或地区	代码	国家或地区
au	澳大利亚	be	比利时
fl	芬兰	de	德国
ie	爱尔兰	uk	英国
it	意大利	nl	荷兰
ru	俄罗斯	es	西班牙
hk	中国香港地区	mo	澳门地区
cn	中国大陆	ca	加拿大
tw	中国台湾地区	il	以色列
jp	日本	fr	法国

每个顶级域被分为很多子域，子域还可被划分为更细的域。如 www.miit.gov.cn 中的 gov.cn 就是 cn 域的一个子域，而 miit.gov.cn 又是 gov.cn 的子域。一般对域的划分不超过五级。

随着 Internet 的发展，域名的商业价值开始显现出来。不怀好意者通过抢注域名从中牟利，有些投机者甚至一人注册了上千个域名。据悉，在美国域名管理机构的数据库里通过顶级.com 下涉及中国商业的域名大都已被注册，而且其后每周都有涉及中国商业的域名被注册，但注册者并未开展相应的 Web 服务。随着信息业的发展，域名已经成为一类巨大的无形资产。

4. 域名管理系统 DNS

对用户来说，有了域名地址就不必去记 IP 地址了。但对于计算机来说，传送的 IP 数据包中只能使用 IP 地址而不是域名地址，这就需要把域名地址转化为相对应的 IP 地址。在 Internet 上，由域名系统（Domain Name System，DNS）完成域名转换。

5. 网关

网关（Gateway）又称网间连接器、协议转换器，它是连接基于不同通信协议的网络设备，使文件可以在这些网络之间传输。除传输信息外，网关还将这些信息转化为接收网络所用协议认可的形式。

大家都知道，从一个房间走到另一个房间，必须要经过一扇门。同样，从一个网络向另一个网络发送信息，也必须经过一道“关口”，这道关口就是网关。网关实质上是一个网络通向其他网络对应的 IP 地址。网关对应的 IP 地址就是具有路由功能的设备的 IP 地址。具有路由功能的设备有路由器、启动了路由协议的服务器（实质上相当于一台路由器）、代理服务器（也相当于一台路由器）等几种。

6. MAC 地址

MAC（Media Access Control，介质访问控制）地址，通俗地讲就是网卡的物理地址，现在的 MAC 地址一般都采用 6 字节 48 位。

MAC 地址也叫物理地址、硬件地址或链路地址，由网络设备制造商生产时写在硬件内部。这个地址与网络无关，也就是说，无论将带有这个地址的硬件（如网卡、集线器 Hub、路由器 Router 等）接到网络的何处，它都有相同的 MAC 地址，MAC 地址一般不可变，不能由用户自己设定。MAC 地址前 24 位是由生产厂家向 IEEE（Institute of Electrical and Electronic Engineers，美国电子电机工程师学会）申请的厂商地址；后 24 位由生产厂家自行确定。

IP 地址和 MAC 地址的联系和区别呢如下所述。

在校园网里，计算机大多是先通过局域网，然后通过交换机按每个用户分配固定的 IP 地址与 Internet 连接的。将 IP 地址和 MAC 地址绑定，使用 MAC 地址来标识用户，可以实现校园网管理中心对网络的统一管理，并明确责任（比如控制网络犯罪）。虽然在局域网中是一一对应的关系，但 IP 地址和 MAC 地址是有区别的：IP 地址是不受硬件限制、比较容易记忆的地址；而 MAC 地址却是使用网卡的物理地址，与硬件有一定关系，比较难以记忆。

MAC 地址的长度为 48 位（6 个字节），通常表示为 12 个 16 进制数，每两个 16 进制数之间用冒号隔开，如 08:00:20:0A:8C:6D 就是一个 MAC 地址，其中前 6 位 16 进制数 08:00:20 代表网络硬件制造商的编号，它由 IEEE 分配，而后 6 位 16 进制数 0A:8C:6D 代表该制造商所制造的某个网络产品（如网卡）的系列号。每个网络制造商必须确保所制造的每个以太网设备都具有相同的前 3 个字节以及不同的后 3 个字节，这样就可保证世界上每个以太网设备都具有唯一的 MAC 地址。

在 Windows 2003/XP 中，依次单击“开始”→“运行”命令，输入 cmd 命令后回车，再输入“ipconfig /all”命令后回车，显示出的物理地址（Physical Address）即是本机的 MAC 地址。

7. 服务提供商 ISP

Internet 上的用户，无论拨号用户还是专线用户，要享受 Internet 提供的各种服务，必须通过已经与 Internet 相连接的机构接入 Internet，这些提供 Internet 服务的机构，称为 Internet 服务商（Internet Service Provider，ISP）。

（九）Internet 的接入方式

因为 ISP 是进入 Internet 的“门户”，所以这里介绍的 Internet 的接入方式实际上是指与 ISP 的连接方式。

在目前，比较常见的 Internet 接入方式主要有 ADSL 宽带上网、局域网上网和拨号上网 3 种。

1. ADSL 宽带上网

ADSL（Asymmetric Digital Subscriber Line）即非对称数字用户专线技术，是普通用户最常用的上网方式，它属于公众电话网，接入时需要加入一块网卡，接入后自动建立与 Internet 的专线连接，不需要拨号，不需要交市话费。

2. 局域网上网

局域网上网即用网络把用户与 Internet 互连，它向 ISP 申请一条专用的国际数字线路，这条线路一端连接局域网，另一端则直接接入网络接入点。它有直接接入和间接接入两种方式。

（1）直接接入　在我国直接接入 Internet 的网络有：中国教育网（CERNET）、中国科学院网（CASNET）、中国原邮电部建设的公用主干网（ChinaNet）等，其中中国教育网的接入速度最快。

（2）间接接入　在我国间接接入 Internet 的网络有：北京大学和清华大学的校园网，它们是中国教育网的成员，所以间接成为了 Internet 的成员。

3．拨号上网

拨号上网是通过电话线与服务系统进行远程连接，从而进入 Internet 的。用户通过拨号上网连接 Internet 的具体操作步骤如下：

（1）办理因特网入网手续，申请 Internet 账号。

（2）购买并安装 Modem（调制解调器）。

（3）安装驱动程序配置拨号网络和网络协议。

（4）运行拨号程序连接到 Internet。

拨号上网分普通拨号上网和 ISDN 两种。

（1）普通拨号上网　普通拨号上网费用较低，比较适合于个人和业务量小的用户使用。用户所需的设备比较简单，只需要一台 PC、一个 Modem 和一部可拨打市话的电话、必须的上网软件，再向 ISP 申请一个上网账号即可。这种上网方式的不足是带宽不够，最多也只能达到 56Kb/s，所以速度较慢。

（2）ISDN　ISDN（Integrated Services Digital Network）即综合业务数字网，它采用数字传输和数字交换技术，将电话、传真、数据、图像等多种业务综合在一个统一的数字网络中进行传输和处理。同时使用多个终端，并且传输信号质量好，线路可靠性高，速度也较快（可达到 128 Kb/s），用户可以使用 ISDN 提供的两个 B 信道同时上网和打电话。使用这种方式上网的费用比普通拨号上网要贵一些。

任务二　IE 浏览器的使用

一、任务与目的

（一）任务

打开 IE 浏览器，输入网址 http://www.miit.gov.cn/，将打开的网页添加到收藏夹，保存当前页信息，把当前页的文本复制到文档中，保存网页中的图片，查看历史记录，将 http://www.miit.gov.cn/设置为主页，清除上网记录。

（二）目的

掌握 IE 浏览器的使用方法。

二、操作步骤

具体操作步骤如下所述。

（1）双击桌面上的 Internet Explorer 图标，打开 IE 浏览器，出现如图 6-8 所示的窗口（默认地址为空白网页）。

图 6-8　浏览器窗口

（2）在地址栏中输入 http://www.miit.gov.cn，按 Enter 键。浏览器窗口的右上角的 IE 工作标志会转动起来，表明浏览器正在工作，它与输入地址的服务器建立连接。一旦连接建立，IE 浏览器会出现对应的网页，如图 6-9 所示。

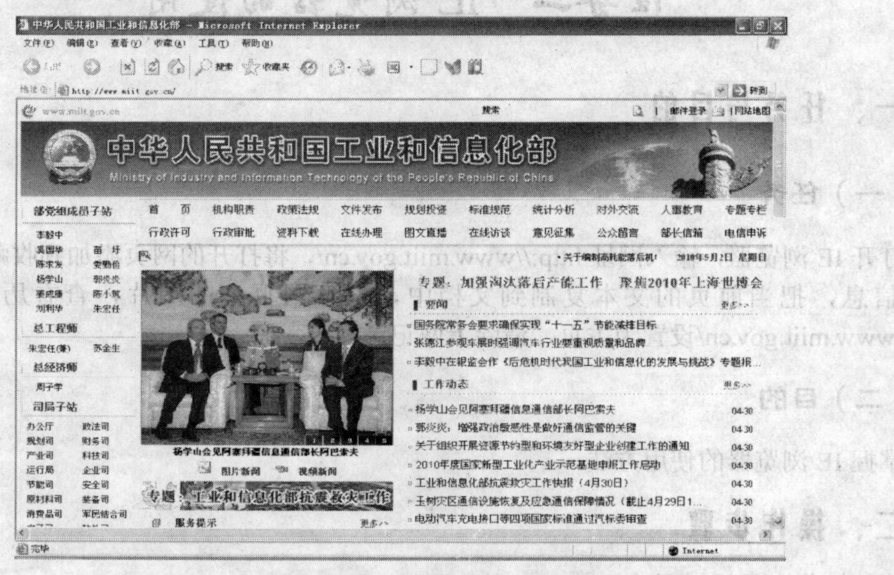

图 6-9　中华人民共和国工业和信息化部的网站首页

（3）单击“收藏”菜单中的“添加”命令，弹出“添加到收藏夹”对话框。在名称输入框中显示的是当前正在打开的网页名称，单击“确定”按钮，将该网页添加到收藏夹中。

（4）在打开的“中华人民共和国工业和信息化部”的主页上方单击“机构职责”菜单链接，进入到如图 6-10 所示的页面。单击“文件”菜单中的“另存为”命令，在弹出的对话框中选择准备用于保存页面文件的文件夹，输入文件名，选择保存类型，单击“保存”按钮即可。

图 6-10　“机构职责”页面

（5）用鼠标选择当前页面的文字或单击“编辑”菜单中的“全选”命令，接着单击“编辑”菜单中的“复制”命令，然后打开“记事本”或“Word”进行“粘贴”。

（6）单击“后退”按钮，回到首页，在该网页最上方“中华人民共和国工业和信息化部”图片上右击，选择快捷菜单命令“图片另存为”，在弹出的对话框中选择准备用于保存图片的文件夹，输入文件名“图片”，单击“保存”按钮。

（7）单击工具栏上的“历史”按钮，或单击“查看”菜单中的“浏览器栏”命令，再单击子菜单中的“历史记录”命令，或按 Ctrl+H 快捷键，打开“历史记录”窗口。在历史记录窗口的“查看”按钮中可选择“按日期”、“按站点”单击或“按访问次数”等查看历史记录，在任一记录上右击鼠标，在弹出的快捷菜单中，“删除”命令，则可清除这一历史记录项。

（8）在“收藏夹”中单击“工业和信息化部”，打开该网页，单击“工具”菜单中的“Internet 选项”命令，打开如图 6-11 所示的“Internet 选项”对话框，在“常规”选项卡中单击“使用当前页”按钮，则刚打开的网页的网址自动出现在“地址”框中，单击“确定”按钮。以后每次打开 IE 浏览器，都会自动打开该网址的网页。

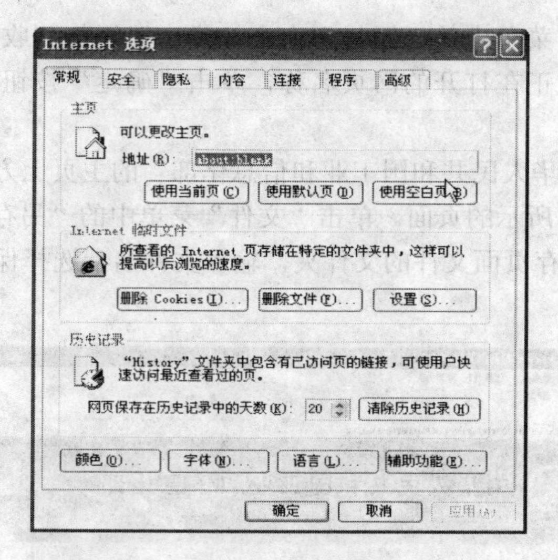

图 6-11 “Internet 选项”对话框

（9）打开“Internet 选项”对话框在“内容”选项卡中，单击“自动完成”选项页中的“设置”按钮，出现“自动完成设置”对话框。分别单击“清除表单”和“清除密码”按钮，再单击“确定”按钮。

（10）在“Internet 选项”对话框中选择“常规”选项卡，单击“删除”按钮，在弹出的对话框中单击“Internet 临时文件”选项中的“删除文件”按钮即可删除 Internet 临时文件夹中的内容。单击“删除历史记录”按钮，在弹出的对话框中单击“确定”即可删除已访问网站的历史记录。

三、知识技能要点

（一）Internet 浏览器

Internet 浏览器是一类软件，用户必须使用这类软件来打开网页。目前广泛使用的 Internet 浏览器是运行在 Windows 操作系统上的 IE（Internet Explorer），也就是本任务中使用的浏览器。其他常用的浏览器有 Mozilla FireFox、Opera、Maxthon、腾讯 TT（Tencent Traveler）等，其中部分浏览器可以同时在 Linux 和 Windows 操作系统上运行。

（二）网页文件保存的类型

（1）“网页，全部”可保存页面的 HTML 文件和页面中的图像文件、背景文件以及其他嵌入页面的内容，其他文件会被保存在一个和 HTML 文件同名的子文件夹中。

（2）“Web 档案，单一文件”可保存页面的 HTML 文件和页面中的图像文件、背景文件以及其他嵌入页面的内容，但只保存成“htm”为扩展名的文件。

（3）网页，仅 HTML”只保存页面的文字内容，保存成一个扩展名为“html”或“htm”的文件。

（4）“文本文件”将页面中的文字内容保存为一个文本文件。

任务三 使用搜索引擎

一、任务与目的

（一）任务

学习搜索引擎的使用方法，分别练习关键字搜索等，包括单一关键字搜索、组合关键字搜索，排除无关信息的搜索，按内容分类搜索及高级搜索。

（二）目的

掌握使用关键字搜索、按内容分类搜索和高级搜索的技能。

二、操作步骤

使用搜索引擎的具体步骤如下。

（1）双击桌面上的 Internet Explorer 图标，打开 IE 浏览器，在地址栏中输入 www.baidu.com，即进入百度网页搜索入口，如图 6-12 所示。

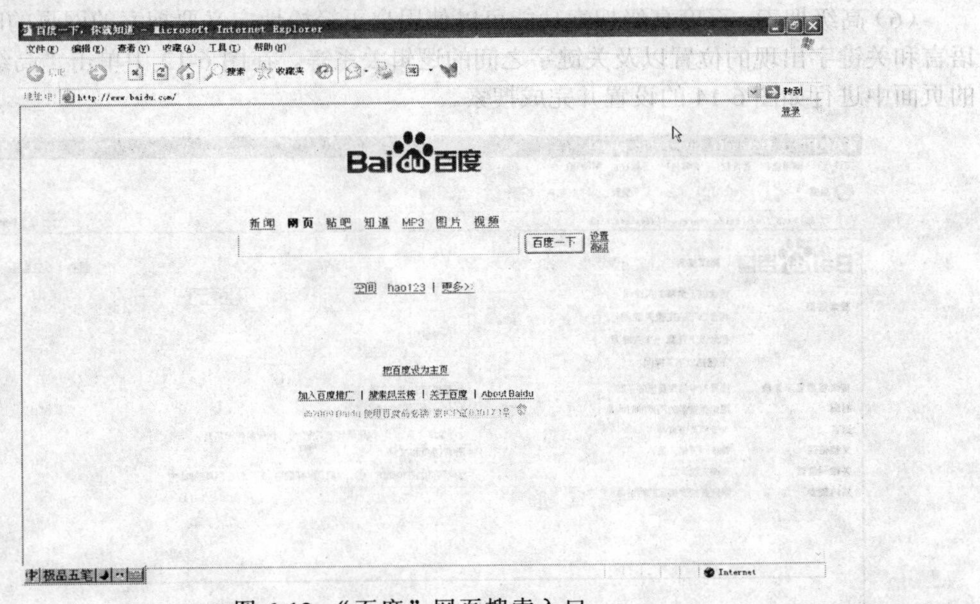

图 6-12 “百度”网页搜索入口

（2）单一关键字搜索。在搜索框中键入要查找内容的关键字描述，如“工业信息化部”，单击“百度一下”按钮，即可显示包含此类关键字的网页的基本信息。

（3）组合关键字搜索。搜索同时包含“CPU”、“内存”和“硬盘”三个关键字的信息。在百度的搜索框中输入“CPU 内存硬盘”或“CPU+内存+硬盘”，单击“百度一下”按钮。

（4）排除无关信息的搜索。在百度的搜索框中输入“CPU－内存”，单击“百度一下”按钮，即搜索出包含“CPU”关键字但不包含“内存”关键字的信息。

（5）按内容分类搜索。在图 6-12 中单击“更多”，出现如图 6-13 所示的页面，选择任意一个子项单击，进入到该类搜索界面。

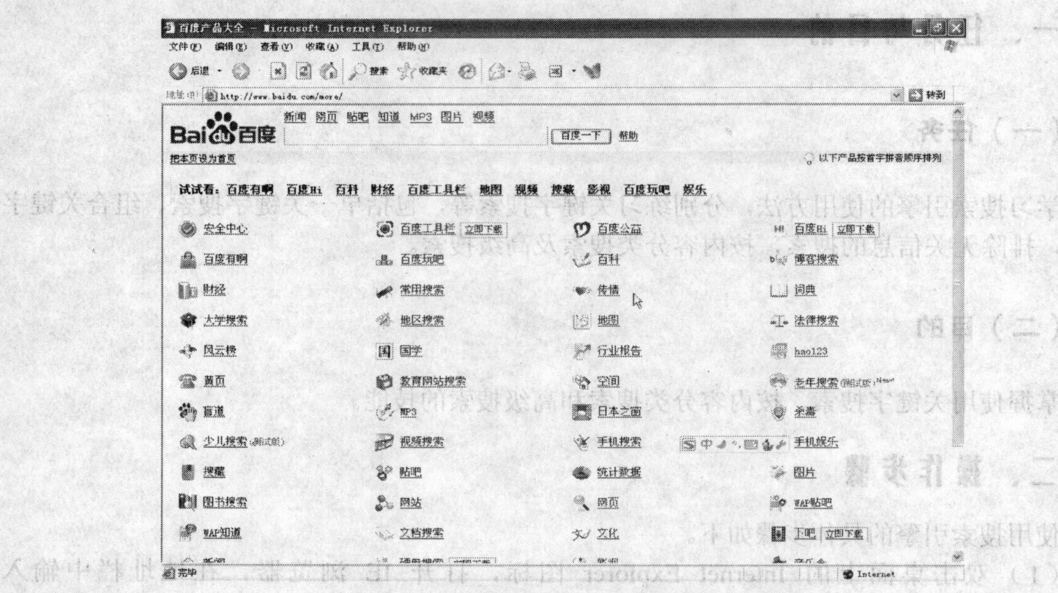

图 6-13 “百度”分类搜索

（6）高级搜索。百度高级搜索功能可以使用户更轻松地定义要搜索的网页的时间、地区、语言和关键字出现的位置以及关键字之间的逻辑关系等。在图 6-12 中单击“高级”，在出现的页面中进行如图 6-14 的设置并完成搜索。

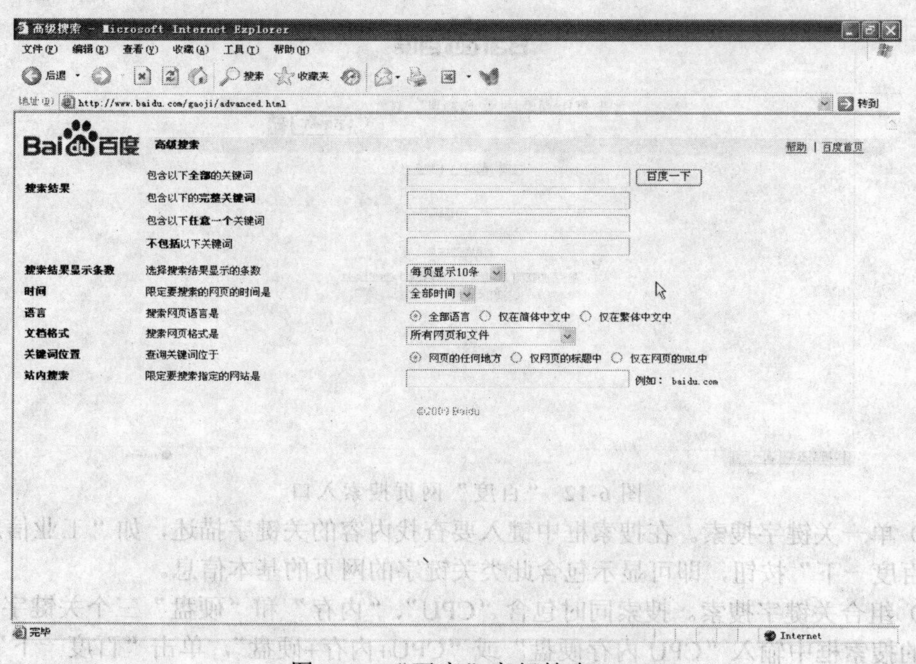

图 6-14 “百度”高级搜索

任务四　下 载 文 件

一、任务及目的

（一）任务

在中华人民共和国工业和信息化部网站资料下载栏目中下载“工业产品质量控制和技术评价实验室申报表”。

（二）目的

掌握利用网站自带的下载功能下载文档。

二、操作步骤

具体操作步骤如下所述。

（1）打开 IE 浏览器，访问网站 http://www.miit.gov.cn，单击“资料下载”菜单链接，出现如图 6-15 所示页面。

（2）在“资料下载”页面中，单击“工业产品质量控制和技术评价实验室申报表”链接，打开一个新的页面，在新页面中，鼠标指向“工业产品质量控制和技术评价实验室申报表（下载）”链接，单击鼠标右键，在弹出的快捷菜单中单击“目标另存为”命令，在弹出的“另存为”命令对话框中选择保存的位置，输入文件名，单击“保存”按钮。

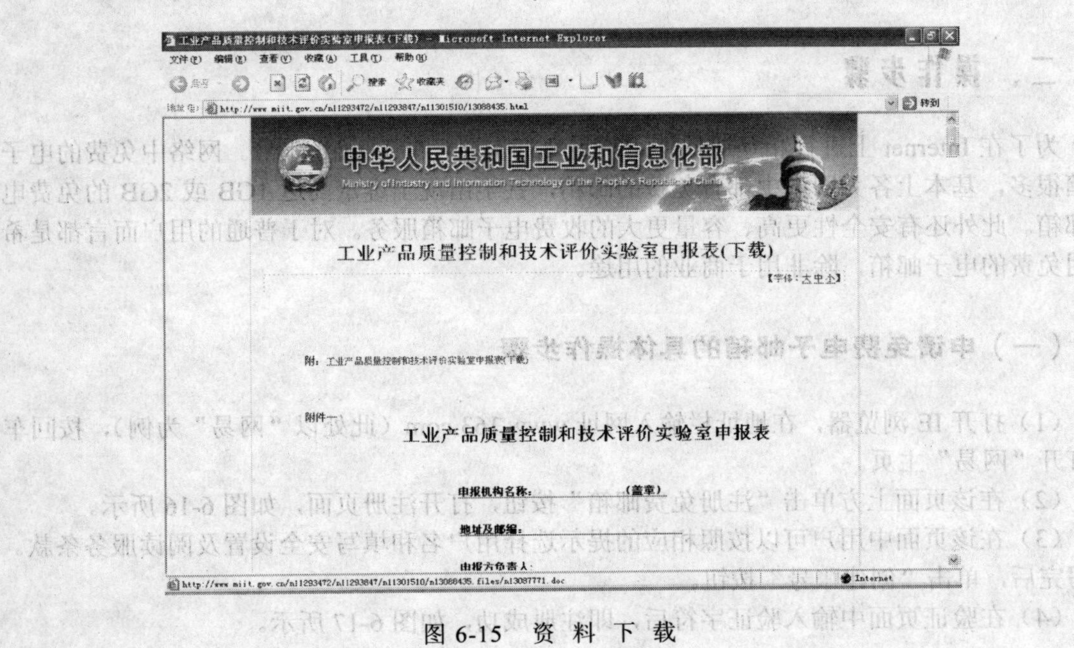

图 6-15　资 料 下 载

任务五 收发电子邮件

电子邮件是 Internet 上使用比较广泛的一种服务。与普通邮件的传递方法类似，电子邮件采用存储转发方式传递，根据电子邮件的地址由网上多个主机合作实现存储转发，从发信源结点出发，经过路径上若干个网络结点的存储和转发，最终使电子邮件传送到目的信箱，具有传送速度快、费用低廉、方便、不受地域或时间限制等优点，而且还可以发送语音、图片等，安全性也较高。

Outlook Express 是当今最流行的电子邮件管理程序之一。它是 Internet Explorer 的一个组件，具有功能强大、操作简单、容易掌握等特点。用户使用 Outlook Express 可以对电子邮件进行各种管理操作。

一、4EFB务及目的

（一）任务

申请电子邮箱；在 Outlook Express 中设置邮件账号；收发电子邮件；删除电子邮件。

（二）目的

熟练掌握电子邮件的收发方法。

二、操作步骤

为了在 Internet 上进行相互通信，用户需要拥有自己的 E-mail 账号。网络中免费的电子邮箱很多，基本上各大网站中都有免费的邮箱，甚至出现了容量高达 1GB 或 2GB 的免费电子邮箱。此外还有安全性更高、容量更大的收费电子邮箱服务。对于普通的用户而言都是希望用免费的电子邮箱，除非用于商业的用途。

（一）申请免费电子邮箱的具体操作步骤

（1）打开 IE 浏览器，在地址栏输入网址 www.163.com（此处以“网易”为例），按回车键打开“网易”主页。

（2）在该页面上方单击“注册免费邮箱”按钮，打开注册页面，如图 6-16 所示。

（3）在该页面中用户可以按照相应的提示选择用户名和填写安全设置及阅读服务条款。填写完后，单击“创建账号”按钮。

（4）在验证页面中输入验证字符后，即注册成功，如图 6-17 所示。

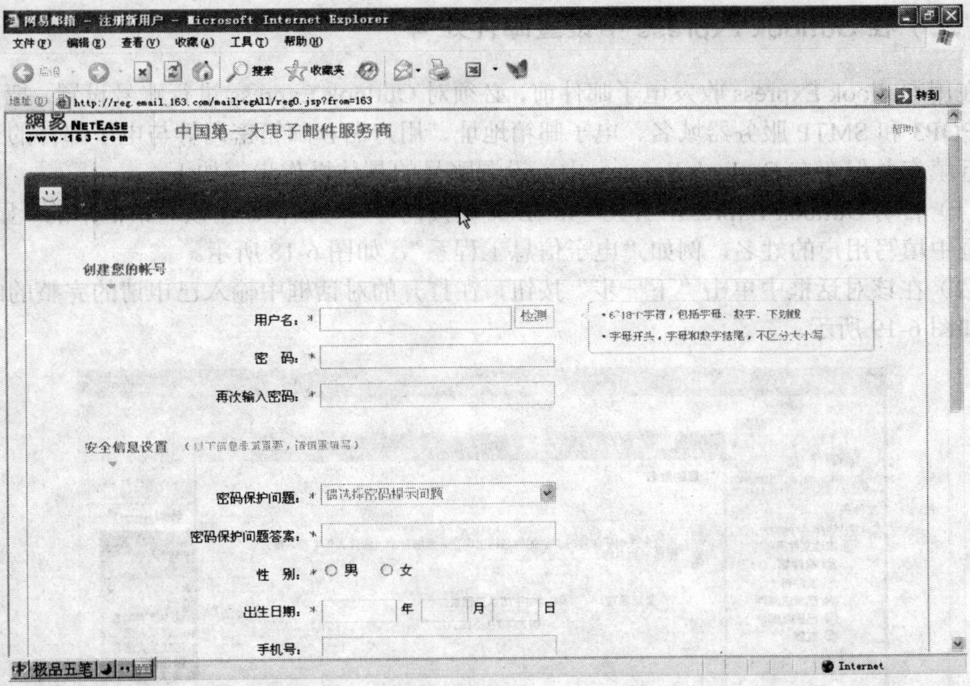

图 6-16　网易邮箱注册页面

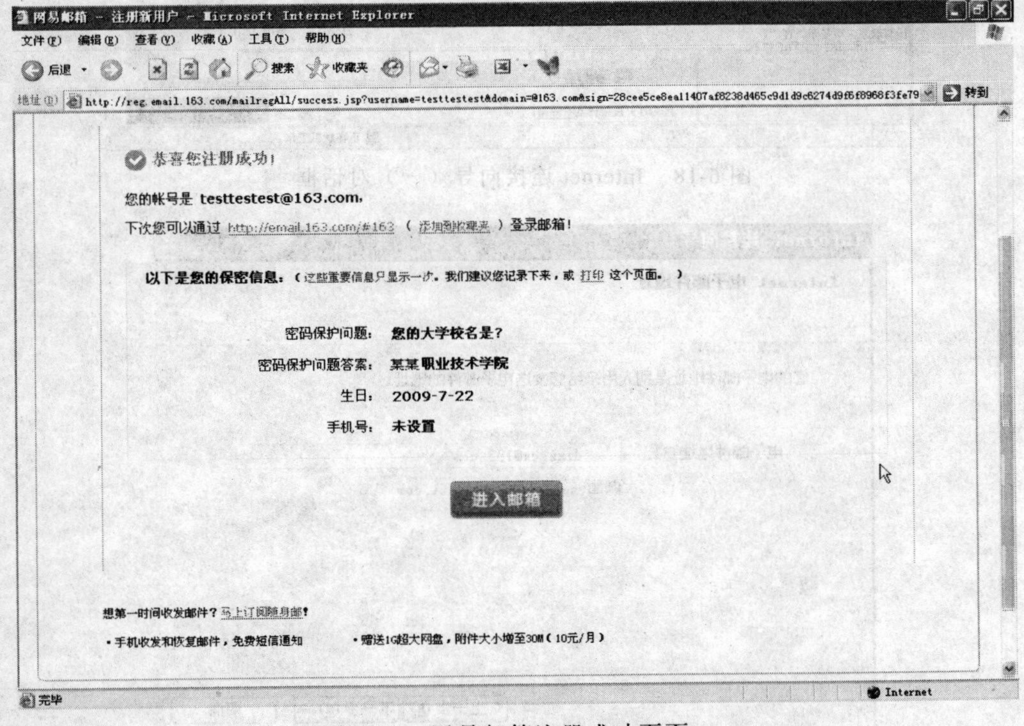

图 6-17　网易邮箱注册成功页面

（5）单击“进入邮箱”按钮即可使用该邮箱收发邮件了。

（二）在 Outlook Express 中设置邮件账号

在用 Outlook Express 收发电子邮件前，必须对 Outlook Express 进行账号设置，把 ISP 提供的 POP3 和 SMTP 服务器域名、电子邮箱地址、用户名和邮箱密码等与电子邮件的有关信息进行填充并保存在 Outlook Express 中。设置账号的具体操作步骤如下。

（1）启动 Outlook Express，弹出“Internet 连接向导”对话框。在该对话框中的“显示名”文本框中填写用户的姓名，例如“电子信息工程系”，如图 6-18 所示。

（2）在该对话框中单击“下一步”按钮，在打开的对话框中输入已申请的完整的邮箱地址，如图 6-19 所示。

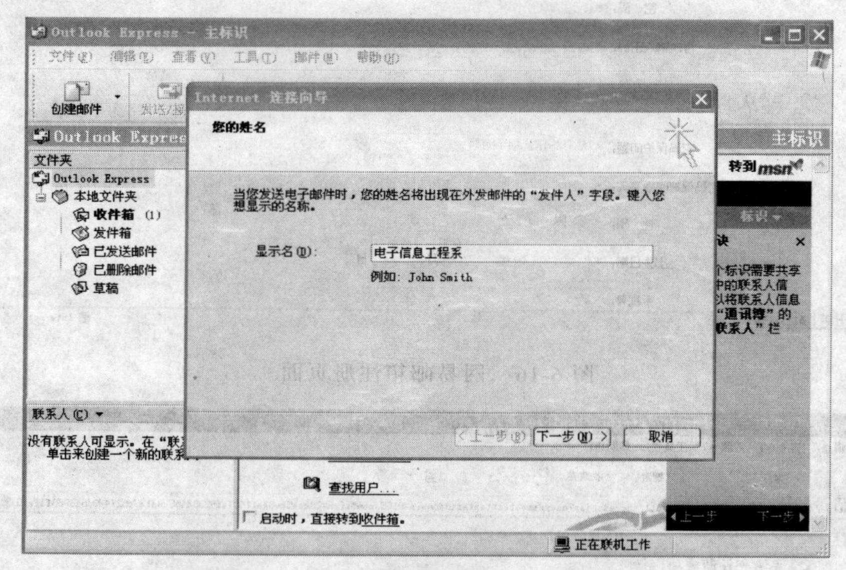

图 6-18　Internet 连接向导（一）对话框

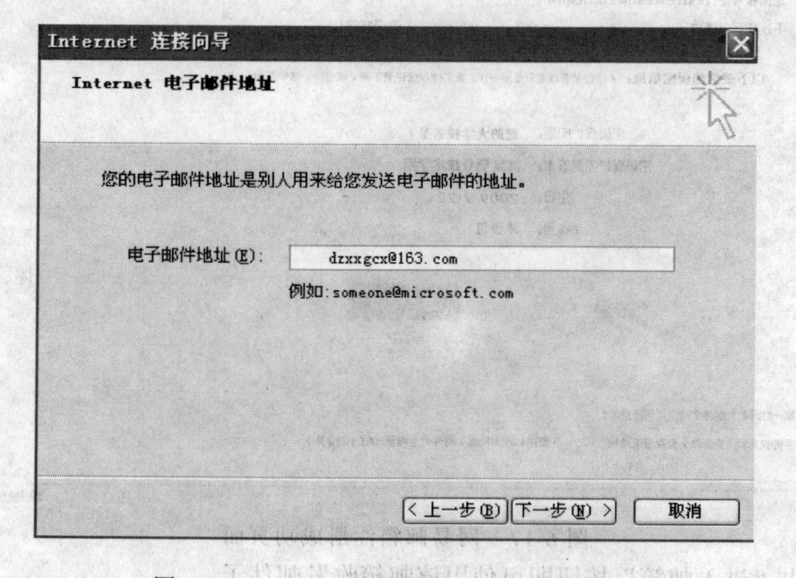

图 6-19　Internet 连接向导（二）对话框

（3）单击“下一步”按钮，在弹出的Internet连接向导（三）对话框的“邮件接收（POP3或IMAP）服务器”和“外发邮件服务器”文本框中输入邮箱服务器域名，例如，“POP3”和“SMTP”，如图6-20所示。

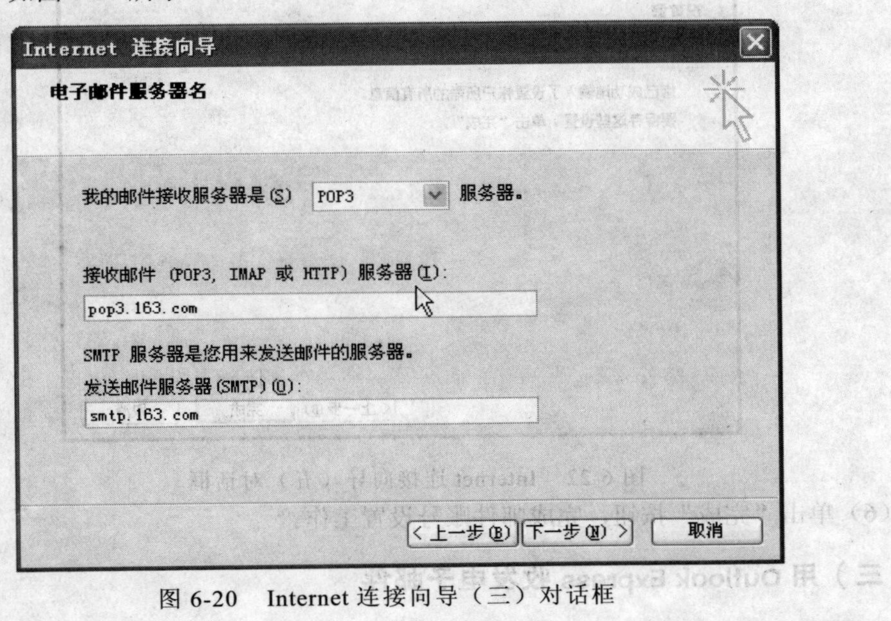

图6-20 Internet连接向导（三）对话框

（4）单击“下一步”按钮，在弹出的Internet连接向导（四）对话框的“账㊀户名”文本框中已经显示了邮件账户名，在“密码”文本框中输入密码，如图6-21所示。

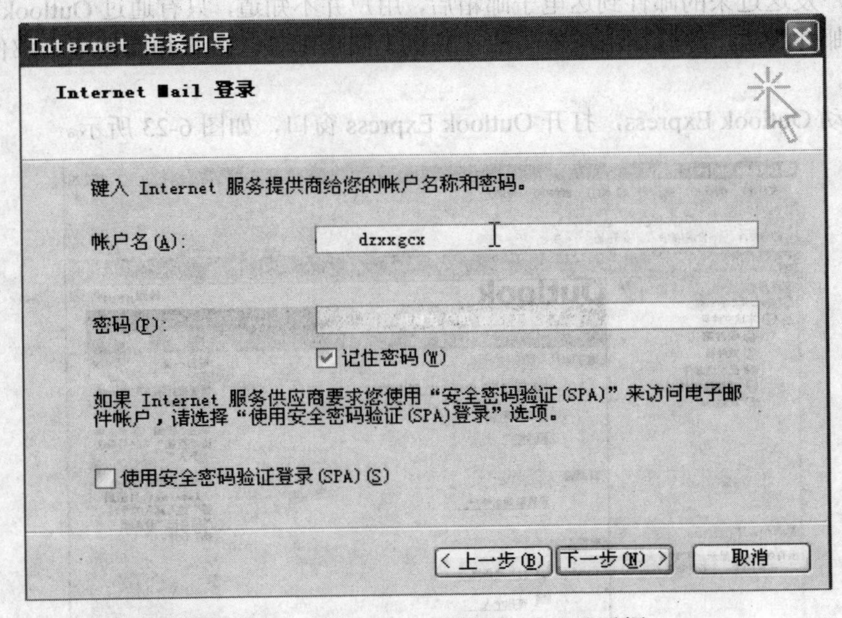

图6-21 Internet连接向导（四）对话框

㊀ 规范宜用“账户名”，由于软件原因，视窗中出现“帐户名”。

（5）单击“下一步”按钮，出现设置完成对话框，如图 6-22 所示。

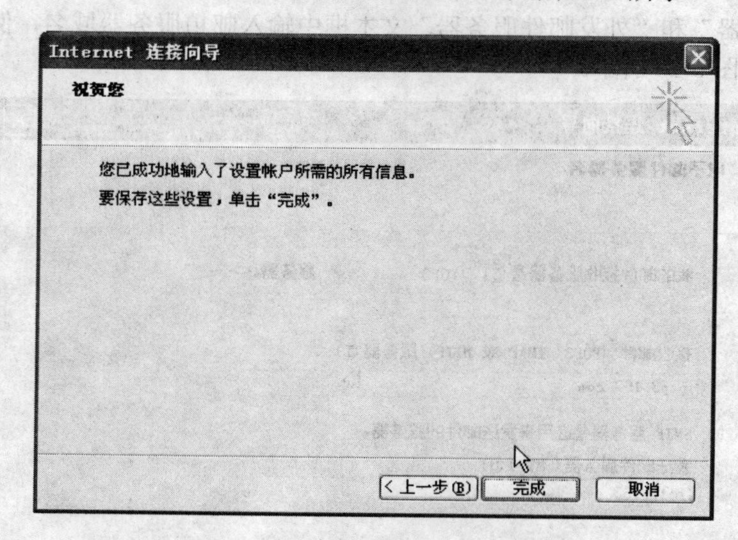

图 6-22　Internet 连接向导（五）对话框

（6）单击“完成”按钮，完成邮件账号设置工作。

（三）用 Outlook Express 收发电子邮件

账号设置好后，就可以收发电子邮件了。使用 Outlook Express 可以很方便地收发电子邮件。

1. 收电子邮件

其他用户发送过来的邮件到达电子邮箱后，用户并不知道，只有通过 Outlook Express 才能查看有无邮件到达，然后在用户使用的计算机上阅读邮件。接收和阅读电子邮件的具体操作步骤如下。

（1）启动 Outlook Express，打开 Outlook Express 窗口，如图 6-23 所示。

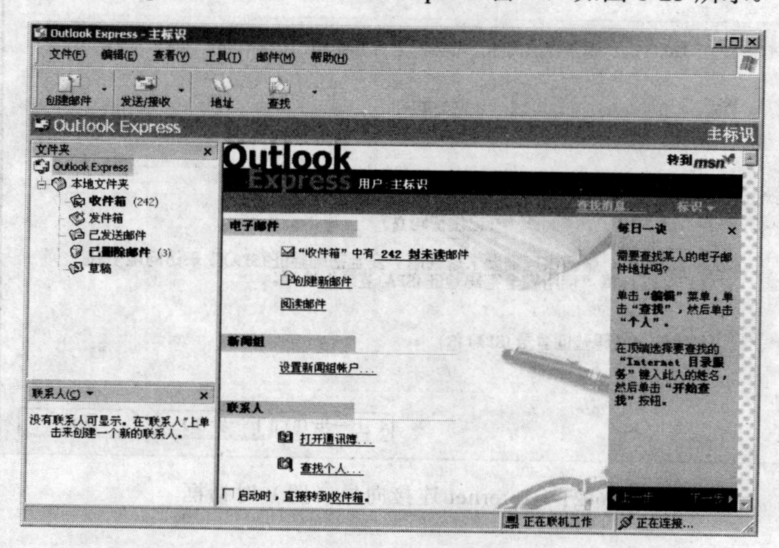

图 6-23 Outlook Express 窗口

（2）在该窗口中可以看到有 242 封邮件未读，在左侧树形目录下单击“收件箱”，将出现邮件列表，在选中的邮件名称上双击鼠标左键，即可阅读该邮件，如图 6-24 所示。

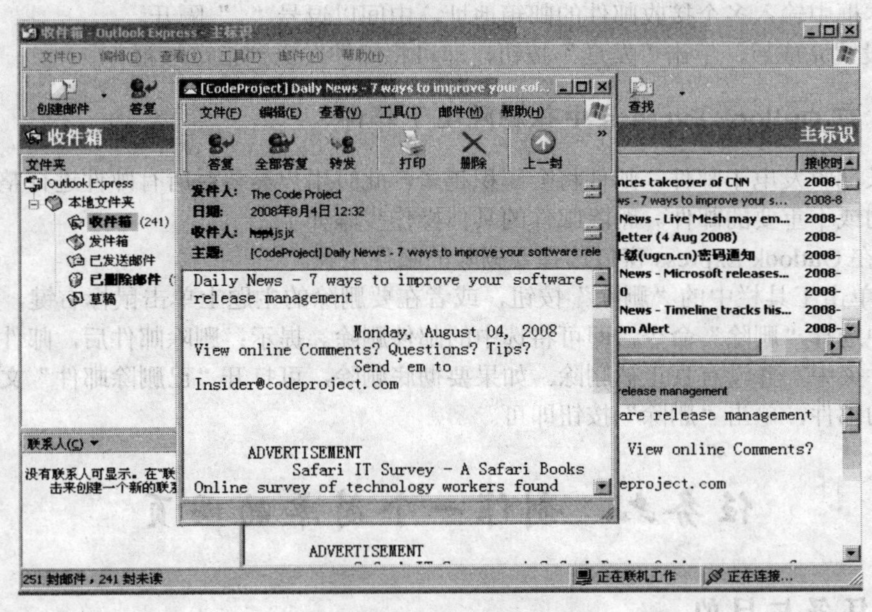

图 6-24 收件箱窗口

2. 发送电子邮件

创建并发送电子邮件的具体操作步骤如下。

（1）在 Outlook Express 窗口中单击“创建新邮件”按钮，打开“新邮件”窗口，如图 6-25 所示。

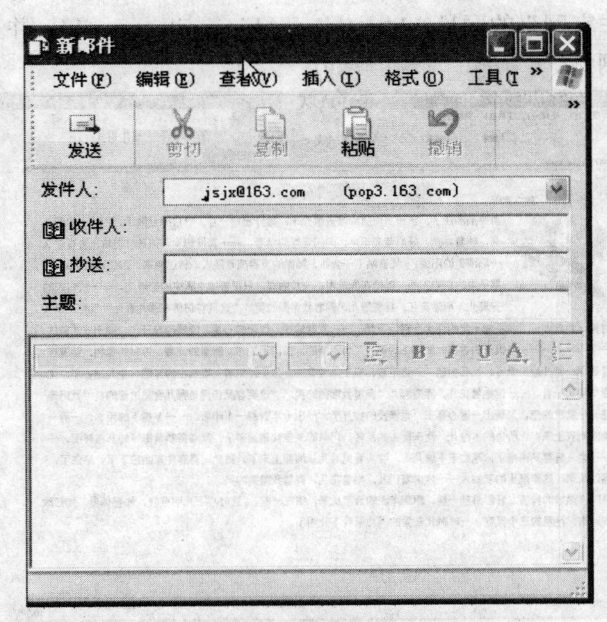

图 6-25 “新邮件”窗口

（2）在“收件人”文本框中输入收件人的地址；在“主题”文本框中输入邮件的主题；在下边的列表框输入邮件的内容。注意：如果需要将同一封信件发送给多个用户，可在“收件人”文本框中输入多个接收邮件的邮箱地址，中间以逗号“，”隔开。

（3）设置完成后，单击“发送”按钮，即可将邮件发送到指定邮箱。

（四）在 Outlook Express 中在删除电子邮件

如果长期收发电子邮件，邮件将会越积越多，此时用户需要对所有邮件进行整理，然后删除不用的或不重要的邮件。删除邮件的具体操作步骤如下。

（1）在 Outlook Express 窗口选择要删除的邮件主题。

（2）单击工具栏中的“删除”按钮，或者在要删除的主题上单击鼠标右键，在弹出的快捷菜单中选择“删除”命令，即可将选中的邮件删除。提示：删除邮件后，邮件只是被移到删除文件夹中，并没有真正被删除。如果要彻底删除，可打开“已删除邮件”文件夹，选中要删除的邮件，单击“删除”按钮即可。

任务六　制作一个简单的网页

一、任务与目的

（一）任务

使用 Dreamweaver CS3 制作如图 6-26 所示的一个简单网页。要求网页宽度为 780 像素，网页显示在屏幕中间，内容实现图文混排，设置文字行高为 30 像素。使文中“冰心《笑》”几个字链接到“中国作家网”的网址：http://www.chinawriter.com.cn，并且单击该链接时，在一个新的页面中打开网站。

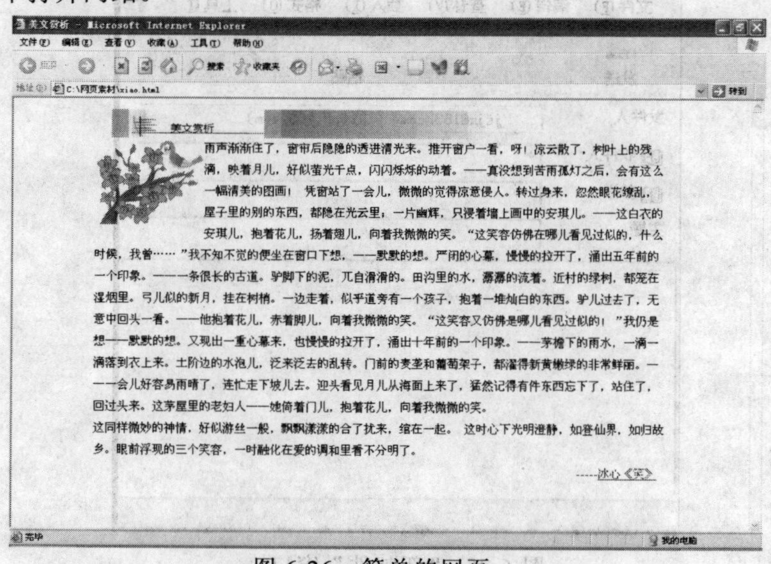

图 6-26　简单的网页

（二）目的

（1）初步了解 Dreamweaver CS3 的使用方法。

（2）初步了解网页的图文混排。

二、操作步骤

（1）打开软件 Dreamweaver CS3，单击“文件”→“新建”命令，出现“新建文档”窗口，如图 6-27 所示。

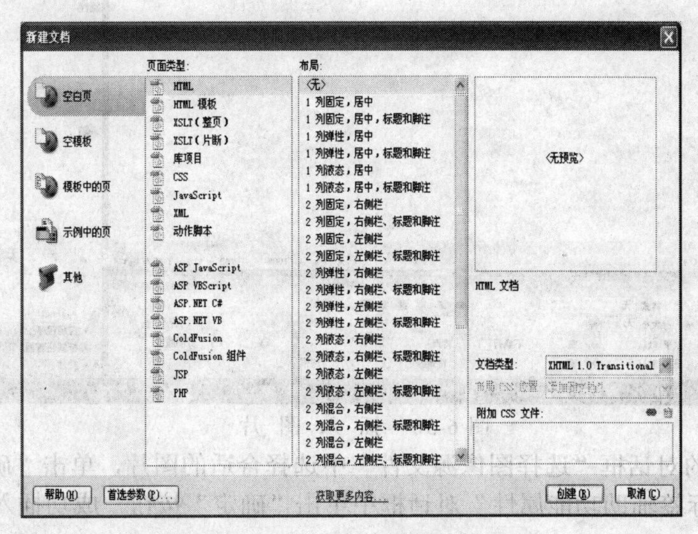

图 6-27 “新建文档”窗口

（2）单击“空白页”选项，在页面类型栏中选择 HTML 选项，单击“创建”按钮，出现网页编辑界面。

（3）在标题栏输入框中输入“美文赏析”，如图 6-28 所示。保存网页文件名为 xiao.html。

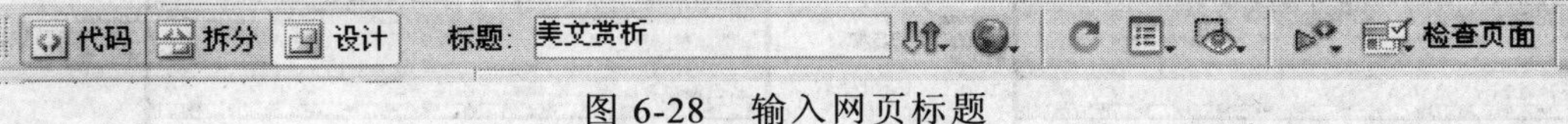

图 6-28 输入网页标题

（4）单击“表格”按钮，插入一个 2 行 1 列的表格。具体参数设置如下：“表格宽度”为 780 像素，“边框粗细”、“单元格边距”、“单元格间距”都为 0 像素，如图 6-29 所示。

（5）在第 1 行表格中插入图片。单击图片按钮旁下拉箭头，在弹出的菜单中，单击“图像”菜单项，如图 6-30 所示。

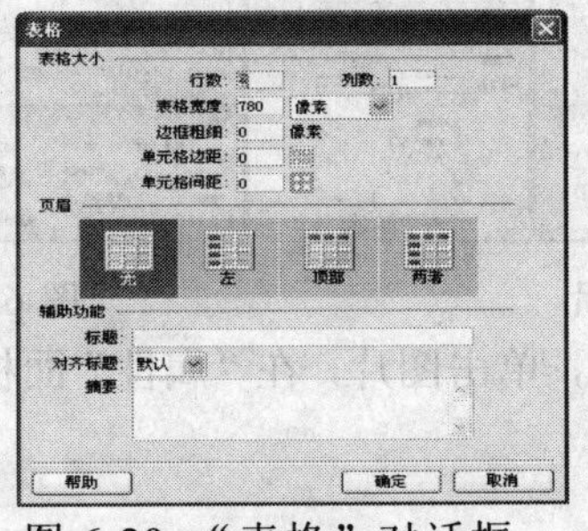

图 6-29 “表格”对话框

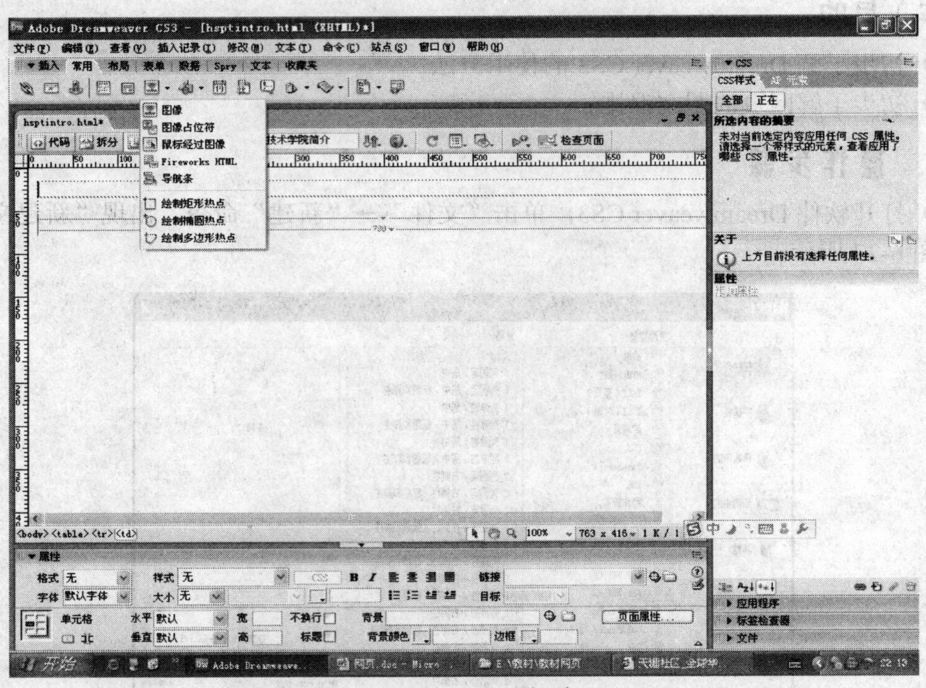

图 6-30　插 入 图 片

（6）在弹出的对话框“选择图像源文件”中选择合适的图片，单击“确定”按钮后，再在弹出的“图像标签辅助功能属性”对话框中单击“确定”按钮，成功插入图片，如图 6-31 所示。

（7）在表格第 2 行中插入一幅图片，方法同上，效果如图 6-32 所示。

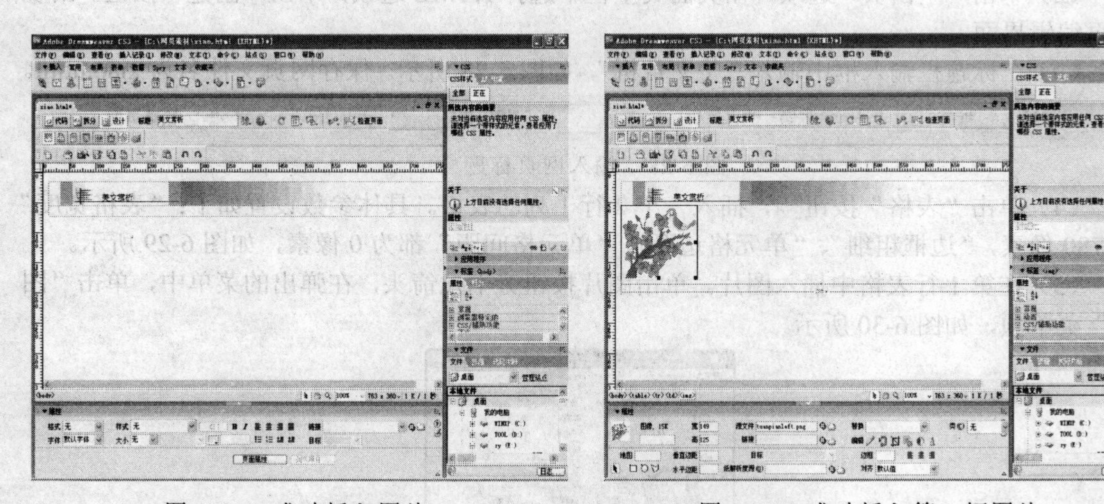

图 6-31　成功插入图片　　　　图 6-32　成功插入第 2 幅图片

（8）在图片后输入相关文字，单击图片，在“属性”面板的“对齐”下拉菜单中选择“左对齐”选项，如图 6-33 所示。

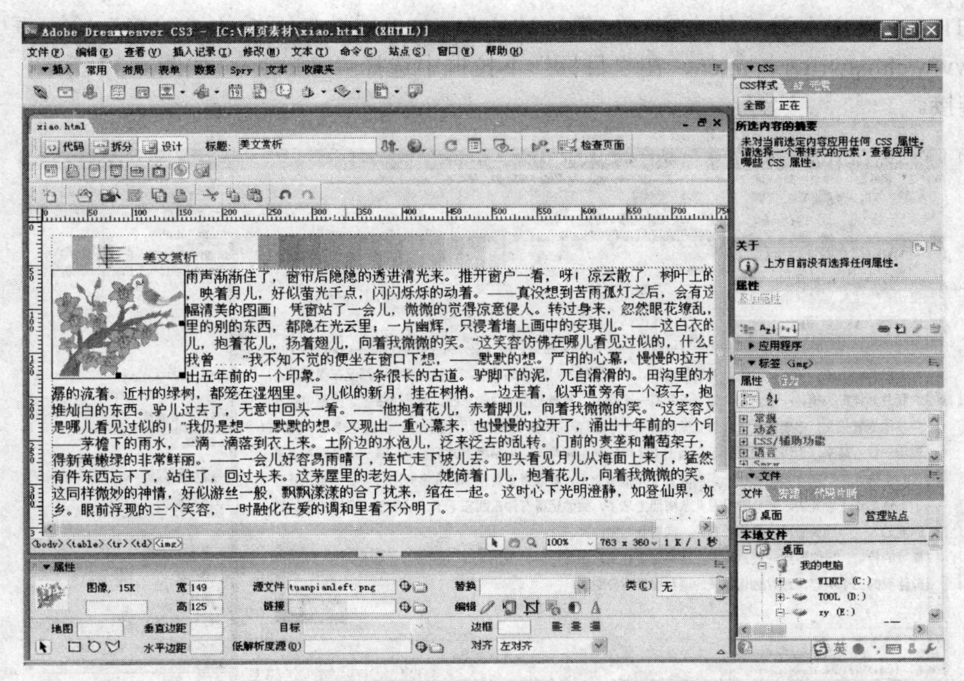

图 6-33 图片左对齐

（9）单击“文本”→“CSS样式”→“新建”命令，弹出如图6-34所示对话框，在“名称”输入框中输入样式名称，选择“仅对该文档”单选项，单击“确定”按钮。在弹出的对话框（如图6-35所示）的“行高”输入框中输入30，单击“确定”按钮。

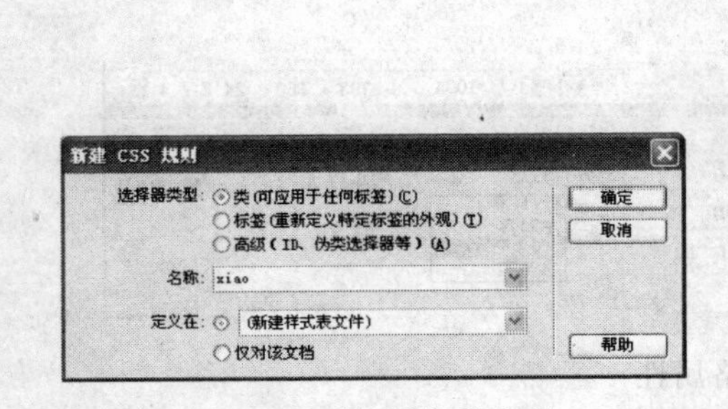

图 6-34 输入样式名称

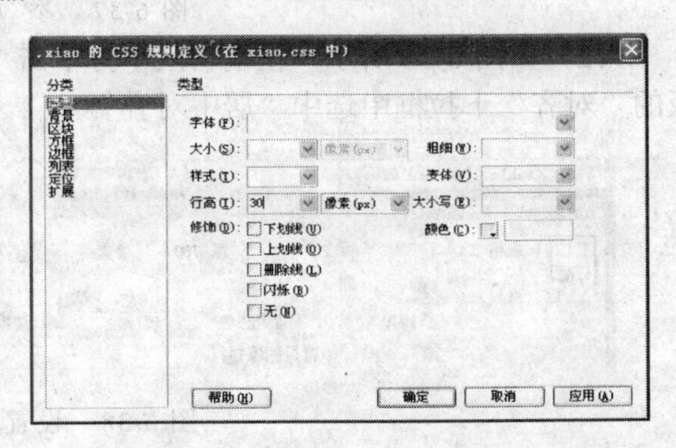

图 6-35 定义行高

（10）在“属性”面板样式下拉框中选择上一步创建的样式，如图6-36所示。经过上面两步的设置实现网页图文混排的效果。

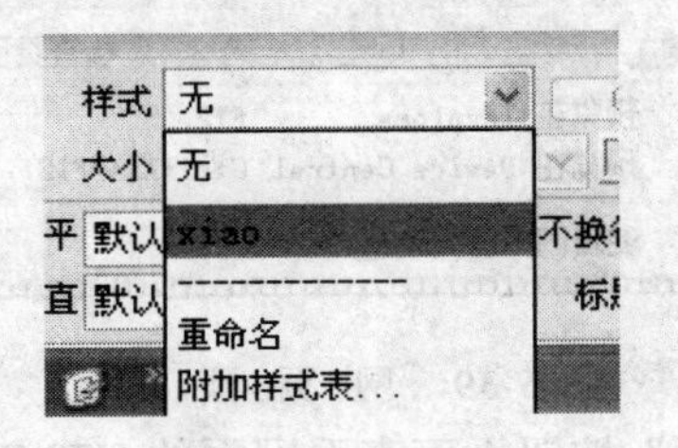

图 6-36 选择样式

（11）选择文本最后的文字：“《笑》冰心”，在“属性”面板的“链接”输入框中输入 http://www.chinawriter.com.cn，在“目标”下拉框中选择“_blank”，如图 6-37 所示，为文字添加链接。

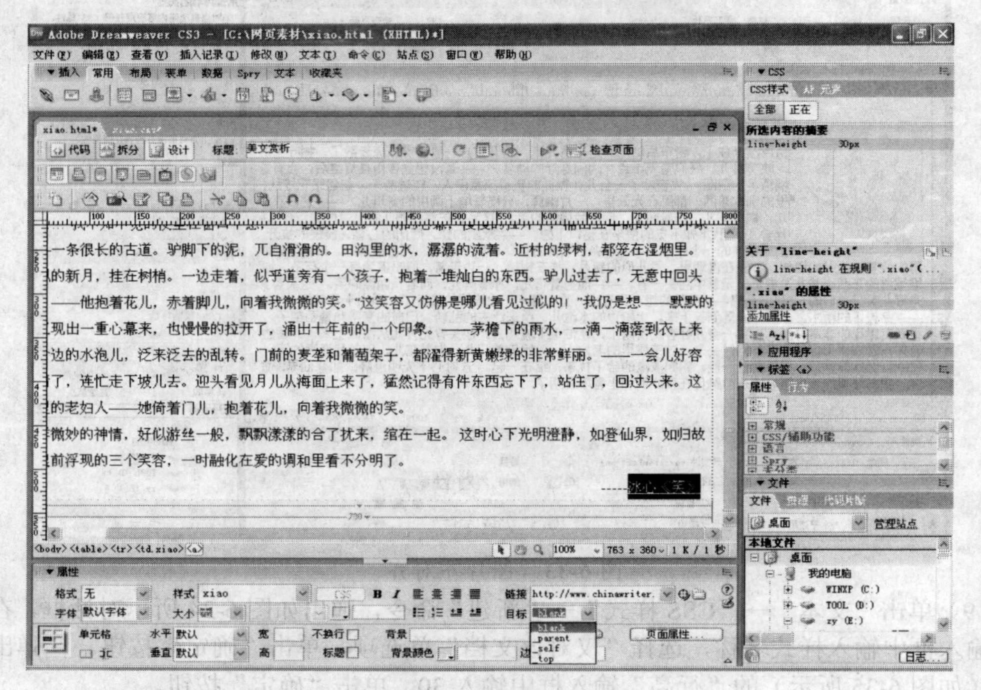

图 6-37 添 加 链 接

（12）如图 6-38 所示，在编辑区下方单击“table”标签，选中整个表格，在“属性”面板的“对齐”下拉框中选中“居中对齐”。

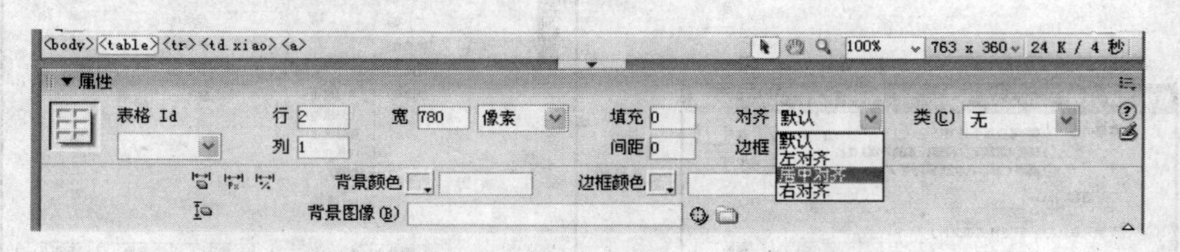

图 6-38 设置表格属性

（13）如图 6-39 所示，选择“在浏览器中浏览/调试”按钮下拉框中的“预览在 IExplore”菜单，查看完成的网页。

图 6-39 网 页 预 览

（14）单击窗口中的“代码”按钮，可查看网页的 HTML 代码，如图 6-40 所示。

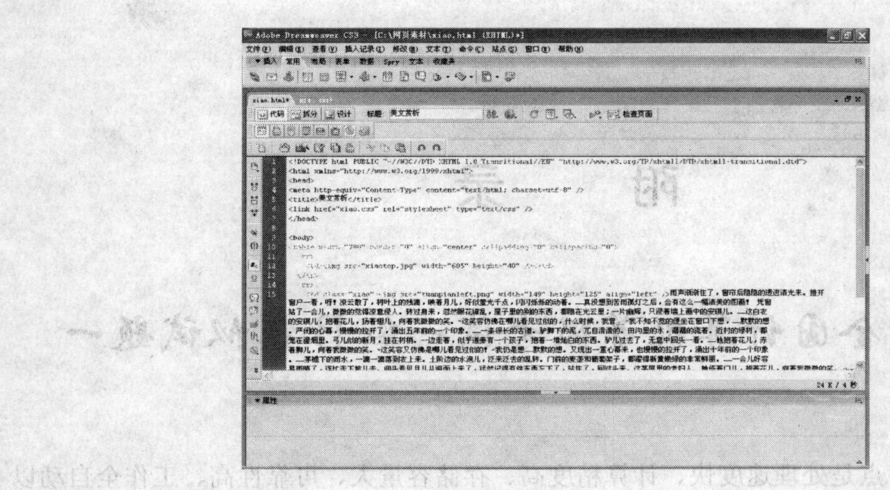

图 6-40 代 码 窗 口

三、知识技能要点

网页，即 HTML（Hyper Text Markup Language，超文本标记语言）文件，是纯文本格式的，用任何文本编辑器都可以编辑，是一种可以在 Internet 上传输，并被浏览器认识和翻译成页面显示出来的文件。HTML 是由 Web 的发明者 Tim Berners Lee 和同事 Daniel W.Connolly 于 1990 年创立的。

通过浏览器在 WWW 上所看到的每一幅画面都是一个网页（Web Page）。网页是网上的基本文档。网页中包含文字、图片、声音、动画、影像以及链接等元素，通过对这些元素的有机结合，就构成了包含各种信息的网页。其中，文字是网页中最常用的元素；图片可以给人以生动直观的视觉印象，适当运用图片，可以美化网页；链接的设计，可以使用户进行选择性的浏览；声音、动画等多媒体信息的加入，使网页更加丰富多彩。常用的网页制作工具主要是 Microsoft 公司的 FrontPage（一个“所见即所得”的可视化网站开发工具）和 Macromedia 公司的“网页制作三剑客”软件——Dreamweaver（也是一个“所见即所得”的可视化网站开发工具）、Fireworks（编辑处理各种格式的网页图片，并可以创作 GIF 动画）与 Flash（用于制作具有丰富声音和效果的网上动画）。

网站是由一个一个页面构成的，是网页的有机结合，主页就是网站的第一页。

习 题 六

1．问答题

读者上机所使用的机房的计算机采用了什么类型的网络？用了哪些网络设备？网段是多少？读者所用机器的 IP 地址是怎样的？

2．练习与实践

（1）打开中华人民共和国工业和信息化部网站主页，浏览整个网站。

（2）在 Internet 上注册一个电子邮箱。

（3）使用 Dreamweaver 制作一个简单网页，要求有图片。

附　　录

附录A　全国计算机等级考试一级B模拟试题一

一、选择题

1．计算机的特点是处理速度快、计算精度高、存储容量大、可靠性高、工作全自动以及（　　）。

A．造价低廉　　B．便于大规模生产

C．适用范围广、通用性强　　D．体积小巧

2．1983年，我国第一台亿次巨型电子计算机诞生了，它的名称是（　　）。

A．东方红　　B．神威　　C．曙光　　D．银河

3．十进制数215用二进制数表示是（　　）。

A．1100001　　B．11011101　　C．0011001　　D．11010111

4．有一个数是123，它与十六进制数53相等，那么该数值是（　　）。

A．八进制数　　B．十进制数　　C．五进制　　D．二进制数

5．下列4种不同数制表示的数中，数值最大的一个是（　　）。

A．八进制数227　　B．十进制数789

C．十六进制数1FF　　D．二进制数1010001

6．某汉字的区位码是5448，它的机内码是（　　）。

A．D6D0H　　B．E5E0H

C．E5D0H　　D．D5E0H

7．汉字的字形通常分为哪两类？（　　）。

A．通用型和精密型　　B．通用型和专用型

C．精密型和简易型　　D．普通型和提高型

8．中国国家标准汉字信息交换编码是（　　）。

A．GB 2312—1980　　B．GBK

C．UCS　　D．BIG—5

9．用户用计算机高级语言编写的程序，通常称为（　　）。

A．汇编程序　　B．目标程序

C．源程序　　D．二进制代码程序

10．将高级语言编写的程序翻译成机器语言程序，所采用的两种翻译方式是（　　）。

A．编译和解释　　B．编译和汇编

C．编译和链接　　D．解释和汇编

11．下列关于操作系统的主要功能的描述中，不正确的是（　　）。

A．处理器管理　　B．作业管理

C．文件管理　　D．信息管理

12．微型机的DOS系统属于哪一类操作系统？（　　）。

A．单用户操作系统B．分时操作系统

C．批处理操作系统D．实时操作系统

13．下列4种软件中属于应用软件的是（　　）。

A．BASIC解释程序　　B．UCDOS系统

C．财务管理系统　　D．Pascal编译程序

14．内存（主存储器）比外存（辅助存储器）（　　）。

A．读写速度快　　B．存储容量大

C．可靠性高　　D．价格便宜

15．运算器的主要功能是（　　）。

A．实现算术运算和逻辑运算

B．保存各种指令信息供系统其他部件使用

C．分析指令并进行译码

D．按主频指标规定发出时钟脉冲

16．计算机的存储系统通常包括（　　）。

A．内存储器和外存储器　　B．软盘和硬盘

C．ROM和RAM　　D．内存和硬盘

17．断电会使存储数据丢失的存储器是（　　）。

A．RAM　　B．硬盘

C．ROM　　D．软盘

18．计算机病毒按照感染的方式可以进行分类，以下哪一项不是其中一类？（　　）

A．引导区型病毒　　B．文件型病毒

C．混合型病毒　　D．附件型病毒

19．下列关于字节的4条叙述中，正确的一条是（　　）。

A．字节通常用英文单词bit来表示，有时也可以用b来表示

B．Pentium机的字长为5个字节

C．计算机中将8个相邻的二进制位作为一个单位，这种单位称为字节

D．计算机的字长并不一定是字节的整数倍

20．下列描述中，不正确的一条是（　　）。

A．世界上第一台计算机诞生于1946年

B．CAM就是计算机辅助设计

C．二进制转换成十进制的方法是“除二取余”

D．在二进制编码中，n位二进制数最多能表示2n种状态

二、Windows基本操作题

1．将考生文件夹下的CHILD文件夹中的GIRL.txt文件，移动到考生文件夹下SCHOOL文件夹中。

2. 在考生文件夹中为考生文件夹下 ANSWER 文件夹中的 CHINA 文件建立名为 CHINA 的快捷方式。

3. 在考生文件夹下创建文件夹 NEW，并设置其属性为只读。

4. 将考生文件夹下 WRITE 文件夹中的 SPELL.BAS 文件，复制到考生文件夹下的 STUDY 文件夹中。

5. 将考生文件夹下 WEAR 文件夹中的 WORK.wer 文件删除。

三、Word 操作题

按要求完成以下操作。

【WT031.doc 文档开始】

登鹳雀楼

白日依山尽，

黄河入海流。

欲穷千里目，

更上一层楼。

【WT031.doc 文档结束】

1. 在考生文件夹下打开 WD031.doc，插入文件 WT031.doc 的内容，将标题设置为四号仿宋-GB2312 字体，加粗，居中。正文部分设置为三号楷体-GB2312 字体，文字倾斜，居中，存储为文件 WD031.doc。

2. 在考生文件夹下打开文件 WD032.doc，插入文件 WD031.doc 的内容。将正文部分的倾斜取消，正文第 1 段文字加下划线（单线），第 2 段文字设置为字符边框，第 3 段文字加红色字符底纹，第 4 段文字设置为空心，存储为文件 WD032.doc。

3. 制作 5 行 4 列表格，列宽 2.8 厘米，行高 20 磅，左缩进 0.2 厘米，表格线全部设为蓝色，并在考生文件夹下存储为文件 WD033.doc。

【WT032.doc 文档开始】

单　位	工　业	农　业	合　计
东区	13570	23974	37544
南区	15390	12673	28063
西区	17682	67514	85196
总计	46642	104161	

【WT032.doc 文档结束】

4. 在考生文件下打开文件 WD034.doc，插入文件 WT032.doc 的内容，计算表中的总合计，按合计项目升序排序后，在考生文件夹下存储为文件 WD034.doc。

四、Excel 操作题

1. 考生文件夹中有 Excel 文件 EX22.xls 工作表，如图 A-1 所示。

Microsoft Excel - EX22

文件(F) 编辑(E) 视图(V) 插入(I) 格式(O) 工具(T) 数据(D)

宋体 12 B I U %

G22 fx

	A	B	C	D	E
1	某材料厂库存情况表				
2	材料名称	单价(元)	库存数量(元)	资金额	
3	IC芯片	5.60	1210		
4	CPU主板	1460.00	4950		
5	机箱	67.00	8650		
6					
7					
8					
9					

图 A-1　EX22.xes 工作表

按要求完成操作：打开工作簿文件 EX22.xls，将工作表 Sheet1 的 A1 至 D1 单元格合并为一个单元格，内容居中，计算“资金额”列的内容（资金额=单价*库存数量），将工作表命名为“材料厂库存情况表”。

2．考生文件夹中有 Excel 文件 EXC.xls 工作表，如图 A-2 所示。

	A	B	C	D	E	F	G
1	系别	学号	姓名	课程名称	成绩		
2	信息	991021	李新	多媒体技术	74		
3	计算机	992032	五文辉	人工智能	87		
4	自动控制	993023	张磊	计算机图形学	65		
5	经济	995034	陈心怡	多媒体技术	86		
6	信息	991076	王力	计算机图形学	91		
7	数学	994056	孙英	多媒体技术	77		
8	自动控制	993021	张在旭	人工智能	60		
9	计算机	992089	金翔	多媒体技术	73		
10	计算机	992005	扬涨东	人工智能	90		
11	自动控制	993082	黄立	计算机图形学	85		
12	信息	991062	王春晓	多媒体技术	78		
13	经济	995022	陈松	计算机图形学	69		
14	数学	994034	万嫌	多媒体技术	89		
15	信息	991025	张雨涵	人工智能	62		
16	自动控制	993026	钱民	多媒体技术	66		
17	数学	994086	高晓东	人工智能	75		
18	经济	995014	张平	计算机图形学	79		
19	自动控制	993053	李英	多媒体技术	87		
20	数学	994027	黄红	计算机图形学	68		
21	信息	991021	张磊	多媒体技术	95		
22	自动控制	993023	陈检	人工智能	78		
23	信息	991076	江好	多媒体技术	68		
24	自动控制	993025	王立	人工智能	84		
25	计算机	992005	叶子	计算机图形学	86		
26	经济	995022	黄晶	多媒体技术	92		
27	信息	991025	马林	计算机图形学	74		
28	数学	994086	陈程	多媒体技术	68		
29							

图 A-2　EXC.xls 工作表

按要求完成操作：打开工作簿 EXC.xls，对工作表“成绩”列数据清单的内容进行自动筛选，条件是：“系别”为“自动控制”，筛选后的工作表还保存在 EXC.xls 工作簿文件中，工作表名不变。

附录B 全国计算机等级考试一级B模拟试题二

一、选择题

1．计算机按其性能可以分为5大类，即巨型机、大型机、小型机、微型机和（　　）。
A．工作站　　B．超小型机
C．网络机　　D．以上都不是

2．第3代电子计算机使用的电子器件是（　　）。
A．晶体管　　B．电子管
C．中、小规模集成电路　　D．大规模和超大规模集成电路

3．十进制数221用二进制数表示是（　　）。
A．1100001　　B．11011101
C．0011001　　D．1001011

4．下列4个无符号十进制整数中，能用8个二进制位表示的是（　　）。
A．257　　B．201　　C．313　　D．296

5．计算机内部采用的数制是（　　）。
A．十进制　　B．二进制　　C．八进制　　D．十六进制

6．在ASCII码表中，按照ASCII码值从小到大排列顺序是（　　）。
A．数字、英文大写字母、英文小写字母
B．数字、英文小写字母、英文大写字母
C．英文大写字母、英文小写字母、数字
D．英文小写字母、英文大写字母、数字

7．6位无符号的二进制数能表示的最大十进制数是（　　）。
A．64　　B．63　　C．32　　D．31

8．某汉字的区位码是5448，它的国际码是（　　）。
A．5650H　　B．6364H　　C．3456H　　D．7454H

9．下列叙述中，正确的说法是（　　）。
A．编译程序、解释程序和汇编程序不是系统软件
B．故障诊断程序、排错程序、人事管理系统属于应用软件
C．操作系统、财务管理程序、系统服务程序都不是应用软件
D．操作系统和各种程序设计语言的处理程序都是系统软件

10．把高级语言编写的源程序变成目标程序，需要经过（　　）。
A．汇编　　B．解释　　C．编译　　D．编辑

11．MIPS是表示计算机哪项性能的单位？（　　）。
A．字长　　B．主频　　C．运算速度　　D．存储容量

12．通用软件不包括下列哪一项？（　　）
A．文字处理软件　　B．电子表格软件
C．专家系统　　D．数据库系统

13. 下列有关计算机性能的描述中，不正确的是（ ）。

A. 一般而言，主频越高，速度越快

B. 内存容量越大，处理能力就越强

C. 计算机的性能好不好，主要看主频高不高

D. 内存的存取周期也是计算机性能的一个指标

14. 微型计算机内存储器是（ ）。

A. 按二进制数编址　　B. 按字节编址

C. 按字长编址　　D. 根据微处理器不同而编址不同

15. 下列属于击打式打印机的有（ ）。

A. 喷墨打印机　　B. 针式打印机

C. 静电式打印机　　D. 激光打印机

16. 下列4条叙述中，正确的一条是（ ）。

A. 为了协调CPU与RAM之间的速度差间距，在CPU芯片中又集成了高速缓冲存储器

B. PC机在使用过程中突然断电，SRAM中存储的信息不会丢失

C. PC机在使用过程中突然断电，DRAM中存储的信息不会丢失

D. 外存储器中的信息可以直接被CPU处理

17. 微型计算机系统中，PROM是（ ）。

A. 可读写存储器　　B. 动态随机存取存储器

C. 只读存储器　　D. 可编程只读存储器

18. 下列4项中，不属于计算机病毒特征的是（ ）。

A. 潜伏性　　B. 传染性　　C. 激发性　　D. 免疫性

19. 下列关于计算机的叙述中，不正确的一条是（ ）。

A. 高级语言编写的程序称为目标程序

B. 指令的执行是由计算机硬件实现的

C. 国际常用的ASCII码是7位ASCII码

D. 超级计算机又称为巨型机

20. 下列关于计算机的叙述中，不正确的一条是（ ）。

A. CPU由ALU和CU组成

B. 内存储器分为ROM和RAM

C. 最常用的输出设备是鼠标

D. 应用软件分为通用软件和专用软件

二、windows基本操作题

1. 将考生文件夹下BALL文件中的FOOTBALL.txt文件，移动到考生文件夹下MATCH文件中。

2. 在考生文件夹下创建文件夹BIKE，并设置其属性为隐藏。

3. 为考生文件夹下ZOO文件中的LION.exe文件建立名为LION的快捷方式。

4. 将考生文件夹下 SEASON 文件夹中的 SPRING.bas 文件，复制到考生文件夹下SUMMER文件夹中。

5．将考生文件夹下 SKY 文件中的 COLD.sky 文件删除。

三、word 操作题

按要求完成以下操作：

【WT051.doc 文档开始】

望天门山
天门中断楚江开，碧水东流至此回。两岸青山相对出，孤帆一片日边来。

【WT051.doc 文档结束】

1．在考生文件夹下打开文件 WD051.doc，插入文件 WD051.doc 的内容，将标题设置为小二号宋体字、加粗、居中；正文部分按标点分为 4 段，设置为小四号仿宋_GB2312 字体、加粗、居中、行距 18 磅、字间距为 2 磅。存储为文件 WD051.doc。

2．在考生文件夹下打开文件 WD052.doc，插入文件 WD051.doc 的内容。将标题段的段后间距设置为 20 磅，正文文字全部倾斜；第 1 段文字加下划线（单线），第 2 段文字加边框，第 3 段文字加波浪线，第 4 段文字设置为空心。存储为文件 WD052.doc。

3．制作 3 行 4 列表格，列宽 3.2 厘米，前两行行高 16 磅，第 3 行行高 39 磅。把第 3 行前两列拆分为 3 列，后两行拆分为 3 行。处理完毕后在考生文件下保存为文件 WD053.doc。

4．在考生文件夹下打开文件 WD054.doc，插入文件 WT052.doc 的内容。在表格第 5 行的各单元格中计算填入前 4 行相应列的平均值，全部数字右对齐。处理后存储为文件 WD054.doc。

【WT052.doc 文档开始】

1230	2360	3710
3540	2870	4120
7810	6710	8740
9820	2560	6230

图 B-1

【WT052.doc 文档结束】

四、Excel 操作题

考生文件夹中有 Excel 文件 EX23.xls 工作表，如图 B-2 所示。

Microsoft Excel - Book1
文件(F) 编辑(E) 视图(V) 插入(I) 格式(O) 工具(T) 数据
F7

	A	B	C	D	E
1	某企业近三年管理费用支出情况表				
2	年度	房租(万元)	水电(万元)	合计	
3	1998年	17.54	15.78		
4	1999年	23.59	18.74		
5	2000年	28.91	29.76		
6					
7					

图 B-2　EX23.xls 工作表

按要求完成以下操作。

1．打开工作簿文件 EX23.xls，将 Sheetl 工作表的 A1 至 D1 单元格合并为一个单元格，内容居中：计算“合计”列的内容，将工作表命名为“管理费用支出情况表”。

2．取“管理费用支出情况表”的“年度”列和“合计”列单元的内容建立“簇状柱形圆柱图”，插入到表 A7 至 D18 单元格区域内。

附录 C　全国计算机等级考试一级 B 模拟试题三

一、选择题

1．微型计算机按照结构可以分为（　　）。

A．单片机、单板机、多芯片机、多板机

B．286 机、386 机、486 机、Pentium 机

C．8 位机、16 位机、32 位机、64 位机

D．以上都不是

2．计算机在现代教育中的主要应用有计算机辅助教学、计算机模拟、多媒体教室和（　　）。

A．网上教学和电子大学　　B．家庭娱乐

C．电子试卷　　D．以上都不是

3．与十六进制数 26CE 等值的二进制数是（　　）。

A．011100110110010　B．0010011011011110

C．10011011001110　　D．1100111000100110

4．下列 4 种不同数制表示的数中，数值最小的一个是（　　）。

A．八 4 进制数 52　　B．十进制数 44

C．十六进制数 2B　　D．二进制数 101001

5．十六进制数 2BA 对应的十进制数是（　　）。

A．698　　B．754　　C．534　　D．1243

6．某汉字的区位码是 3721，它的国际码是（　　）。

A．5445H　　B．4535H　　C．6554H　　D．3555H

7．存储一个国际码需要几个字节？（　　）

A．1　　B．2　　C．3　　D．4

8．ASCII 码其实就是（　　）。

A．美国标准信息交换码

B．国际标准信息交换码

C．欧洲标准信息交换码

D．以上都不是

9．以下属于高级语言的有（　　）。

A．机器语言　　B．C 语言　　C．汇编语言　　D．以上都是

10．以下关于汇编语言的描述中，错误的是（　　）。

A．汇编语言诞生于20世纪50年代初期

B．汇编语言不再使用难以记忆的二进制代码

C．汇编语言使用的是助记符号

D．汇编程序是一种不再依赖于机器的语言

11．下列不属于系统软件的是（　　）。

A．UNIX　　B．QBASIC　　C．Excel　　D．FoxPro

12．Pentium Ⅲ500是Intel公司生产的一种CPU芯片。其中的“500”指的是该芯片的（　　）。

A．内存容量为500MB　　B．主频为500MHz

C．字长为500位　　D．型号为80500

13．一台计算机的基本配置包括（　　）。

A．主机、键盘和显示器　　B．计算机与外部设备

C．硬件系统和软件系统　　D．系统软件与应用软件

14．把计算机与通信介质相连并实现局域网络通信协议的关键设备是（　　）。

A．串行输入口　　B．多功能卡

C．电话线　　D．网卡（网络适配器）

15．下列几种存储器中，存取周期最短的是（　　）。

A．内存储器　　B．光盘存储器

C．硬盘存储器　　D．软盘存储器

16．CPU、存储器、I/O设备是通过什么连接起来的?（　　）

A．接口　　B．总线　　C．系统文件　　D．控制线

17．CPU能够直接访问的存储器是（　　）。

A．软盘　　B．硬盘　　C．RAM　　D．C-ROM

18．以下有关计算机病毒的描述，不正确的是（　　）。

A．是特殊的计算机部件　　B．传播速度快

C．是人为编制的特殊程序　　D．危害大

19．下列关于计算机的叙述中，不正确的一条是（　　）。

A．计算机由硬件和软件组成，两者缺一不可

B．MS Word可以绘制表格，所以也是一种电子表格软件

C．只有机器语言才能被计算机直接执行

D．臭名昭著的CIH病毒是在4月26日发作的

20．下列关于计算机的叙述中，正确的一条是（　　）。

A．系统软件是由一组控制计算机系统并管理其资源的程序组成

B．有的计算机中，显示器可以不与显示卡匹配

C．软盘分为5.25和3.25英寸两种

D．磁盘就是磁盘存储器

二、Windows基本操作题

1．在考生文件夹下的TODAY文件夹中的MORNING.txt文件，移动到考生文件夹下

EVENING 文件夹中，并改名为 NIGHT.wri。

2．为考生文件夹下 HILL 文件夹中的 TREE.exe 文件建立名为 TREE 的快捷方式。

3．在考生文件夹下创建文件夹 FRISBY，并设置其属性为隐藏。

4．将考生文件夹下 BAG 文件夹中的 TOY.bas 文件，复制到考生文件夹下 DOLL 文件夹中。

5．将考生文件夹 SUN 文件夹中的 SKY.sun 文件删除。

三、Word 操作题

按要求完成以下操作。

【WT071.DOC 文档开始】

中文信息处理现状分析

中文信息处理技术处于初级阶段的主要特征是研究为主。在 20 世纪 70～80 年代，国内曾出现汉字输入方法研究千军万“码”的局面，上千种输入方法应运而生。在汉字字型方面，从 16*16 点阵到 256*256 点阵，仿宋、宋、楷、黑等各种字体不断涌现，以 CCDOS 为代表的 20 余种汉化 DOS 不断出台，各具特色。联想汉卡、巨人汉卡、四通汉卡等曾风靡一时。

【WT071.doc 文档结束】

1．在考生文件夹下打开文件 WD071.doc，插入文件 WT071.doc 的内容，将标题设置为小三号黑体、居中；正文部分设置为小四号楷体_GB2312、加粗、悬挂缩进 0.75 厘米，存储为文件 WD071.doc。

2．在考生文件夹下打开文件 WD072.doc，插入文件 WD071.doc 的内容，去掉标题，将正文部分设置为仿宋-GB2312，四号，加粗，左缩进 1.4 厘米，右缩进 1.6 厘米，行距 16 磅，首行缩进 0.75 厘米，首字下沉 2 行，距正文 0.2 厘米，存储为文件 WD073.doc。

3．制作 5 行 3 列的表格，将列宽设为 3 厘米，行高 18 磅，将边框设置为红色实线 1.5 磅，表内为红色实线 0.5 磅，将底纹设置为黄色，将文件保存为 WD073.doc。

4．在考生文件夹下打开文件 WD074.doc，插入文件 WT072.doc 的内容，如图 c-1 所示。表中最下一行为合计，按表中第 3 列内容从大到小对各行排序，但合计必须在最后一行，存储为文件 WD074.doc。

【WT072.doc 文档开始】

第一部分	王一	231
第二部分	李二	351
第三部分	黄三	461
第四部分	董四	302
合计		1345

图 C-1　WD074. doc 文件

【WT072.doc 文档结束】

四、Excel 操作题

1．考生文件夹中有 Excel 文件 EX24.xls 工作表，如图 C-2 所示。

按要求完成操作：打开工作簿文件 EX24.xls，将工作 Sheet1 的 A1 至 D1 单元格合并为一个单元格，内容居中“计算”行的内容，将工作表命名为“项目开发费用使用情况表 ”。

2．考生文件夹中有 Excel 文件 EXC.xls 工作表，如图 C-3 所示。

Microsoft Excel - Book1

文件(F) 编辑(E) 视图(V) 插入(I) 格式(O) 工具(T)

D5 61.4

	A	B	C	D	E
1	某企业项目开发费用使用情况表(万元)				
2	项目编号	材料费	生产价格费	人员工资	
3	50	46.5	3.4	12.4	
4	3178	89.7	7.32	24.3	
5	7	12.5	1.8	61.4	
6	总计				
7					

图 C-2 EX24.xls 工作表

	A	B	C	D	E
1	系别	学号	姓名	课程名称	成绩
2	信息	991021	李新	多媒体技术	74
3	计算机	992032	王文辉	人工智能	87
4	自动控制	993023	张磊	计算机图形学	65
5	经济	995034	赫心怡	多媒体技术	86
6	信息	991076	王力	计算机图形学	91
7	数学	994056	孙英	多媒体技术	77
8	自动控制	993021	张在旭	计算机图形学	60
9	计算机	992089	金翔	多媒体技术	73
10	计算机	992005	扬海东	人工智能	90
11	自动控制	993082	黄立	计算机图形学	85
12	信息	991062	王春晓	多媒体技术	78
13	经济	995022	陈松	人工智能	69
14	数学	994034	姚林	多媒体技术	89
15	信息	991025	张雨涵	计算机图形学	62
16	自动控制	993026	钱民	多媒体技术	66
17	数学	994086	高晓东	人工智能	78
18	经济	995014	张平	多媒体技术	80
19	自动控制	993053	李英	计算机图形学	93
20	数学	994027	黄红	人工智能	68
21	信息	991021	李新	人工智能	87
22	自动控制	993023	张磊	多媒体技术	75
23	信息	991076	王力	多媒体技术	81
24	自动控制	993021	张在旭	人工智能	75
25	计算机	992005	扬海东	计算机图形学	67
26	经济	995022	陈松	计算机图形学	71
27	信息	991025	张雨涵	多媒体技术	68
28	数学	994086	高晓东	多媒体技术	76
29	自动控制	993053	李英	人工智能	79
30	计算机	992032	王文辉	计算机图形学	79

图 C-3 EXC.xls 工作表

按要求完成操作：打开工作簿文件 EXC.xls，对“成绩“内的数据清单的内容进行自动筛选，设置条件“课程名称”为“多媒体技术”，筛选后的工作表还保存在 EXC.xls 工作簿文件中，工作表名不变。

附录 D 全国计算机等级考试一级 B 模拟试题四

一、选择题

1. 计算机模拟是属于哪一类计算机应用领域？（ ）

   A．科学计算　　B．信息处理　　C．过程控制　　D．现代教育

2. 将微机分为大型机、超级机、小型机、微型机和（　　）。

A. 异型机　　B. 工作站　　C. 特大型机　　D. 特殊机

3. 十进制数 45 用二进制数表示是（　　）。

A. 1100001　　B. 1101001　　C. 0011001　　D. 101101

4. 十六进制数 5BB 对应的十进制数是（　　）。

A. 2345　　B. 1467　　C. 5434　　D. 2345

5. 二进制数 0101011 转换成十六进制数是（　　）。

A. 2B　　B. 4D　　C. 45F　　D. F6

6. 二进制数 111110000111 转换成十六进制数是（　　）。

A. 5FB　　B. F87　　C. FC　　D. F45

7. 二进制数 6554 对应的十进制数是（　　）。

A. 85　　B. 89　　C. 87　　D. 82

8. 下列字符中，其 ASCII 码值最大的是（　　）。

A. 5　　B. b　　C. f　　D. A

9. 以下关于计算机中常用编码描述正确的是（　　）。

A. 只有 ASCII 码一种

B. 有 EBCDIC 码和 ASCII 码两种

C. 大型机多采用 ASCII 码

D. ASCII 码只有 7 位码

10. 存放的汉字是（　　）。

A. 汉字的内码　　B. 汉字的外码　　C. 汉字的字模　　D. 汉字的变换码

11. 下列有关外存储器的描述不正确的是（　　）。

A. 外存储器不能为 CPU 直接访问，必须通过内存才能为 CPU 所使用

B. 外存储器既是输入设备，又是输出设备

C. 外存储器中所存储的信息，断电后信息也会随之丢失

D. 扇区是磁盘存储信息的最小单位

12. 在程序设计中可使用各种语言编制源程序，但只有什么在执行转换过程中不产生目标程序？（　　）。

A. 编译程序　　B. 解释程序

C. 汇编程序　　D. 数据库管理系统

13. 内部存储器的机器指令，一般先读取数据到缓冲寄存器，然后再送到（　　）。

A. 指令寄存器　　B. 程序计数器　　C. 地址寄存器　　D. 标志寄存器

14. 运算器的组成部分不包括（　　）。

A. 控制线路　　B. 译码器　　C. 加法器　　D. 寄存器

15. RAM 具有的特点是（　　）。

A. 海量存储

B. 存储的信息可以永久保存

C. 一旦断电，存储在其上的信息将全部消失无法恢复

D. 存储在其中的数据不能改写

16．微型计算机的内存储器是（　　）。

A．按二进制位编址　　B．按字节编址

C．按字长编址　　D．按十进制位编址

17．一张软磁盘中已存有若干信息，在什么情况下，会使这些信息受到破坏？（　　）。

A．放在磁盘盒内半年没有用过

B．通过机场、车站、码头的 X 射线监视仪

C．放在强磁场附近

D．放在摄氏零下 10 度的房间里

18．巨型机指的是（　　）。

A．体积大　　B．重量大　　C．功能强　　D．耗电量大

19．“32 位微型计算机”中的 32 指的是（　　）。

A．微型机号　　B．机器字长　　C．内存容量　　D．存储单位

20．某汉字的常用机内码是 B6ABH，则它的国标码第一字节是（　　）。

A．2BH　　B．00H　　C．36H　　D．11H

二、Windows 基本操作题

1．在考生文件夹下创建文件夹 COCOLATE，并设置其属性为只读。

2．将考生文件夹下 PAPER 文件夹中的 BOOK.bas 文件，复制到考生文件夹下 EXERCISE 文件夹中。

3．将考生文件夹下 PEOPLE 文件夹中的 MEN.txt 文件，移动到考生文件夹下的 TEACHER 文件夹中，并改名为 WOMEN.txt。

将考生文件夹下的 BOAT 文件夹中的 OLD.bat 文件删除。

4．为考生文件夹下 BEDROOM 文件夹中的 WALL.txt 文件建立名为 WALL 的快捷方式。

三、Word 操作题

按要求完成以下操作。

【WT091.doc 文档开始】

江南民歌

江南可采莲，

莲叶何田田！

鱼戏莲叶间。

鱼戏莲叶东，

鱼戏莲叶西，

鱼戏莲叶南，

鱼戏莲叶北。

【WT091.doc 文档结束】

1．在考生文件夹下打开文件 WD091.doc，插入文件 WT091.doc 的内容，将标题设置为三号黑体、加粗、居中，正文部分设置为小四号仿宋_GB2312 字体、居中。存储为文件 WD091.doc。

2．在考生文件夹下打开文件 WD092.doc，插入文件 WT091.doc 的内容，删除标题，将正文部分连成一段，设置为小四号宋体。然后复制 4 次，前 3 段合并为一段，后两段合并为

一段。每段首行缩进 0.75 厘米，将第一段分为等宽的两栏，栏宽 7 厘米。存储为文件 WD092.doc。

3．制作 4 行 4 列表格，列宽 2.8 厘米，行高 18 磅，左缩进 0.2 厘米，表格边宽为蓝色实线 2.25 磅，表内线为蓝色实线 1 磅，底纹为红色。在考生文件夹下存储为文件 WD092.doc。

【WT092.doc 文档开始】

2173	4409	9013	
3162	6139	2563	
5137	7239	1069	

【WT092.doc 文档结束】

4．在考生文件夹下打开文件 WD094.doc，插入文件 WT092.doc 的内容，第 4 行是第 3 行之和，第 4 列是前 3 列之和，计算完毕后，所有数字右对齐。存储为文件 WD094.doc。

四、Excel 操作题

考生文件夹中有 Excel 文件 EX25.xls 工作表，如图 D-1 所示。

按要求完成操作。

1．打开工作簿文件 EX25.xls，将工作表 Sheet1 的 A1 至 D1 单元格合并为一个单元格，内容居中；计算“销售额”列的内容（销售额=销售数量*单价），将工作表命名为“年度销售情况表”。

	A	B	C	D
1	某企业年度产品销售情况表			
2	产品名称	销售数量	单价	销售额
3	A12	46	24.6	
4	B32	85	42.3	
5	C65	128	12.7	
6				
7				

图 D-1 EX25.xls 工作表

2．取“年度产品销售情况表”的“产品名称”列和“销售额”列单元格的内容建立“三维簇状柱形图”，X 轴上的项为产品名称（系列产生在“列”），标题为“年度产品销售情况图”，插入到表 A7 到 D18 单元区域内。

附录 E 全国计算机等级考试一级 B 模拟试题五

一、选择题

1．我国第一台电子计算机诞生于哪一年？（　　）

A．1948 年　　B．1958 年　　C．1966 年　　D．1968 年

2．计算机按照处理数据的形态可以分为（　　）。

A．巨型机、大型机、小型机、微型机和工作站

B．286 机、386 机、486 机、Pentium 机

C．专用计算机、通用计算机

D．数字计算机、模拟计算机、混合计算机

3．与十进制数254等值的二进制数是（　　）。

A．11111110　　B．11101111　　C．11111011　　D．11101110

4．下列4种不同数制表示的数中，数值最小的一个是（　　）。

A．八进制数36　　B．十进制数32

C．十六进制数22　　D．二进制数10101100

5．十六进制数1AB对应的十进制数是（　　）。

A．112　　B．427　　C．564　　D．273

6．某汉字的国际码是5650H，它的机内码是（　　）。

A．D6D0H　　B．E5E0H　　C．E5D0H　　D．D5E0H

7．五笔字型输入法是（　　）。

A．音码　　B．形码　　C．混合码　　D．音形码

8．下列字符中，其ASCII码值最大的是（　　）。

A．STX　　B．8　　C．E　　D．a

9．以下关于机器语言的描述中，不正确的是（　　）。

A．每种型号的计算机都有自己的指令系统，就是机器语言

B．机器语言是唯一能被计算机识别的语言

C．计算机语言可读性强，容易记忆

D．机器语言和其他语言相比，执行效率高

10．将汇编语言转换成机器语言程序的过程称为（　　）。

A．压缩过程　　B．解释过程　　C．汇编过程　　D．链接过程

11．下列4种软件中不属于应用软件的是（　　）。

A．Excel 2000　　B．WPS 2003

C．财务管理系统　　D．Pascal编译程序

12．下列有关软件的描述中，说法不正确的是（　　）。

A．软件就是为方便使用计算机和提高使用效率而组织的程序以及有关文档

B．所谓“裸机”，其实就是没有安装软件的计算机

C．DbaseⅢ、FoxPro、Oracle属于数据库管理系统，从某种意义上讲也是编程语言。

D．通常软件安装的越多，计算机的性能就越先进

13．最著名的国产文字处理软件是（　　）

A．MS Word　　B．金山WPS　　C．写字板　　D．方正排版

14．硬盘工作时应特别注意避免（　　）。

A．噪声　　B．震动　　C．潮湿　　D．日光

15．针式打印机术语中，24针是指（　　）。

A．24×24点阵　　B．队号线插头有24针

C．打印头内有24×24根针　　D．打印头内有24根针

16．在微型计算机系统中运行某一程序时，若存储容量不够，可以通过下列哪种方法来解决？（　　）。

A．扩展内存　　B．增加硬盘容量

C. 采用光盘　　　　　　　　　　D. 采用高密度软盘

17. 在计算机中，既可作为输入设备又可作为输出设备的是（　　）。

A. 显示器　　B. 磁盘驱动器　　C. 键盘　　D. 图形扫描仪

18. 以下关于病毒的描述中，正确的说法是（　　）。

A. 只要不上网，就不会感染病毒

B. 只要安装最好的杀毒软件，就不会感染病毒

C. 严禁在计算机上玩计算机游戏也是预防病毒的一种手段

D. 所有的病毒都会导致计算机越来越慢，甚至可能使系统崩溃

19. 通过 Internet 发送或接收电子邮件（E-mail）的首要条件是应该有一个电子邮件（E-mail）地址，它的正确形式是（　　）。

A. 用户名@域名　　　　　　　　B. 用户名#域名

C. 用户名/域名　　　　　　　　D. 用户名.域名

20. 下列关于计算机的叙述中，不正确的一条是（　　）。

A. 外部存储器又称为永久性存储器

B. 计算机中大多数运算任务都是由运算器完成的

C. 高速缓存就是 Cache

D. 借助反病毒软件可以清除所有的病毒

二、Windows 基本操作题

1. 将考生文件夹下 GREEN 文件夹中的 TREE.txta 文件，移动到考生文件夹下的 SEE 文件夹中。

2. 在考生文件夹下创建文件夹 GOOD.wri，并设置其属性为隐藏。

3. 将考生文件夹下 RIVER 文件夹中的 BOAT.bas 文件，复制到考生文件夹下 SEE 文件夹中。

4. 将考生文件夹 THIN 文件夹中的 PAPER.thn 文件删除。

5. 为考生文件夹下的 OUT 文件夹中的 PLAYPEN.exe 文件建立名为 PLAYPEN 的快捷方式。

三、Word 操作题

按要求完成以下操作。

【WT111.doc 文档开始】

中文信息处理现状分析

计算机中文信息处理技术从 20 世纪 70 年的蓬勃发展至今，仅仅经历了短短的 20 多年的时间，便完成了由初级阶段向比较成熟阶段的过渡，这是微电子技术和 IT 技术高速发展以及迫切的应用需求所促成的。

【WT111.doc 文档结束】

1. 在考生文件夹下打开文件 WD111.doc，插入文件 WT111.doc 的内容，将标题设置为小三号，楷体_GB2312，加粗，居中。正文设置为小四号仿宋_GB2312 字体，存储为 WD111.doc。

2. 在考生文件夹下打开文件 WD112.doc，插入文件 WD111.doc 的内容。将正文部分缩进 2.5 厘米，右缩进 1.5 厘米，行距 16 磅，居中对齐，存储文件 WD112.doc。

3. 在考生文件夹下打开 WD113.doc 文件，建立 4 行 4 列表格，列宽 2.8 厘米，行高 17 磅，设置表格边框为 1.5 磅，表内线 0.5 磅；在表格的第 1 行前 3 列分别输入数字“1111，1122，

1133”；第 2 行前 3 列分别输入数字“2211，2222，2233”；第 3 行前 3 列分别输入数字“3311，3322，3333”。存储为文件 WD113.doc。

4．在考生文件夹下打开 WD114.DOC 文件，插入文件 WD113 的内容。表格中，最后 1 列各单元格中计算填入相应行左边单元格之和，最下一行各单元中计算相应前 3 行单元格中数据的平均值。全部计算完毕后，存储为文件 WD114.doc。

四、Excel 操作题

1．考生文件夹中有 Excel 文件 EX26.xls 工作表，如图 E-1 所示。

按要求完成以下操作：打开工作簿文件 EX26.xls，将工作表 Sheet1 的 A1 至 C1 单元格合并为一个单元格，内容居中；计算“维修件数”列的“总计”项的内容及“所占比例”列内容（所占比例=维修件数/总计），将工作表命名为“产品售后情况表”。

Microsoft Excel - Book1

文件(F) 编辑(E) 视图(V) 插入(I)

宋体

C18

	A	B	C
1	企业产品售后服务情况表		
2	产品名称	维修件数	所占比例
3	电话机	160	
4	电子台历	190	
5	录音机	310	
6	总计		
7			
8			

图 E-1　EX26.xls 工作表

2．考生文件夹中有 Excel.xls 工作表，如图 E-2 所示。

按要求完成操作：打开工作簿文件 EXC.xls，对工作表“成绩”内的数据清单的内容按关键字为“系别”的递增次序和次要关键字“学号”的递增次序进行排序，排序后的工作表保存在 EXC.xls 工作簿文件中，工作表名不变。

	A	B	C	D	E
1	系别	学号	姓名	课程名称	成绩
2	信息	991021	李新	多媒体技术	74
3	计算机	992032	王文辉	人工智能	87
4	自动控制	993023	张磊	计算机图形学	65
5	经济	995034	赫心怡	多媒体技术	86
6	信息	991076	王力	计算机图形学	91
7	数学	994056	孙英	多媒体技术	77
8	自动控制	993021	张在旭	计算机图形学	60
9	计算机	992089	金翔	多媒体技术	73
10	计算机	992005	扬海东	人工智能	90
11	自动控制	993082	黄立	计算机图形学	85
12	信息	991062	王春晓	多媒体技术	78
13	经济	995022	陈松	人工智能	69
14	数学	994034	姚林	多媒体技术	89
15	信息	991025	张雨涵	计算机图形学	62
16	自动控制	993026	钱民	多媒体技术	66
17	数学	994086	高晓东	人工智能	78
18	经济	995014	张平	多媒体技术	80
19	自动控制	993053	李英	计算机图形学	93
20	数学	994027	黄红	人工智能	68
21	信息	991021	李新	人工智能	87
22	自动控制	993023	张磊	多媒体技术	75
23	信息	991076	王力	多媒体技术	81
24	自动控制	993021	张在旭	人工智能	75
25	计算机	992005	扬海东	计算机图形学	67
26	经济	995022	陈松	计算机图形学	71
27	信息	991025	张雨涵	多媒体技术	68
28	数学	994086	高晓东	多媒体技术	76
29	自动控制	993053	李英	人工智能	79
30	计算机	992032	王文辉	计算机图形学	79

图 E-2　Exct.xls 工作表

附录F 全国计算机等级考试一级B模拟试题参考答案与评析

模拟试题一的答案与评析

一、选择题

1.【答案】：C

【解析】：计算机的主要特点就是处理速度快、计算精度高、存储容量大、可靠性高、工作全自动以及适用范围广、通用性强。

2.【答案】：D

【解析】：1983年底，我国第一台名叫“银河”的亿次巨型电子计算机诞生，标示着我国计算机技术的发展进入一个崭新的阶段。

3.【答案】：D

【解析】：十进制向二进制的转换采用“除二取余”法。

4.【答案】：A

【解析】：解答这类问题，一般是将十六进制数逐一转换成选项中的各个进制数进行对比。

5.【答案】：B

【解析】：解答这类问题，一般都是将这些非十进制数转换成十进制数，才能进行统一的对比。非十进制转换成十进制的方法是按权展开。

6.【答案】：A

【解析】：国际码=区位码＋2020H，汉字机内码=国际码＋8080H。首先将区位码转换成国际码，然后将国际码加上8080H，即得机内码。

7.【答案】：A

【解析】：汉字的字形可以分为通用型和精密型两种，其中通用型又可以分成简易型、普通型、提高型3种。

8.【答案】：A

【解析】：在GB 2312—1980中规定了我国国家标准汉字信息交换用编码，习惯上称为国际码、GB码或区位码。

9.【答案】：C

【解析】：使用高级语言编写的程序，通常称为高级语言源程序。

10.【答案】：A

【解析】：将高级语言转换成机器语言，采用编译和解释两种方法。

11.【答案】：D

【解析】：操作系统的5大管理模块是处理器管理、作业管理、存储器管理、设备管理和文件管理。

12.【答案】: A

【解析】: 单用户操作系统的主要特征就是计算机系统内一次只能运行一个应用程序，缺点是资源不能充分利用，微型机的DOS、Windows操作系统属于这一类。

13.【答案】: C

【解析】: 软件系统可分成系统软件和应用软件。前者又分为操作系统和语言处理系统，A、B、D3项应归在此类中。

14.【答案】: A

【解析】: 一般而言，外存的容量较大是存放长期信息的区域，而内存是存放临时的信息区域，读写速度快，方便交换。

15.【答案】: A

【解析】: 运算器（ALU）是计算机处理数据形成信息的加工厂，主要功能是对二进制数码进行算术运算或逻辑运算。

16.【答案】: A

【解析】: 计算机的存储系统由内存储器（主存储器）和外存储器（辅存储器）组成。

17.【答案】: A

【解析】: RAM即易失性存储器，一旦断电，信息就会消失。

18.【答案】: D

【解析】: 计算机的病毒按照感染的方式，可以分为引导型病毒、文件型病毒、混合型病毒、宏病毒和Internet病毒。

19.【答案】: C

【解析】: 选项A：字节通常用Byte表示。选项B：Pentium机字长为32位。选项D：字长总是8的倍数。

20.【答案】: B

【解析】: 计算机辅助设计的英文缩写是CAD，计算机辅助制造的英文缩写是CAM。

二、Windows 基本操作题

1. 打开资源管理器，打开考生文件夹下的CHILD文件夹，选中GIRL.txt文件，按Ctrl+X快捷键；再打开SCHOOL子文件夹，按Ctrl+V快捷键将文件粘贴到该文件夹。

2. 打开资源管理器，打开考生文件夹下的ANSWER文件夹，选中CHINA文件，再单击“文件”→“创建快捷方式”命令，完成操作。

3. 打开考生文件夹，不选中任何文件，单击“文件”→“新建”→“文件夹”命令，再将文件夹命名为NEW；选中文件夹NEW，单击工具栏上的“属性”按钮或单击“文件”→“属性”命令，在“属性”对话框里将文件夹属性设置为“只读”。

4. 选中WRITE文件下的SPELL.bas文件，按Ctrl+C快捷键，再在STUDY文件夹下按Ctrl+V快捷键，将该文件复制到此文件夹中。

5. 打开WEAR文件夹，选中WORK.wer文件，按Delete键或单击“文件”→“删除”命令，单击“确认文件夹删除”对话框中的“是”按钮，删除该文件。

三、Word 操作题

1. 打开文件 WD031.doc，单击“插入”→“文件”命令，插入文件 WT031.doc；选中文档的标题，在“格式”工具栏里选择字体为“仿宋_GB2312”，字号为“四号”，并单击“加粗”按钮**B**，单击“居中”按钮完成标题设置；同理选择正文部分字体、字号、对齐方式，并单击“倾斜”按钮*I*使文本倾斜；单击文本部分每句的末尾，按 Enter 键形成一段；保存文件 WD031.doc。

2．打开文档 WD032.doc，参考第 1 题所使用的方法插入文件 WD031.doc；选中文本正文，再单击已经凹陷的倾斜按钮，使其弹起，取消正文文本的倾斜；选中正文第 1 段文本，再单击“格式”→“字体”命令，设置文字加下划线；再选中第 2 段文字内容，单击“格式”→“边框于底纹”命令，在“边框”选项卡中选择“方框”按钮，设置文字边框；选中第 3 段文字内容，同样单击“格式”→“字体”命令，在“底纹”选项卡中选择“填充颜色”为“红色”；选中第 4 段文本，再单击“格式”→“字体”命令，将文字效果设置为“空心”。保存当前 WD032.doc 文件。

3．新建 Word 空白文档，单击“表格”→“插入”→“表格”命令，插入新表格，设置表格为 5 行 4 列，并固定列宽为 2.8 厘米；再选中整个表格，单击“表格”→“表格属性”命令，在“行”选项卡中设置“指定高度”为 20 磅；选中表格，单击“格式”→“段落”命令，设置左缩进 0.2 厘米；选中表格，单击“表格→“表格属性”命令，在对话框中单击“边框和底纹”按钮，设置表格线全部为蓝色；单击“文件”→“另存为”命令，重命名新文件为 WD033.doc，退出 Word，完成所有操作。

4．打开文件 WD034.doc，插入文件 WT032.doc，单击表格第 5 行第 4 列，单击“表格”→“公式”命令，采用默认设置（即公式为“=SUM（ABOVE）”）可计算表格合计项；再选中合计项，单击“表格”→“排序”命令，设置为“升序”排序格式，存储该文件，再退出 Word。

四、Excel 操作题

1．打开工作簿 EX22.xls，选中 Sheet1 中的 A1:D1 单元格，再单击工具栏上“合并及居中”按钮，完成合并居中操作；再在 D3 单元格输入公式“=B3*C3”完成计算，拖动公式智能填充 D4、D5 单元格；双击工作表，默认名称为“Sheet1，重新命名为“材料厂库存情况表”，保存文件并退出。

2．双击打开工作簿文件 EXC.xls，单击“数据”→“筛选”→“自动筛选”命令，再选择 A1 单元格下拉列表框，选择筛选条件为“自动控制”，保存工作簿并退出。

模拟试题二的答案与评析

一、选择题

1．**【答案】**：A

【解析】：人们可以按照不同的角度对计算机进行分类，按照计算机的性能分类是最常用的方法，通常可以分为巨型机、大型机、小型机、微型机和工作站。

2．**【答案】**：C

【解析】：第 1 代计算机是电子管计算机，第 2 代计算机是晶体管计算机，第 3 代计算机所使用的主要器件是小规模集成电路和中规模集成电路，第 4 代计算机所使用的主要器件是大规模集成电路和超大规模集成电路。

3.【答案】：B

【解析】：十进制向二进制的转换采用“除二取余”法。

4.【答案】：B

【解析】：十进制整数转成二进制数的方法是“除二取余”法，得出几个选项的二进制数。其中 201D=11001001B，为八位。

5.【答案】：B

【解析】：因为二进制具有如下特点：简单可行，容易实现，运算规则简单，适合逻辑运算，所以计算机内部都只用二进制编码表示。

6.【答案】：A

【解析】：在 ASCII 码中，有 4 组字符：一组是控制字符，如 LF，CR 等，其对应 ASCII 码值最小；第 2 组是数字 0～9，第 3 组是大写字母 A～Z，第 4 组是小写字母 a～z。这 4 组对应的值逐渐变大。

7.【答案】：B

【解析】：6 位无符号的二进制数最大为 111111，转换成十进制数就是 63。

8.【答案】：A

【解析】：国际码=区位码＋2020H。即将区位码的十进制区号和位号分别转换成十六进制数，然后分别加上 20H，就成了汉字的国际码。

9.【答案】：D

【解析】：系统软件包括操作系统、程序语言处理系统、数据库管理系统以及服务程序。应用软件就比较多了，大致可以分为通用应用软件和专用应用软件两类。

10.【答案】：C

【解析】：高级语言源程序必须经过编译才能成为可执行的机器语言程序（即目标程序）。

11.【答案】：C

【解析】：计算机的运算速度通常是指每秒钟所能执行加法指令数目。常用百万次/秒（MIPS）来表示。

12.【答案】：D

【解析】：数据库系统属于系统软件一类。

13.【答案】：C

【解析】：计算机的性能和很多指标有关系，不能简单地认定一个指标。除了主频之外，字长、运算速度、存储容量、存取周期、可靠性、可维护性等都是评价计算机性能的重要指标。

14.【答案】：B

【解析】：为了存取到指定位置的数据，通常将每 8 位二进制组成一个存储单元，称为字节，并给每个字节编号，称为地址。

15.【答案】：B

【解析】：打印机按打印原理可分为击打式和非击打式两大类。字符式打印机和针式打印机属于击打式一类。

16.【答案】：A

【解析】：RAM 中的数据一旦断电就会消失；外存中信息要通过内存才能被计算机处理。故 B、C、D 选项有误。

17.【答案】：D

【解析】：只读存储器（ROM）有几种形式：可编程只读存储器（PROM）、可擦除的可编程只读存储器（EPROM）和掩膜型只读存取器（MROM）。

18．【答案】：D

【解析】：计算机病毒不是真正的病毒，而是一种人为制造的计算机程序，不存在什么免疫性。计算机病毒的主要特征是寄生性、破坏性、传染性、潜伏性和隐蔽性。

19．【答案】：A

【解析】：用高级语言编写的程序是高级语言源程序，目标程序是计算机可直接执行的程序。

20．【答案】：C

【解析】：鼠标是最常用的输入设备。

二、Windows 基本操作题

1．打开资源管理器，选中 BALL 文件夹下的 FOOTBALL.text 文件，按 CTRL+X 快捷键；再打开 MATCH 文件夹，按 CTRL+V 快捷键将文件粘贴到该文件夹。

2．打开考生文件夹，不选中任何文件，单击“文件“→“新建”→“文件夹”命令，将文件名改为 BALK；选中文件夹 BALK 单击工具栏上的“属性”按钮或单击“文件”→“属性”命令，在“属性”对话框里将文件夹下的文件属性设置为“隐藏”。

3．打开资源管理器，打开考生文件夹下的 ZOO 文件夹，选中 LINO.exe 文件，单击“文件”→“创建快捷方式”命令，完成操作。

4．选中 SESON 文件下的 SPPING.bas 文件，按 Ctrl+C 快捷键，再在 SUNMMER 文件夹下按 Ctrl+V 快捷键将文件复制到此文件夹中。

5．打开 SKY 文件夹，选中 COID.sky 文件，按 Delete 键或单击“文件”→“删除”命令，确认删除该文件。

三、Word 操作题

1．打开文件 WD051.doc，单击“插入”→“文件”命令，插入文件 WD051.doc。选中文档的标题，在“格式”工具栏里选择字体为“宋体”，字号为“二号”，并单击“加粗”按钮 B，单击“居中”按钮完成标题设置；同理选择正文部分字体、字号、对齐方式，再单击“格式”→“字体”命令，在“字符间距”选项卡中设置“间距”为 2 磅，在单击“格式”→“段落”命令，设置行距为 18 磅；单击正文部分每句的末尾，按 Enter 键形成一段；保存文件 WD051.doc。

2．打开文件 WD052.doc，参考第 1 题的方法插入文件 WD052.doc；选中标题，再单击“格式”→“段落”命令，将段后间距设置为 20 磅；选中正文，按工具栏“倾斜”按钮使文本倾斜；选中正文第 1 段文本，再单击“格式”→“字体”命令，设置文字加下划线；选中第 2 段文字内容，单击“格式”→“边框与底纹”命令，在“边框”选项卡中单击“方框”按钮，设置文字边框；选中第 3 段文字内容，单击“格式”→“字体”命令，在下划线下拉列表框中设置“波浪线”；选中第 4 段文本，再单击“格式”→“字体”命令，将文字效果设置为“空心”。保存当前 WD052.doc 文件。

3．新建 Word 空白文档，单击“表格”→“插入”→“表格”命令，插入新表格，将表格设置为 3 行 4 列，并固定列宽为 3.2 厘米；再选中表格前两行，单击“表格”→“表格属性”命令，在“行”选项卡中设置“指定高度”为 16 磅；同理设置第 3 行行高为 39 磅；选中表格第 3 行第 1 列，单击“格式”→“拆分单元格”命令，将行数设置为 1，列数设置为

3，同理拆分第3行第2列；选中表格第3行第3列，单击“格式”→“拆分单元格”命令，将行数设置为3，列数设置为1，同理对第3行第4列进行操作。单击“文件”→“另存为”命令，将新文件重命名为WD053.doc。

4．打开文件 WD054.doc，插入文件 WT052.doc，将光标放在最后一行最后一列的单元格中，按Tab键插入新的一行。单击表格第5行第1列，单击“表格”→“公式”命令，输入公式“=AVERAGE（ABOVE）”可计算表格第1列的平均值；同理可计算第5行第2列、第3列；选中整个表格数据，单击工具栏中的“右对齐”按钮使数据右对齐。存储该文件，退出Word。

四、Excel 操作题

1．打开工作簿EX23.xls，选中Sheet1中的A1至D1单元格，再单击工具栏上的“合并及居中”按钮，完成合并居中操作；再在D3单元格输入公式“=B3+C3”完成计算，拖动公式智能填充D4、D5单元格；双击工作表默认名称Sheet1，重新命名为“管理费用支出情况表”，保存文件并退出。

2．单击A列标号A，按Ctrl键再单击D列标号D，单击工具栏的“图标向导”按钮，单击两次“下一步”按钮后，设置标题为“管理费用支出情况图”，单击“确定”按钮生成图形，改变图表大小并移至A7至B18单元格内。

模拟试题三答案与评析

一、选择题

1．**【答案】**：A

【解析】：注意，这里考核的是微型计算机的分类方法。微型计算机按照字长可以分为8位机、16位机、32位机、64位机；按照结构可以分为单片机、单板机、多芯片机、多板机；按照CPU芯片可以分为286机、386机、486机、Pentium机。

2．**【答案】**：A

【解析】：计算机在现代教育中的主要应用就是计算机辅助教学、计算机模拟、多媒体教室以及网上教学、电子大学。

3．**【答案】**：C

【解析】：十六进制转换成二进制的过程和二进制数转换成十六进制数的过程相反，即将每一位十六进制数代之与其等值的4位二进制数即可。

4．**【答案】**：D

【解析】：解答这类问题，一般都是将这些非十进制数转换成十进制数，才能进行统一地对比。非十进制转换成十进制的方法是按权展开。

5．**【答案】**：A

【解析】：十六进制数转换成十进制数的方法和二进制一样，都是按权展开。2BAH=698D。

6．**【答案】**：B

【解析】：国际码=区位码＋2020H。即将区位码的十进制区号和位号分别转换成十六进制数，然后分别加上 20H，就成了汉字的国际码。

7.【答案】：B

【解析】：由于一个字节只能表示 256 种编码，显然一个字节不能表示汉字的国际码，所以一个国际码必须用两个字节表示。

8.【答案】：A

【解析】：ASCII 码是美国标准信息交换码，被国际标准化组织指定为国际标准。

9.【答案】：B

【解析】：机器语言和汇编语言都是“低级”的语言，而高级语言是一种用表达各种意义的“词”和“数学公式”按照一定的语法规则编写程序的语言，其中比较具有代表性的语言有 FORTRAN、C、C++等。

10.【答案】：D

【解析】：汇编语言虽然在编写、修改和阅读程序等方面有了相当大的改进，但仍然与人们的要求有一定的距离，它仍然是一种依赖于机器的语言。

11.【答案】：C

【解析】：Excel 属于应用软件中的一类通用软件。

12.【答案】：B

【解析】：500 是指 CPU 的时钟频率，即主频。

13.【答案】：C

【解析】：计算机总体而言是由硬件和软件系统组成的。

14【答案】：D

【解析】：实现局域网通信的关键设备是网卡。

15.【答案】：A

【解析】：内存是计算机写入和读取数据的中转站，它的速度是最快的。

16.【答案】：B

【解析】：总线（Bus）是系统部件之间连接的通道。

17.【答案】：C

【解析】：CPU 读取和写入数据都是通过内存来完成的。

18.【答案】：A

【解析】：计算机病毒实际是一种特殊的计算机程序。

19.【答案】：B

【解析】：MS Word 可以绘制表格，但主要的功能是进行文字的处理，缺乏专业计算、统计、造表等电子表格功能，所以说它是一种文字处理软件。

20.【答案】：A

【解析】：显示器必须和显示卡匹配；软盘分为 5.25 和 3.5 英寸两种；磁盘存储器包括磁盘驱动器、磁盘控制器和磁盘片 3 个部分。

二、Windows 基本操作题

1．打开资源管理器，选中 TODAY 文件夹下的 MORNING.txt 文件，按 Ctrl+X 快捷键；再打开 EVENING 文件夹，按 Ctrl+V 快捷键将文件粘贴到该文件夹；单击 MORNING.txt，单击“文件”→“重命名”命令，输入新名称为 NIGHT.uri。

2．打开资源管理器，打开考生文件夹下的HILL文件夹，选中TREE.exe文件夹，再单击“文件”→“创建快捷方式”命令完成操作。

3．打开考生文件夹，不选中任何文件，单击“文件”→“新建”→“文件夹”命令，命名文件为FRISBY；选中文件夹FRISBY，单击工具栏上的“属性”按钮或单击“文件”→“属性”命令，在属性对话框中将文件夹设置为“隐藏”。

4．选中BAG文件夹下的TOY.bas文件，按Crtl+C快捷键，再在DOLL文件夹下按Ctrl+V快捷键将该文件夹复制到此文件夹中。

5．打开SUN文件夹，选中SKY.sun文件，按Delete键或单击“文件”→“删除”命令，确认删除该文件。

三、Word操作题

1．打开文件夹WD071.doc，单击“插入”→“文件”命令，插入文件WT071.doc；选中文档的标题，在“格式”工具栏里选择字体为“黑体”，字号为“小三号”，单击“居中”按钮完成标题设置；同理选择正文部分字体、字号、对齐方式，并单击“加粗”按钮；再次选择“格式”→“段落”命令，在“特殊格式”下拉列表框中选择“悬挂缩进”，在“度量值”下拉列表框中选择“0.75厘米”；保存文件WD071.doc。

2．打开文件夹WD072.doc，参考第1题方法插入插入文件WD071.doc；选中文档的标题，按Delete键；选择正文部分，用工具栏按钮设置字体、字号、加粗，单击“格式”→“段落”命令，设置左缩进1.4厘米，右缩进1.6厘米，行距为固定16磅，首行缩进0.75厘米；单击“格式”→“首字下沉”命令，设置首字下沉和距正文0.2厘米，保存文件WD072.doc。

3．新建Word空白文档，单击“格式”→“插入”→“表格”命令，插入新表格，将表格设为5行3列，并固定列宽为3厘米；再选择整个表格，单击“表格”→“表格属性”命令，在“行”选项卡中将“指定高度”设置为18磅；单击“边框与底纹”按钮，将边框设置为红色实线1.5磅，表内为红色实线0.5磅，底纹为黄色；将文件保存为WD073.doc。

4．打开文件夹WD074.doc，插入文件WT072.doc，选中表格前4行，单击“表格”→“排序”命令，将“排序依据”设置为“列3”，按递减模式进行排序；储存该文件夹，退出Word。

四、Excel操作题

1．打开工作簿文件EX24.xls，选中Sheet1中的A1至D1单元格，单击工具栏上的“合并及居中”按钮，完成合并居中操作；选择B3至B5单元格，单击工具栏上的“求和”按钮Σ，自动将计算结果放在B6单元格，同理计算C6、D6总计单元格值；双击工作表默认名称Sheet1，重命名为“项目开发费用使用情况表”。保存文件。

2．打开EXC.xls，单击“数据”→“筛选”→“自动筛选”命令，单击D1单元格，选中筛选条件为“多媒体技术”。保存并退出Excel。

模拟试题四的答案与评析

一、选择题

1．【答案】D

【解析】计算机作为现代教学手段在教育领域中的应用越来越广泛、深入。主要有计算机辅助教学、计算机模拟、多媒体教室、网上教学和电子大学。

2.【答案】B

【解析】按照微机的性能可以将微机分为大型机、超级机、小型机、微型机和工作站。

3.【答案】D

【解析】十进制向二进制的转换采用“除二取余”法。

4.【答案】B

【解析】十六进制数转换成十进制数的方法和二进制一样，都是按权展开。

5.【答案】A

【解析】二进制整数转换成十六进制整数的方法是：从个位数开始向左按每 4 位二进制数一组划分，不足 4 位的前面补 0，然后各组代之以一位十六进制数字即可。

6.【答案】B

【解析】二进制整数转换成十六进制整数的方法是：从个位数开始向左按每 4 位二进制数一组划分，不足 4 位的前面补 0，然后各组代之以一位十六进制数字即可。

7.【答案】D

【解析】二进制数转换成十进制数的方法是按权展开。

8.【答案】C

【解析】字符对应数字的关系是“小写字母比大写字母对应数大，字母中越往后越大”。推算得知 f 应该是最大。

9.【答案】B

【解析】计算机中常用的编码有 EBCDIC 码和 ASCII 码两种，前者多用于大型机，后者多用于微机。ASCII 码有 7 位和 8 位两个版本。

10.【答案】C

【解析】汉字外码是将汉字输入计算机而编制的代码。汉字内码是计算机内部对汉字进行存储、处理的汉字代码。汉字字模是确定一个汉字字形点阵的代码，存放在字库中。

11.【答案】C

【解析】外存储器中所存储的信息，断电后不会丢失，可存放需要永久保存的内容。

12.【答案】B

【解析】用 C 语言、FORTRAN 语言等高级语言编制的源程序，需经编译程序转换为目标程序，然后交给计算机运行。由 BASIC 语言编制的源程序，经解释程序的翻译，实现的是边解释、边执行并立即得到运行结果，因而不产生目标程序。用汇编语言编制的源程序，需经汇编程序转换为目标程序，然后才能被计算机运行。用数据库语言编制的源程序，需经数据库管理系统转换为目标程序，才能被计算机执行。

13.【答案】A

【解析】从内存中读取的机器指令进入到数据缓冲寄存器，然后经过内部数据总线进入到指令寄存器，再通过指令译码器得到是哪一条指令，最后通过控制部件产生相应的控制信号。

14.【答案】B

【解析】运算器是计算机处理数据形成信息的加工厂，主要由一个加法器、若干个寄存器和一些控制线路组成。

15.【答案】C

【解析】RAM 即随机存储器，亦称读写存储器、临时存储器。它有两个特点：一个是其中信息随时可读写，当写入时，原来存储的数据将被覆盖；二是加电时信息完好，一旦断电，信息就会消失。

16.【答案】A

【解析】内存储器为存取指定位置数据，将每 8 位二进制位组成一个存储单元，即字节，并编上号码，称为地址。

17.【答案】C

【解析】磁盘是以盘表面磁介质不同的磁化方向来存放二进制信息的，所以放在强磁场中会改变这种磁化方向，也就是破坏原有信息；磁盘放置的环境有一定的要求，例如，避免日光直射、高温和强磁场，防止潮湿，不要弯折或被重物压，环境要清洁、干燥、通风。一般的 X 射线监视仪由于射线强度较弱，也不会破坏磁盘中原有的信息。

18.【答案】C

【解析】所谓“巨型”不是指体积庞大，而是指功能强大。

19.【答案】B

【解析】所谓“32 位”是指计算机的字长，字长越长，计算机的运算精度就越高。

20.【答案】C

【解析】汉字的机内码=汉字的国际码+8080H。

二、Windows 基本操作题

打开考生文件夹，不选中任何文件，单击“文件”→“新建”→“文件夹”命令，命名该文件夹为 COCOLATE；选中文件夹 COCOLATE，单击工具栏上的“属性”按钮或单击“文件”→“属性”命令，在“属性”对话框里将文件夹属性设置为“只读”。

选中 PAPER 文件夹下的 BOOK.bas 文件，按 Ctrl+C 快捷键，在 EXERCISE 文件夹下按 Ctrl+V 快捷键将该文件复制到此文件夹中。

打开资源管理器，选中 PEOPLE 文件夹下的 MEN.txt 文件，按 Ctrl+X 快捷键；打开 TEACHER 文件夹，按 Ctrl+V 快捷键将文件粘贴到该文件夹；单击 MEN.txt 文件，单击“文件”→“重命名”命令，输入新名称 WOMEN.txt。

打开 BOAT 文件夹，选中 OLD.bat 文件，按 Delete 键或单击“文件”→“删除”命令，确认删除该文件。

打开资源管理器，打开考生文件夹下的 BEDROOM 文件夹，选中 WALL.exe 文件，单击“文件”→“创建快捷方式”命令，完成操作。

三、Word 操作题

1. 打开文件 WD091.doc，单击“插入”→“文件”命令，插入文件 WT091.doc；选中文档的标题，在“格式”工具栏里选择字体为“黑体”，加粗，字号为“三号”并单击“居中”按钮；同理选择正文部分字体、字号、对齐方式。保存文档。

2. 打开文件 WD092.doc，插入文件 WT091.doc；选中标题，按 Delete 键；选中正文，删除最后一句话前的每句语句尾标点，按回车键，使其连成一段；使用工具栏按钮设置字体、字号；选择正文，单击工具栏“复制”、“粘贴”按钮复制粘贴 4 次（每次一段），然后合并前 3 段为一段，后两段为一段；选中正文全部，单击“格式”→“段落”命令，设置“首行缩进”为“0.75 厘米”；选择第一段，单击“格式”→“分栏”命令，设置分栏数为 2，栏宽 7 厘米；保存文档。

3．新建 Word 空白文档，单击“表格”→“插入”→“表格”命令，插入新表格，将表格设为 4 行 4 列，并固定宽为 2.8 厘米；选中整个表格，单击“表格”→“表格属性”命令，在“行”选项卡中将指定高度设置为 18 磅；单击“格式”→“段落”命令，设置左缩进 0.2 两厘米；选中整个表格，单击“表格”→“表格属性”命令，单击“边框与底纹”按钮，将边框设置为蓝色实线 2.25 磅，表内线为蓝色实线 1 磅，底纹为红色。存储该文档。

4．打开文件 WD094.doc，插入文件 WT092.doc，选中表格第 4 行第 1 列，单击“表格”→“格式”命令，输入公式“=SUM （ABOVE）”，计算本列之和，同理计算第 4 行第 2 列、3 列之和；选中表格第 1 行第 4 列，输入公“=SUM（LEFT）”，同理输入本列第 2 行、第 3 行、第 4 行（全部数据之和）公式计算和值；选中表格所有数据，单击工具栏“右对齐”按钮设置所有数据右对齐。保存文件，然后退出 Word。

四、Excel 操作题

1．打开工作簿 EX25.xls，选中 Sheet1 中的 A 1 至 D 1 单元格，再单击工具栏上的“合并并居中”按钮，完成合并居中操作；单击 D3 单元格，输入公式“＝B3*C3”，拖动此单元格右下角向下智能填充 D4、D5 单元格；双击工作表默认其名称为 Sheet1，重新命名为“年度产品销售情况表”。保存文件。

2．选中第 A3 至 A5 和第 D3 至 D5 单元格（按 Ctrl+J 键），单击工具栏上的“图形向导”，选择“三维簇状柱形图”，连续单击两次“下一步”按钮，输入标题，输入 X 轴项目名称“产品名称”，Z 轴项目名称“销售额”，单击“完成”按钮，改变图表大小并移到 A7 至 D8 单元格。保存文件并退出 Excel。

模拟试题五的答案与评析

一、选择题

1．【答案】：B

【解析】：我国自 1956 年开始研制计算机，1958 年研制成功国内第一台电子管计算机，名叫 103 机，在以后的数年中我国的计算机技术取得了迅速的发展。

2．【答案】：D

【解析】：计算机按照综合性能可以分为巨型机、大型机、小型机、微型机和工作站，按照使用范围可以分为通用计算机和专用计算机，按照处理数据的形态可以分为数字计算机、模拟计算机和专用计算机。

3．【答案】：A

【解析】：十进制与二进制的转换可采用“除二取余”数。

4．【答案】：A

【解析】：解答这类问题，一般都是将这些非十进制数转换成十进制数，才能进行统一的对比。非十进制转换成十进制的方法是按权展开 。

5．【答案】：A

【解析】：十六进制数转换成十进制数的方法和二进制一样，都是按权展开的。

6．【答案】：A

【解析】：汉字机内码=国际码＋8080H。

7.【答案】：B

【解析】：全拼输入法和双拼输入法是根据汉字的发音进行编码的，称为音码；五笔字型输入法是根据汉字的字形结构进行编码的，称为形码；自然码输入法兼顾音、形编码，称为音形码。

8.【答案】：D

【解析】：在 ASCII 码中，有 4 组字符：一组是控制字符，如 LF、CR 等，其对应 ASCII 码值最小；第 2 组是数字 0～9，第 3 组是大写字母 A～Z，第 4 组是小写字母 a～z。这 4 组对应的值逐渐变大。字符对应数值的关系是“小写字母比大写字母对应数大，字母中越往后对应的值就越大”。

9.【答案】：C

【解析】：机器语言中每条指令都是一串二进制代码，因此可读性差，不容易记忆，编写程序复杂，容易出错。

10.【答案】：C

【解析】：汇编语言必须翻译成机器语言才能被执行，这个翻译过程是由事先存放在机器里的汇编程序完成的，称为汇编过程。

11.【答案】：D

【解析】：软件系统可分成系统软件和应用软件。前者又分为操作系统和语言处理系统，Pascal 就属于此类。

12.【答案】：D

【解析】：计算机的性能主要和计算机硬件配置有关系，安装软件的数量多少不会影响。

13.【答案】：B

【解析】：金山公司出品的 WPS 办公软件套装是我国最著名的国产办公软件品牌。

14.【答案】：B

【解析】：硬盘的特点是整体性好、密封好、防尘性能好、可靠性高，对环境要求不高。但是硬盘读取或写入数据时不宜震动，以免损坏磁头。

15.【答案】：A

【解析】：针式打印机即点阵打印机，是靠在脉冲电流信号的控制下，打印针击打的针点形成字符的点阵。

16.【答案】：B

【解析】：运行程序需要使用的存储量一般在硬盘中，增加硬盘容量可直接增大存储容量。

17.【答案】：B

【解析】：磁盘驱动器通过磁盘可读也可写。

18.【答案】：C

【解析】：病毒的传播途径很多，网络是一种，但不是唯一的一种；再好的杀毒软件都不能清除所有的病毒；病毒的发作情况都不一样。

19.【答案】：A

【解析】：邮件接受的地址是用户名和域名之间用@隔开。

20.【答案】：D

【解析】：任何反病毒软件都不可能清除所有的病毒。

二、Windows 基本操作题

1．打开资源管理器，选中 GREEN 文件夹下的 TREE.txt 文件，按 Ctrl+X 快捷键；再打开 SEE 文件夹，按 Ctrl+V 快捷键将文件粘贴到该文件夹中。

2．打开考生文件夹，不选中任何文件夹，单击“文件”→“新建”→“文件夹”命令，命名该文件夹为“GOOD.wri”，单击工具栏上的“属性”按钮或单击“文件”→“属性”命令，在“属性”对话框里将该文件夹属性设置为“隐藏”。

选择 RIVER 文件夹下的 BOAT.bas 文件，按 Ctrl+C 快捷键，再在 SEA 文件夹下按 Ctrl+V 快捷键，将该文件复制到此文件夹中。

4．打开 THIN 文件夹，选中 PAPER.thn 文件，按 Delete 键或单击“文件”→“删除”命令，确认删除该文件。

5．打开资源管理器，打开考生文件夹下的 OUT 文件夹，选中 PLAYPEN.exe 文件，单击“文件”→“创建快捷方式”命令完成操作。

三、Word 操作题

1．打开文件 WD111.doc，单击“插入”→“文件”命令，插入文件 WT111.doc；选中文档的标题，在“格式”工具栏中，选择字体、加粗、字号，并单击“居中”按钮≡；同理设置正文部分字体、字号；保存文档。

2．打开文档 WD112.doc，插入文档 WD111.doc；选中正文全部，单击“格式”→“段落”命令设置左缩进 2.5 厘米、右缩进 1.5 厘米，行距为固定值 16 磅，对齐方式为“居中对齐”；保存文件。

3．打开 WD113.doc，单击“表格”→“插入”→“表格”命令，插入新表格，将表格设为 4 行 4 列，并固定列宽为 2.8 厘米；选中整个表格，单击“表格”→“表格属性”命令，在“行”选项卡将指定高度设置为 17 磅；单击“表格”→“表格属性”命令，单击“边框与底纹”按钮，将边框设置为 1.5 磅，表内线设置为 0.5 磅；存储文件。

4．打开文档 WD114.doc，插入文档 WD113.doc，按题目要求输入前 3 行和前 3 列的数值；选中表格第 4 行第 1 列，单击“表格”→“格式”命令，输入公式“=AVERAGE（ABOVE）”，计算本列之平均值，同理计算第 4 行第 2 列、3 列之平均值；选中表格第 1 行第 4 列，输入公式“=SUM（LEFT）”，同理输入本列第 2 行、第 3 行和第 4 行（全部数据之平均值）公式计算和值；存储文件并退出 Word。

四、Excel 操作题

1．打开工作簿 EX26.xls，选中 Sheet1 中的 A1 至 C1 单元格，单击工具栏上的“合并及居中”按钮；选择 B3 至 B5 单元格，单击工具栏上的“求和”按钮 Σ，自动计算和值并放入 B6 单元格；单击 C3 单元格，输入公式“=B3|$B$6”把计算结果向下拖动此单元格右下角智能填充 C4、C5 单元格；双击工作表，默认名称为 Sheet1，重新命名为“产品售后服务情况表”；保存文件。

2．打开工作簿 EXC.xls，单击“数据”→“排序”命令，选定主要关键字为“系别”，递增排序；次要关键字为“学号”，递增排序；单击“确定”按钮进行排序；保存结果并退出 Excel。

参 考 文 献

[1] 温晓东．全国计算机等级考试一级 B 教程[M]．西安：西北工业大学音像电子出版社，2007.

[2] 马成前．大学计算机基础教程[M]．武汉：武汉理工大学出版社，2006.

[3] 武茜．大学计算机基础[M]．大连：大连理工大学出版社，2008.

[4] 陈承欢，郭外萍．办公软件应用案例教程[M]．北京：机械工业出版社，2008.

[5] 薛超英．计算机应用基础[M]．北京：中国地图出版社，2005.

[6] 郝兴伟．大学计算机基础[M]．北京：高等教育出版社，2008.

[7] 何文华．计算机应用基础实例教程[M]．北京：中国水利水电出版社，2008.

[8] 丁为民，等．全国计算机等级考试真题（上机考试）评解与样题精选[M]．北京：清华大学出版社，2006.